王永志、祁思禹、刘志逵、邸乃庸、夏南银（从左至右）在烈日下研讨选址方案

王永志（右）与本书作者（左）在勘察途中

赵起增（左）与本书作者（右）在河南地勘途中

河南空勘全体空勘人员

（左一本书作者、左二张启平、左四张耀、左六谢其林、左七祁思禹、左八刘志逵、左十陈灼华）

勘察队员在河南空勘直升机上研究地图

（右一陈灼华、右二祁思禹、右三谢其林、左一张耀）

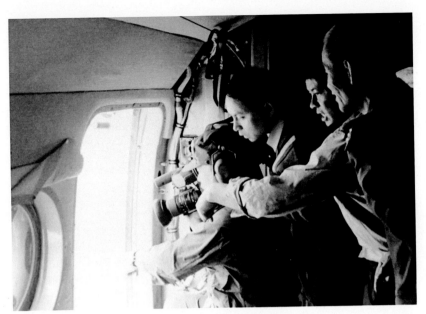

勘察队员从河南上空拍摄

（右一祁思禹、右三马良、右四张耀）

河南地勘全体勘察人员

（后排右一刘志造、右二邓杰、右三祁思禹、右四王永志、右五邸乃庸、右六赵起增、
右九本书作者、右十夏南银、右十一马瑞军、左一王爱新，前排左二王汉泉）

四子王旗河套空勘集体照

（后排左二邸乃庸、左六孙功凌、左八夏南银、左十王永志、左十二赵起增、左十三祁思禹、左十四刘志逯、
左十五张健、左十六王汉泉、左十七王立军、左十八魏珂垒，前排右一本书作者、右二华仲春）

勘察人员考察王昭君墓期间合影

（右一魏珂垒、右二华仲春、右三张健、右四本书作者、右五夏南银、右八刘志逯、
右九祁思禹、右十王汉泉、右十一邸乃庸）

本书作者勘察时偶遇野骆驼

在通辽勘察

（前排左一本书作者、左二沈平山、左三周晓东，后排右一王汉泉、右二祁思禹、右三夏南银）

在悬空寺考察

（前排左一夏南银、左二刘志逵、左三王汉泉、左四周晓东、左八祁思禹、左七土文宝，
后排左三霍文军、左四王建坤、左五本书作者、左七沈平山）

本书作者在胡杨林勘察

邸乃庸（左）与本书作者（右）在四子王旗详勘中

杨利伟（右）与本书作者（左）在国际宇航联合会上合影

聂海胜（左一）与本书作者（左二）在回收任务专机上合影

神舟一号回收现场

2017 年 11 月 17 日着陆场勘察座谈会

（迎面坐右一本书作者、右二邸乃庸、右三王永志、右四夏南银、右五王汉泉，
背坐右一赵起增、右二王文宝、右三王立军）

飞船落哪？

中国载人航天着陆场选勘的故事

王 朋/著

科学出版社

北京

内 容 简 介

本书记录了中国载人航天工程的起步，讲述了工程可行性论证和方案研制中许多鲜为人知的故事，描写了着陆场七次勘察的经典瞬间，刻绘了种种技术争辩及方案更迭的历史画卷，展现了各种战略思考转折和调整的智慧奥妙。历经艰辛，绞尽脑汁，终于选出了符合中国国情的载人航天着陆场。本书旨在让更多人了解工程初期那些荡气回肠的演变轨迹，关注那些默默无闻的航天人，知晓那些惊心动魄的航天事。

本书既是生动的科普读物，适合大众阅读，也是珍贵的航天史料，可为航天科技工作和科技史工作提供参考。

图书在版编目（CIP）数据

飞船落哪？：中国载人航天着陆场选勘的故事 / 王朋著. —北京：科学出版社，2022.4
ISBN 978-7-03-071507-4

Ⅰ.①飞…　Ⅱ.①王…　Ⅲ.①载人航天飞行-着陆地点-中国-普及读物　Ⅳ.①V529-49

中国版本图书馆 CIP 数据核字（2022）第 029138 号

责任编辑：张　莉　刘巧巧 / 责任校对：韩　杨
责任印制：李　彤 / 封面设计：有道文化
感谢新华社记者任军川提供封面图片

科学出版社 出版
北京东黄城根北街 16 号
邮政编码：100717
http://www.sciencep.com

北京虎彩文化传播有限公司 印刷
科学出版社发行　各地新华书店经销

*

2022 年 4 月第 一 版　开本：720×1000　1/16
2022 年 8 月第二次印刷　印张：23 1/2　插页：4
字数：360 000

定价：68.00 元

（如有印装质量问题，我社负责调换）

序

　　中国载人航天工程从 1992 年初开始技术经济可行性论证，其中遇到的一个很棘手的问题就是中国的载人航天着陆场应选在哪里，这是一个涉及众多工程领域的综合性问题，也是最难选择和决策的关键问题之一。

　　为了满足读者了解中国载人航天的夙愿，该书通过作者亲身经历的载人航天着陆场勘察、选择和决策过程，使用大量的工程史料，介绍了工程可行性论证和方案论证中许多鲜为人知的故事，再现了工程初期荡气回肠的演变轨迹。

　　该书的特点之一是亲身经历，作者本人就是工程论证和研制的直接参与者，参与了着陆场七次勘察的全部工作，该书以时间为主线，记录了每一次勘察的经典瞬间，每一件事都是真实发生的。特点之二是史料完整、翔实、珍贵，从载人航天概念研究到可行性论证，从勘察起因到勘察始末，从历次转折到最终决策，从宏观事件到微观话语，从人文社情到历史典故，从国外航天历经的磨难到国内航天历经的艰辛，可以说内涵丰富。特点之三是专业与科普并茂，既有丰富的载人航天技术细节，又有浅显易懂的科普解释，是一本不可多得的科普书，可以让不同层次的人同时轻松受益。特点之四是趣味横生，内容与枯燥相去甚远，与幽默环环相扣，让人读后常常忍俊不禁。

　　作者亲身见证了中国载人航天发展的历程，生动描写了航天界叱咤风云的人物，立体描绘了一幅着陆场勘选的"清明上河图"，一路娓娓道来历程中的风云艰辛，以严谨的态度叙事，以缜密的思维想事，以通俗的文笔写实，以诙谐的方式描实，整部作品史学同济，雅俗共赏。该书是了解和理解中国载人航天历史和现实的力作，是一本力求还原历史场景的航天作品，更是对波澜岁月最本真的记录，读罢不禁令人掩卷深思，值得反复品味和阅读。

该书可以让航天员知道，为了他们的安全，有多少航天人在绞尽脑汁地探索，在挖空心思地设计；该书可以让工程当下的一线科技人员知晓，为了工程方案的合理，有多少航天老前辈为每一个环节付出了多大的代价，为每一个细节进行了多少精益求精的雕琢；该书可以让纳税人了解到，为了让工程省钱，中国航天人是多么精打细算；该书可以让更多的老百姓了解到，中国载人航天工程的起步是多么艰辛苦楚，航天人甚至是冒着生命的危险；该书可以让更多的中国人去关注那些默默无闻的航天人，知晓那些惊心动魄的航天事。该书透露出一种精神，那就是载人航天精神。

抚今追昔，令人感慨万千。

宇宙万象的演化仍在川流不息，载人航天的探索仍在持续，航天猎手的脚步必将化作一个个永恒的瞬间。

让我们通过该书，记住中国载人航天崛起的一个个脚印。

沈建启

载人航天工程原副总指挥

2021 年 1 月 3 日

目 录

第一章　想写亲历的故事

一、天外骄子哪出舱？

北京时间 2003 年 10 月 15 日早上 9:00，中国长征二号 F 运载火箭在酒泉卫星发射中心发射成功，神舟五号飞船准确进入预定轨道，飞行一天后，飞船返回舱于 16 日凌晨 6:26 安全着陆在我国内蒙古自治区四子王旗主着陆场，我国首位航天员杨利伟出舱，踏上了这片神奇的草原。

这些都是为人所熟知的情节，但我国载人飞船着陆场为何选在这片土地？又是如何选的？经历了哪些波折？这里面蕴含着许多艰难的技术论证和鲜为人知的勘察故事。

二、苏陆美海中何方？

载人飞船经运载火箭送入太空后，航天员要在飞船内或出舱到舱外进行科学实验、空间操作和空间维修，执行完任务后要返回地面，地面就要准备一块地方供其降落，这块地方或区域被称为载人航天着陆场。

苏联联盟号飞船着陆场选在陆地上，使用降落伞降落。美国阿波罗号飞船着陆场选在海上，使用降落伞降落；美国航天飞机首选着陆场位于美国东部佛罗里达州梅里特岛的肯尼迪航天中心（机场），备份着陆场位于美国加利福尼亚州的爱德华兹空军基地和位于法国南部伊斯特尔市的伊斯特尔空军机场，航天飞机靠滑翔在飞机跑道上滑行降落。

中国载人航天的着陆场应选在哪里呢？

三、复杂难择谓棘手

中国选择什么模式的着陆场，是载人航天工程研究的主要问题。

着陆场的选择是十分复杂的，不仅涉及众多技术问题，而且会涉及许多社会问题。技术问题与航天员的安全、发射场位置、运行轨道倾角和高度、返回制动点位置、返回舱返回技术、返回走廊、着陆伞降落方式、飞船科学实验与应用、国内国外测控通信网布局等有关；社会问题与我国经度纬度覆盖范围、大陆的地形地貌地质、平原与山川的分布、海洋与国界的限制、海上陆上降落后的搜救、海军空军陆航的能力、社会交通、人文、气象等相关。可见，着陆场的选择堪称综合科学应用的典范。

为什么说着陆场的选择会影响到航天员的安全？如果选的着陆场场区大、区域个数多，飞船可以随时随地选择降落，则航天员的安全就有保障；如果场区小、区域个数少，航天员有急病需要飞船紧急返回时，恰好没有地方和机会着陆，则会贻误时机，威胁航天员的生命安全；如果着陆场平坦，没有危险物，则返回舱降落安全性就高，航天员的安全就有保障；如果有房屋、大树、电线、通信基站等物，可能会刮着降落中的飞船返回舱或伞绳，就会给航天员带来生命危险。

正是由于涉及航天员的安全，故大家在选择着陆场时格外慎重；正是中国特殊的地理环境，使得在选择着陆场时特别纠结；正是牵涉因素太多，使得从基层技术人员到主任设计师、从系统总师到工程总设计师、从机关人员到工程领导，都感到十分难办。不同的意见层出不穷，各种思想的交锋不可避免，到底是在国土南边寻还是在北边找？到底是在东边选还是在西边择？到底是在海上溅还是在陆上落，选择自然极其棘手，决策自然极其艰难。

四、纵横何处藏妙囊？

问题的棘手导致着陆场的选择过程是曲折的、复杂的，认识问题的不断深入也牵起了着陆场勘察的段段历程，从河南中原到祖国北疆，从内蒙古中部四子王旗到河套鄂尔多斯，从内蒙古西部额济纳旗到东部通辽地区，从平原到草原，从黄泛区到硬戈壁，从安西到塞北、阿克塞哈萨克族自治县，穿过巴丹吉林沙漠、浑善达克沙地、毛乌素沙漠、库布齐沙漠、科尔沁沙地，跨越大青山、祁连山、阿尔金山、贺兰山、桌子山、马鬃山,纬度纵穿 11°,经度横跨 29°,在空中勘察(简称空勘)和地面勘察(简称地勘)的基础上,经过大量的轨道计算和优化调整,通过对多种方案的分析和比较,历经各种战略思考的迭代,最后终于选出了符合中国国情的载人航天着陆场。

五、为什么要写本书?

我从工程论证启动时便开始参加方案论证和设计,有幸参与了着陆场七次勘察的全部工作,直接参加了种种技术争辩和方案更迭,亲身感受到了几次重大战略调整的惊雷震撼,了解了许多工程研制的内幕,亲身参加了从第一次无人飞行试验到神舟十一号载人飞行任务的全部飞船返回舱搜索回收任务,目睹了杨利伟等 11 位航天员在内蒙古四子王旗大草原走出神舟飞船返回舱。

为了满足读者了解中国载人航天的夙愿,本书根据我亲身经历的载人航天着陆场勘察、选择和决策过程,介绍了工程可行性论证和方案论证设计中许多鲜为人知的故事。希望本书能让更多的中国人了解中国载人航天工程艰难的起步,关注那些默默无闻的航天人,知晓那些惊心动魄的航天事。

第二章 论证初期的选择

一、初五神秘大集结

（一）大年初五出发

1992 年 2 月 8 日，大年初五，星期六，此时大部分人仍沉浸在过年的气氛中，我已经坐在西安赴北京的火车上了。软卧车厢里还有中国西安卫星测控中心（简称西安中心）副总工程师张殷龙、我国著名返回卫星回收专家祁思禹等同志。

估计圈外人谁也不知道，从那天起，我国航天界许多专家正悄然向北京云集。

为什么大年初五就出发？为什么我们在被告知此事时显得十分迅疾而且有些神秘？原来这与发生在一个月前的一次会议有关。

1992 年 1 月 8 日，国务院、中央军事委员会专门委员会（简称中央专委）召开会议，研究发展我国载人航天问题。

会议认为，发展我国载人航天事业是必需的，决定由国防科工委负责组织载人飞船工程的技术、经济可行性论证，计划 1992 年第二季度完成论证工作，论证要在保密的前提下进行。

这件事当时全国没有多少人知道，因为涉及国家决策方向问题，同时也涉及国家财政拨款问题，要求保密是自然的。

会议刚开完，消息立刻秘密传到相关单位。航空航天工业部、中国科学院、国防科工委主管部门立刻意识到，自我国"两弹一星"研制成功以来，全国各行各业很长时期没有这种"大动静"了。1984 年 8 月，中央决定集中力量发展经济。当时国家经济困难，重点转移，减少了国防投入，更减少了航天投入，航天界各单位基本上是"青黄不接"，研制任务大幅减少，研制经费大幅削减，许多国防科技人员被迫去搞副业，例如航空航天工业部第一研究院许多人开始搞汽车配件、电子琴等，科技人员收入很低，当时"搞导弹的不如卖茶叶蛋的"现象比比皆是，度过困苦岁月的人们突然听说中央要搞载人航天这个"大动作"，自然知道此事非同寻常，从没见过快过年了还要通知干这么大的事，仅从传达文件的时间节点就能看出此事非同一般。

1月14日下午，西安中心主任郝岩从北京开完会后立即坐火车返回西安，连夜召集开会，传达中央精神，研究推荐论证人员，供国防科工委机关选拔组成可行性论证班子。涉及西安中心的论证任务有两个，一是测控通信，二是返回着陆。西安中心最后决定推荐七个人，其中为论证测控通信指挥监控中心推荐两个人，一位是技术部副总工程师王方德，一位是技术部工程师王朋；为论证遥测遥控管理中心推荐两个人，一位是技术部工程师杨开忠（后来曾任西安中心总设计师），一位是技术部工程师余培军（后来曾任西安中心主任）；为论证返回着陆回收任务推荐两个人，一位是技术部高工祁思禹（第五届全国政协委员），一位是技术部工程师白俊江；为论证通信总体推荐技术部工程师谢其林。

1月15日下午，西安中心技术部主任陈严彬（曾任西安中心主任）、技术部总工程师巫致中（第七届全国人大代表及主席团成员，第八届、第九届、第十届全国政协委员）、副总工程师王方德、机关领导董德义（后来曾任西安中心主任），召集被推荐人员开会，传达论证之事。会上领导传达了郝岩主任的指示："此乃跨世纪工程，国家十分重视，参加人员在论证时不能拍脑袋，要慎之又慎。"同时被告知：春节能不能在家过，不知道，听通知。

我就是在这种背景下于过年期间被西安中心调去参加论证工作的，属于"老中青专家"中的"青"。

在国防科工委机关对各单位推荐人员进行统一筛选和调整后，增加西安中心副总工程师张殷龙参加测控通信系统的论证工作，我被调整安排参加着陆场系统论证工作。

当时全国上下相关部门各下属院、所、中心等全都动了起来，几乎都是连夜召开会议，连夜选定精兵强将，准备参加这场"大会战"的。估计各级领导都没有好好过年，都在忙这件事了。至于有多少人悄悄进入"大会战"，当时还不知道，后来才清楚有200多位专家，分属航空航天工业部、中国科学院、国防科工委，其中航空航天工业部涉及第一研究院（简称一院）、第四研究院、第五研究院（简称五院）、第六研究院（简称六院）、第八研究院（简称八院）、第九研究院（简称九院）等，中国科学院涉及空间科学与应用总体部、物理研究所、上海技术物理研究所、长春光学精密器械与物理研究所、上海细胞生物学研究所等30多个研究所，国防科工委涉及航天医学工程研究所、洛阳跟踪与通信技术研究所、北京特种工程设计研究院、酒泉卫星发射中心（简称酒泉中心）、中国卫星海上测控部、西安中心等诸多单位。

（二）论证回答两个问题

1月18日，在北京，载人飞船工程论证领导小组成立并召开第一次会议。载人飞船工程论证领导小组负责组织领导整个论证工作，主要任务是提出论证工作实施纲要和基本要求、研究解决论证中的重大问题、审议工程技术经济可行性论证报告、统一归口管理对外技术交流与合作等，组长是国防科工委主任丁衡高，副组长是国防科工委副主任沈荣骏、航空航天工业部副部长刘纪原，成员有国家计划委员会常务副主任甘子玉、财政部副部长迟海滨、中国科学院副院长胡启恒。领导小组下设论证组、评审组和领导小组办公室。论证组组长是航空航天工业部科学技术委员会副主任王永志，副组长是国防科工委主管部门领导赵起增、中国科学院物理研究所副所长詹文山；评审组组长是航空航天工业部高级顾问任新民，副组长是中国科学院技术科学部主任王大珩、国防科工委科技委顾问陈芳允、"863 计划"航天领域首席科学家屠善澄；领导小组办公室主任是国防科工委计划部副部长王盛涛，副主任是科技部五局局长舒昌廉。从各级领导的配置可以看出，该工程规格很高。

为了保密，工程设置代号为"921"。

技术经济可行性论证组的使命就是回答两个问题：一是方案是否可行，二是工程需要多少经费。

技术经济可行性论证组共分八个组，有工程总体论证组，以及航天员、飞船应用、飞船、运载火箭、发射场、测控通信、着陆场等七个系统论证组。

工程总体论证组是统管全局的，组长由王永志兼任，副组长由中国国际工程咨询有限公司经济研究所国防研究室主任傅良仪、航天710所所长孙永成、国防科工委系统所研究员张启平、863-2 专家委员会委员研究员黄志澄担任，论证重点是工程大系统总体方案、技术进步特点、研制建设计划进度、工程投资估算、工程综合效益评估、后续载人航天工程计划衔接设想、不同研制建设进度工程投资估算敏感性分析与风险分析，同时负责协调解决各系统间问题，保证各系统匹配发展。

航天员系统论证组组长由航天医学工程研究所所长魏金河担任，副组长由航天医学工程研究所王德汉、北京特种工程设计研究院邹昌辉担任，主要解决航天员选拔训练、医务监督和医务保障、航天环境对人的影响及其对抗措施、医学工效学评价等问题。

飞船应用系统论证组组长由中国科学院力学研究所研究员胡文瑞（后来当选为中国科学院院士）担任，副组长由中国科学院国家空间科学中心研究员姜景山（后来当选为中国工程院院士）担任，主要解决飞船工程如何实现空间科学实验、空间对地观测和空间资源利用等空间应用与综合效益评价问题，例如应选择哪些应用载荷、如何建设应用载荷运控中心等。

飞船系统论证组组长由五院院长戚发轫（后来当选为中国工程院院士）担任，副组长由五院副院长张国富、501 部高工范剑峰担任，主要研究载人飞船构型选择、能源、控制、航天员安全与应急救生、部分舱段留轨利用、支持有效载荷应用试验、返回等问题。

运载火箭系统论证组组长由一院副院长王德臣担任，副组长由一院副院长龙乐豪（后来当选为中国工程院院士）担任，主要研究使用什么运载工具、运载安全可靠性、逃逸救生、故障诊断、平台控制等问题。

发射场系统论证组组长由北京特种工程设计研究院原科技委主任陈躬若担任，副组长由酒泉中心技术部主任刘庆贵、太原卫星发射中心技术部高工邵发声担任，主要研究运载火箭在哪里建设发射场、发射场的测试发射模式、应急救生措施、飞船火箭测试运输与上架方式等问题。

测控通信系统论证组组长由洛阳跟踪与通信技术研究所副所长罗海银担任，副组长由西安中心副总师张殿龙、中国卫星海上测控部副总师杨仁清、太原卫星发射中心总师胥德义担任，主要研究载人飞船工程采用什么测控体制、测控覆盖率多少为宜、地基测控网与天基数据中继卫星测控网的比较、建设多少地面测控站和多少测量船、指挥控制中心建在哪里、要不要备份中心、数据通信体制和方式等问题。

着陆场系统论证组组长由西安中心技术部高工祁思禹担任，副组长由航天医学工程研究所副研究员解大青、洛阳跟踪与通信技术研究所研究员刘志逵担任，主要研究在哪里选择着陆场、除主场外是否需要副场、陆上海上国外应急救生区如何设置、搜救力量如何配置、返回段出黑障后的跟踪测量、航天员搜索营救等问题。

从中可见，整个工程涉及领域很广，涉及政府部门很多，涉及技术专业很全，组长、副组长都是航天界各个领域的知名人士。其他航天工程一般分为卫星平台、有效载荷、运载火箭、发射场、测控通信五个系统，与之相比，载人航天工程更加复杂，例如增加了航天员系统、着陆场系统（返回式卫星也有着陆区问题，但比较简单，不列为一个系统）等，因有了人，安全性和可靠性要求骤然凸显，设计和研制难度显著增大，两者不可相提并论。

1月29日，921工程论证领导小组召开论证工作动员部署会，国防科工委主任丁衡高主持，副主任沈荣骏参加，任新民、王永志分别代表评审组、论证组发言，会议明确论证工作于2月上旬全面展开，到6月结束，给出中国实施载人航天在技术上是否可行、在经济上是否能够承受的结论。

丁衡高主任在会上做了重要讲话，在谈到921工程的重要性时提到：中央专委近期开了五次会，其中有两次半是为了载人航天，可见中央对该工程的重视程度；这是中国前人还没做的、艰巨而光荣的事业，要请三峡工程论证的钱正英同志来谈一下经验，对于大规模工程项目要汲取历史上的、国内和国外的经验；做好前期论证工作，规划工作十分重要，也可以说是决定性的，要经得起科学和历史的考验。丁衡高主任在谈到论证工作指导思想时提出了四条意见：一是从战略和长远利益出发，进行载人飞船工程的技术经济可行性论证；二是从实际出发，处理好飞船工程与其他重点任务的关系，要妥善安排工程研制进度和实施步骤，搞载人飞船不能影响其他重点任务,最好能促进其他重点任务的完成,在工程进度上要实事求是,不能急于求成,要积极慎重,要留有余地,要少花冤枉钱,要少走冤枉路;三是要坚持科学求是态度,要在确保安全可靠的基础上体现科技进步,要把安全可靠放在第一位,航天员能否安全返回是头等大事,一定要稳妥可靠,万无一失,对关键技术、前期研究不够充分的概念和遗留的不同意见要特别注意,要做好深入论证工作,要对不同方案进行比较,投资估算要接近实际,既不能"钓鱼",也不能"搭车";四是坚持国防科技工业的传统和作风。

丁衡高主任这里说的"钓鱼",是指在工程论证时先说方案可行,经费要得少,待国家批准立项后,再把工程"盘子"搞大,致使国家追加经费;说的"搭车",是指在工程论证时将本部门、本单位与工程无关的项目也放到工程中去。

这一天是腊月二十五,距离过年还有五天。快过年了,老百姓正在积极筹备过年事项,一派祥和,都不知道国家正在酝酿大的行动,表面上静悄悄的,航天界圈内的气氛却格外不同,组织工作神秘、紧张而有序。

后来老百姓才知道,论证工作触发的动静比过年放的爆竹响,而且不知响多少倍;比"二踢脚"放得高,而且高出了地球大气层;比看春节联欢晚会的人多,因为中国一个人上天,世界各个国家都在看。

(三) 论证动员

国防科工委主管部门负责七个系统中四个系统的论证工作,即航天员系统、发射场系统、测控通信系统和着陆场系统。

西安中心的论证人员于大年初六(即2月9日,星期天)到达北京,入住左家庄招待所。当天,洛阳跟踪与通信技术研究所的一行十几位论证人员在副所长罗海银的带领下从河南洛阳出发,也赶到左家庄招待所。酒泉中心、太原卫星发射中心、中国卫星海上测控部的论证人员分别从甘肃酒泉、山西太原、江苏江阴出发陆续赶到。

其他系统的论证人员,隶属于航空航天工业部和中国科学院,从全国的四面八方而来,同样悄然云集北京。

2月10日，即我们到达北京后的第二天上午，测控通信系统论证组和着陆场系统论证组召开联合会议，洛阳跟踪与通信技术研究所副所长罗海银主持，传达了1月8日中央专委的会议精神、论证组组成和论证任务。下午，国防科工委召开系统论证组动员大会，国防科工委副主任沈荣骏主持，部门领导赵起增、酒泉中心主任李元正、中国卫星海上测控部主任王立春、西安中心主任郝岩、洛阳跟踪与通信技术研究所所长尚学琨、北京特种工程设计研究院院长张泽民、测控部部长陈炳忠等参加了会议。

沈副主任援引丁衡高主任的四点指导思想，谈了一些看法。一是从战略和长远利益出发认识载人航天的意义，自20世纪60年代国际上出现载人航天后，国内对其军事、经济、政治利益一直有争议，但中国迟早要搞，要从培养人才、促进科技进步、发展国民经济、加强国际威望等角度考虑这个问题。同时也要借鉴国外经验和教训，例如美国上航天飞机就缺乏考虑，效费比低，一次飞行维修费就需4亿～5亿美元，苏联上航天飞机也有一定盲目性，故我国只有从飞船起步。目前有两种意见，要么借鉴苏联的联盟飞船，可以快点干（持反对态度），要么走具有中国特色、体现水平、自己的路，做到既省钱又合理，其他方面如发射场、测控通信、返回着陆也要做到好、省。二是从实际出发处理好与"八五"计划等其他重点任务的关系，一个国家如果没有实力在国际上就没有发言权。三是要科学求是，要在确保安全可靠的基础上做好论证工作，例如火箭安全可靠问题、建造海上测量船还是建天基数据中继卫星系统问题（建造测量船要慎重，因为有可能造得起而养不起，赞同建造中国自己的天基中继卫星系统，但要真上，则要稳重，不要钱花了，最后没上成），以及着陆场问题（到处搞迫降场是不科学的）。总之，要把工程的体系、结构、体制等大框架性的东西整理出来，要注意处理好现实性和先进性的关系，宁可保守一些。四是保持国防科工委的作风，做到艰苦奋斗、大力协同。

赵起增在会上指出：论证人员不要拘泥于工程论证，更不能先考虑本单位的利益和得失，要站在国家的角度，要从战略的角度出发；另外，工程保密问题很重要。

二、着陆枣强问题叠

（一）大专家做报告

2月11日上午，黄志澄做《关于专家委员会论证工作》报告，下午国防科工委情报研究所做《国外载人航天发展情况》报告；12日上午，航天医学工程研究所解大青做《航天员系统论证报告》，下午一院做《运载工具介绍》报告；13日上午，五院姜昌做《中继卫星及其他》报告，下午五院陈灼华做《飞船总体方案及返回救生》报告。

几天的时间，信息铺天盖地，遇到的领域很多是崭新的，听到的知识许多是全新的，看到的面孔大都是陌生的，有些名字如雷贯耳，只听过却没见过真人，这次全见到了，而且就在跟前，令人紧张不安。

从那时起，我才逐渐知道，这个工程如此之大，涉及面如此之广，大到令人不知所措，广到匪夷所思。

一时灌输不进那么多知识，只是感到太复杂了，所以我决定先弄懂着陆场系统的任务，因为我的任务是参与该系统论证。

上面提到的大专家在做报告时，经常提起一个字眼"863计划"！这是怎么回事呢？

（二）"863计划"提及枣强

1986年3月3日，王大珩、王淦昌、杨嘉墀、陈芳允四位科学家向国家提出要跟踪世界先进水平、发展中国高技术的建议。经过邓小平批示，国务院批准了《高技术研究发展计划纲要》，11月启动实施，简称"863计划"。朱光亚是"863计划"总负责人。

"863计划"分七个高技术领域，第二个是航天领域，专家委员会首席科学家是屠善澄，王永志是委员，其他委员有朱毅麟、顾诵芬、李志广、胡文瑞、黄志澄。专家委员会进行了为期 5 年的中国载人航天概念研究。

当时考虑的轨道倾角是 50°～60°，着陆场考虑的是河北枣强。

五院在载人航天概念研究报告中对着陆场的意见就是河北枣强。

八院在载人航天概念研究报告中曾提到：主场拟选以枣强东北方向 25 公里的龙华镇为中心点，设想在东西 500 公里、南北 420 公里的范围内，保证飞船正常飞行的第 3 至第 7 天的每一天都有返回着陆的可能，即此圈不行，还有下圈在本土降落的机会；副场拟以甘肃安西为中心点，设想在东西 700 公里、南北 300 公里的范围内，保证飞船正常飞行的第 1 至第 7 天的每一天都有返回着陆的可能。

看来，在"863 计划"载人航天概念性研究时，专家们的眼光在枣强聚焦过。

（三）枣强存在问题？

着陆场系统论证组除了组长祁思禹，副组长解大青、刘志逵外，组员还有洛阳跟踪与通信技术研究所的樊士伟、西安中心的谢其林和我，共六人。

2 月 13 日下午听完报告后，15:30～17:30，在北京特种工程设计研究院会议室，五院的陈灼华高工与着陆场系统论证人员进行座谈交流。西安中心主任郝岩十分重视回收着陆工作，故也参加了座谈。

陈灼华高工谈了五院前期做过的工作，他说："1991 年 3 月中旬，五院派人去了河北枣强，实地一看，尽管枣强地势平坦，但当地人口密度较大，房屋较多，因此担心有危险。如果使用可控翼伞，伞张开后的面积约 200 平方米，信标事先放在地面选好的地方，然后引导返回舱可控翼伞朝这降落，可控翼伞落点调整能力是返回弹道纵向 ±330 公里、横向 ±115 公里范围，可选 4 个半径为 1 公里的圆，每个圆心放一个信标，返回舱朝哪个点降落方便，则命令哪个点的信标开机，引导返回舱朝这个点滑翔降落。如果使用普通降落伞，散落范围要扩大至航向 ±15 公里、横向 ±8 公里。考虑到航天员的安全，可以先选着陆场，再选轨道，即请着陆场系统提出对轨道设计的反要求。飞船返回舱返回航程按 17 800 公里考虑，这说明飞船制动后，返回舱要跨越近半个地球。从返回舱进入大气层（高度约 80 公里）到落点的航程约 3400 公里；返回舱下降至 40 公里高度时已进入中国境内，可以在国内弹下点附近布设测控点。"这里提到的"弹下点"是指返回舱飞行轨迹在地面的投影。

这是我在公开场合第一次听到谈论枣强作为着陆场存在的问题，即人多。

郝岩十分赞同先定着陆场、再定飞船运行轨道的做法，同时提出了一些很好的想法："必须在返回前一圈进行数据注入以供返回导航；使用20兆赫短波进行超视距通信，尽管不先进，但实用，苏联一直在用；在考虑搜救方式时要注意直升机不能长距离飞行；两天前就得确定落在哪个场区。"

上面提到的可控翼伞是怎么回事呢？可控翼伞在飞船返回舱开伞后操控飞行方向和下降速度，有点像现代化的空中滑行降落伞。其着陆段飞行控制采用远距离无线电定向自动归航控制和近距离地面人工操纵无线电遥控相结合的方案，即在自动归航系统控制下，翼伞对准地面信标机方向滑翔，飞向着陆场区，当下降到着陆点附近、进入地面操纵人员视距范围时，飞行控制切换为地面无线电遥控，地面操纵人员根据目测判断可控翼伞-返回舱组合体的飞行状态，结合地面风向，发出相应遥控指令，导引返回舱翼伞落到4个预定地点中最适宜的一个，实现定点着陆。

这就说明，使用可控翼伞，可以提高着陆精度，这样对着陆场大小的要求也低，即选择着陆场容易一些。

三、千头万绪连珠炮

（一）像甩鞭子

论证领导小组对着陆场系统提出的论证任务包括：一是选择着陆场区，供飞船返回舱正常或应急返回安全着陆使用；二是配备相应设施和设备，以具有返回着陆现场指挥、返回舱跟踪测量、搜索回收和航天员救援转送等能力。论证的重点是着陆场区的数量和范围、飞船着陆点散布范围分析、海上应急溅落区的个数和范围以及海上救生船队的组成和设施。从中可以看出，着陆场系统的首要任务就是要选择我国的载人航天着陆场。

前面提到，着陆场的选择涉及众多技术问题，其中就提到与发射场位置、运行轨道相关。

发射场的位置是怎么影响着陆场的选择呢？发射场是火箭起飞的起点，要把飞船准确送入预定轨道，要么朝东南方向发射，要么朝东北方向发射，假设发射场选在酒泉中心，考虑到测控站在东南方向好布设，故选择朝东南方向发射，这样就确定了发射入轨后轨道面和地球的相互关系，飞船大约1.5个小时围着地球转一圈，地球在相同时间内朝东转22.5°左右，这就说明圈与圈之间有间隙，选的着陆场不能选在间隙中间附近，否则飞船返回不到那个地方去，所以着陆场的选择与发射场是相关的。特别是当时我国处在载人航天初期，经验不足，一般选择飞行时间短，故发射场位置更与着陆场选择有关了。当然，随着飞船在轨时间的增加，特别是随着轨道的变化，如果不是回归轨道，飞船返回位置与发射场的关系就会逐渐减弱，即着陆场与发射场的关系也会逐渐减弱，但与轨道一直是密切相关的。

那么，运行轨道又是怎么回事呢？它与着陆场的选择是什么关系呢？不管是卫星还是飞船，无论是空间站还是航天飞机，只要是地球空间航天器，要在地球周围太空中运行，就得有个轨道，也就是围着地球转的轨迹。决定轨道的要素有六个，其中主要的有以下三个。

一是轨道偏心率，即轨道形状，是圆的还是扁的？例如大部分卫星轨道都是圆（或近圆）的，也有少部分卫星轨道是扁的，如俄罗斯某侦察卫星就是大椭圆轨道，为了侦察敌方特定阵地，特意将轨道中离地面近的那个位置对准这个地方，以便看得清楚。但离地球近意味着大气密度高，卫星飞行时大气摩擦力就大，如果轨道很低，卫星速度就会损失得很快，卫星寿命就会缩短。为了减小这个问题对卫星寿命的影响，侦察完后卫星会马上远离大气层，赶快飞到离地球远点的地方，避开稠密的大气层，这样既会兼顾侦察的清晰度，又不至于使卫星寿命太短，这就是大椭圆轨道的优点。离地面最近的地方叫近地点，离地面最远的地方叫远地点，大椭圆轨道卫星就是在近地点附近拍照。

二是轨道半长轴。假设轨道是圆的，半长轴就是半径，半长轴越大，卫星绕着地球飞一圈的路程就越长，花的时间就越长，轨道周期定义为卫星飞一圈的时间，轨道周期与半长轴不是线性关系，而是与半长轴的 1.5 次方成正比。例如近地轨道卫星的半长轴一般都在 7000 公里左右，减去地球平均半径 6371 公里，就是卫星离地面的轨道高度，近地轨道高度一般都在几百公里，对应的轨道周期一般在 1.5 个小时左右，即 90 分钟左右围着地球转一圈；如果轨道半长轴为 42 300公里，或者说轨道高度高达 36 000 公里时，其轨道周期就会长达 24 小时，卫星围着地球转一圈的时间恰好是地球自转一圈的时间。此时卫星好像是跟着地球一起转，从地面看卫星，卫星似乎在经线上不动，这就是地球同步轨道卫星的由来，地球同步轨道卫星为人类提供一天 24 小时连续不断的通信等服务最合适。

三是轨道倾角，即轨道面与地球赤道面的夹角，它决定着卫星最高能飞到地球哪个纬度。可以把地球想象成一个西瓜，用一把刀切西瓜，如从西瓜拦腰（相当于地球赤道）切一刀，卫星在刀面上围着"西瓜"转，轨道倾角就是零度，地球同步轨道卫星就是这个轨道倾角，即卫星在地球赤道的上方飞；如从"瓜蒂"向"瓜脐"切一刀，轨道倾角就是 90°，相当于要经过地球北极和南极，这种轨道就是极地轨道，太阳同步轨道卫星就在这个轨道倾角附近。地球的扁率使得轨道面在惯性空间中不是一成不变的，而是不断地小幅度地移动，这种现象叫进动，轨道倾角小于 90° 则西进（即轨道面向西飘），大于 90° 则东进（即轨道面向东飘）。如果是极轨卫星，轨道倾角假设是 91°，则这种移动就是东进，如果再与轨道高度一起设计，让这种东进的角速度与地球围着太阳转动的角速度一样了，但两个角速度的方向相反，正好相互抵消了，则卫星轨道面与太阳光始终保持着一个固定的角度。结果是卫星永远是在某个特定的时间（例如上午 10：00）经过地球的同一个纬度，这样对卫星的对地观测很有好处，可以把拍摄光线设计得最好，这就是太阳同步的由来。如果斜着 43° 把"西瓜"切一刀，轨道倾角就是 43°，相当于卫星从地球南半球经赤道飞向北半球，从西南方向飞向东北方向，还没到北极，最多飞到北纬 43° 附近，就又开始朝东南飞，再次经过赤道飞向南极，没到南极，最远飞到南纬 43° 附近，又朝回飞，这种轨道就是最普通、最常见的轨道。从地球上看，卫星从南朝北飞叫升轨，从北朝南飞叫降轨，说得更准确些是：从南半球飞过赤道向北半球飞，朝东北方向飞，北纬数值越来越高，此时叫升轨；从北纬最高点朝东南方向飞，北纬数值越来越低，经赤道再向南半球飞，此时叫降轨。我国的飞船就是朝东南方向发射，即降轨发射；我国的飞船如果从西南朝东北方向返回，则叫升轨返回。

上面的叙述可以让人形象地体会到，载人飞船发射运行回收有点像一个人甩鞭子，发射场是甩鞭人站的地方，射向是甩鞭人甩鞭的方向，与轨道倾角相关，甩出的鞭子像飞船滑行的轨迹，一直缠绕着地球，鞭梢触及的地方就是着陆场。所以，发射场、轨道和着陆场是密切相关的。甩鞭人站的地方变了，就影响后面一片；甩的方向变了，甩的高度不一样了，鞭子下方经过的地域也就变了；鞭子的长短变了，鞭梢触及的位置也就跟着变了。

（二）寻找难度

如果按轨道倾角 50°～52° 选择着陆场，则在高纬地区选比较合理和科学。为什么呢？原因是，对于选定的轨道倾角而言，在轨道倾角对应的纬度范围内，着陆场的地理纬度越高，对相同的着陆面积而言，飞行轨道经过的就越多，意味着返回机会就越多；着陆场的地理纬度越低，返回机会就越少。举个极端的例子，针对极轨卫星，如果在北极找一小块地方，卫星每圈都会经过这里，这样的着陆场，返回机会最多，效率最高；如果在赤道地区选同样的一块地方，则对应的返回机会最少。

俄罗斯的飞船轨道倾角是 51.6°，其载人航天着陆场就在轨道倾角对应的纬度附近寻找，故选在了拜科努尔大草原，返回效率最高。同时，由于着陆场面积也大（700 公里×500 公里），故返回机会更多。

但中国的纬度没有那么高，平坦无人的面积更没有那么大。中国如果选高轨道倾角，同时要求返回机会多，则只能在中国的高纬地区选着陆场，即到东北地区和新疆北部选。

我国最高纬度在黑龙江的最北端（53°N 左右），但这里森林山区较多，没有大片平原，不太容易选出着陆场。从地形地貌上看，黑龙江最东部较平，是黑龙江、松花江、乌苏里江三江汇合冲积而成的坦地，称为三江平原，面积约5.13万平方公里，是中国最大的沼泽分布区，区域较小，同时其北部和东部都是俄罗斯，偏差一大容易出境落在国外，不便作为着陆场。松嫩平原是东北平原的一部分，位于黑龙江省西南部和吉林省西北部，即哈尔滨和长春两座城市连线的西部地区，该地区的西部是大兴安岭，东北部是小兴安岭，面积约10.32万平方公里，但分布着众多的湿地和大小湖泊，是东北最富裕的地方，人口密度大，农作物多，房屋和树木也多，同时西边离蒙古国较近，约300公里，对应的降轨返回航迹大都在蒙古国，向东的延长线在朝鲜，不便于测控和营救，仍然无法当作着陆场。当然，位于大兴安岭西侧——内蒙古的呼伦贝尔高原也是一块平地，是中国水草丰茂的大草原，夏季凉爽，空气净透，冬季则银装素裹，民族风情浓郁，是"逐水而居"的游牧民族最理想的栖息地之一，面积约9.3万平方公里，但问题是离国境线太近，呼伦贝尔湖的西岸离边境线仅75公里，对应的降轨返回航迹几乎全在蒙古国，故也不便作为着陆场。

如果到新疆纬度高的地方找着陆场，较平点的区域就是准噶尔盆地，这是中国第二大盆地，位于新疆北部的天山山脉、阿尔泰山脉及西部诸山间，盆地北边、阿尔泰山脉西南山下，流淌着额尔齐斯河，这是新疆第二大河，也是我国唯一流入北冰洋的河流，发源于新疆富蕴县阿尔泰山南坡，自东南向西北奔流出境，44°N~47°N，面积约38万平方公里，海拔500~1000米，这里有世界著名的古尔班通古特沙漠，是中国第二大沙漠，是中国面积最大的固定、半固定沙漠，总面积4.88万平方公里，海拔300~600米，地质不适合作为着陆场。盆地的南边是中国乌鲁木齐，东边就是蒙古国边境线，西边是中国克拉玛依，再朝西250公里就是哈萨克斯坦了，返回航迹大都处在国外，地理位置也不适合做着陆场。

可见，在中国纬度高的东北和西北都找不到合适的地方作为着陆场。

在高纬地区找不到着陆场，只好降低纬度，在内陆平原找。

在华北平原找着陆场，较符合条件的是河北衡水枣强地区。

这里是海河平原，南界黄河，北至燕山山脉，西邻太行山山脉，东濒渤海，属于华北平原的一部分，主要由海河和黄河等冲积而成，面积约 12.8 万平方公里，洼地和淀泊面积宽广。海河水系汇集了燕山山地和太行山地流淌下来的河流，著名的白洋淀就在海河平原的北部，是海河平原最大的淡水湖，淀区主要在安新县境内，现有大小淀泊 143 个，有大面积的芦苇荡和荷花淀，素有"华北明珠"之称。海河平原是河北人口稠密地区，每平方公里 600 人以上。

这也正是在着陆场难选的情况下，原先考虑着陆场的技术人员关注枣强的主要原因。

（三）为何定在 52°附近？

1992 年 2 月载人航天工程论证初期确定的运行轨道倾角是 50°～52°，原因有三个：第一是空间应用中的对地观测需要，倾角越高，飞船飞越的纬度就越高，可看的地球范围就越大；第二是国际合作需要，俄罗斯和平号空间站的轨道倾角是 51.6°，如果我们的飞船也在该轨道倾角附近，就可以实现互访，即我们的飞船可以访问俄罗斯空间站，俄罗斯飞船也可以访问我国未来的空间站，当然国际空间站轨道倾角也是 51.6°，这也为与国际空间站合作奠定了轨道基础；第三是空间救援的需求，中国是首次进行载人航天飞行试验，有许多经验需要积累，也有许多未知的困难和风险在等待着我们，万一中国的飞船在太空出现意外需要紧急返回，而恰好离中国的着陆场较远，则可考虑紧急使用俄罗斯的着陆场，这个设想在中俄双方合作协议中就有描述。

2 月 15 日，着陆场系统论证组的祁思禹、刘志逵、樊士伟和我到五院交流载人回收着陆场问题，五院参加人员有陈灼华、王宝兴、张健、佘明生等专家。

五院对着陆场提出的看法是：主着陆场（简称主场）作为主要建设对象对待，副着陆场（简称副场）主要考虑气象备份。五院对副场提出任务：一是运行段由于某原因，需提前或延迟返回地面；二是返回过程中因制动故障不能按原定程序返回；三是主场因气候等原因不宜着陆。

五院对轨道倾角提出的看法是：如果轨道倾角定为 60°，则返回轨道大部分都在国外；如果定为 42°，则返回轨道大部分都在国内，再入点前后的返回轨道都能看到；如果在酒泉中心发射飞船，则轨道倾角可能是 43°，但主动段的测控不太好，故倾向于将轨道倾角定为 50°～52°。

王宝兴提出："在高轨道倾角且着陆场选在枣强的情况下，飞船采用升力控制再入式返回时，如果飞船升力控制系统失灵，则有可能转入弹道式返回，返回航程可能缩短，存在可能落入蒙古国境内的危险。"

这是我在公开场合第二次听到枣强存在的问题，这也是王宝兴第一次提及此事。

王宝兴提及的"升力控制再入式返回"是怎么一回事呢？这里是指飞船返回舱在返回进入大气层后，通过返回舱的特殊外形，将大气对返回舱的阻力变成部分托举升力，这可使返回舱返回航程加长，下降过载会小些，航天员会感觉舒适些。同时，再通过巧妙地控制和调整飞行姿态，调整升力方向，进而改变飞行方向，致使返回舱既可以朝左飞，也可以朝右飞，使得返回舱像鹰一样在空中左右滑翔。从远处看，返回舱就像蛇一样在大气层中穿行，这样做的好处是既可以进一步增加航程，减少下降过载，又可以在横向和纵向上进行落点调整，修正偏差，提高落点精度。

王宝兴提及的"升力控制系统失灵"，是指返回舱的"控制大脑"出现故障，或姿态敏感器出现故障，控制不能正常起作用了，返回舱可能会只朝一个方向飘去，则返回横向和纵向的偏差会增大。为了避免类似情况发生，返回舱自我判断出故障后，会智能地及时取消升力控制模式，使返回舱慢慢旋转起来，这样返回舱朝左飞和朝右飞的程度基本相同，两侧偏离的距离基本可以相互抵消，使得落点横向偏差不至于太大。从宏观上看，此时的返回舱下降类似于弹道式，故这种方式被称为弹道式返回。

弹道式返回有两种情况：如果在飞船制动前就已发现升力控制系统有问题，则会直接采用弹道式返回，此种情况称为前弹道式返回；如果已采取升力控制返回，返回过程中发现控制系统有问题，再转入弹道式返回，则称为后弹道式返回。

弹道式返回带来三个问题：一是由于舱体旋转，使升力的总效应几乎为零，纵向航程会缩短，启动弹道式返回的时间越早，航程缩短越多；二是航程缩短，过载会增加，同时旋转容易让人眩晕，航天员的舒适感会骤减，感到难受是在所难免的；三是落点偏差会增大。

如果采用前弹道式返回，又想使用同一个返回制动点，并希望着陆点仍在升力控制返回瞄准着陆点附近，也是有办法的，即缩短制动发动机的工作时间，这样会加长大气层外的航程，减小返回舱再入大气层的角度，让返回舱在大气层中初期飘的时间久些，从而弥补后面返回舱旋转带来的航程缩短，使得总航程仍然与升力控制式的返回航程一样长，这样仍然可以返回主场。

刘志逵提出："正常情况下，可以在枣强设一主场，但枣强除了八月份有几天下雨外，其他气象条件都好，有无必要为了气象再选一个备份着陆场？倒是应该有个应急备份场。"

从讨论中可以看出，当时轨道倾角未定，着陆场选哪未定。

（四）千头万绪

2月16日，着陆场系统论证组进行内部讨论。大家认为，轨道倾角的选择范围，最小值取决于发射场位置，最大值取决于着陆场条件、空间应用需求等。选择两个着陆场的理由主要考虑的是气象备份或返回圈次备份，如果是返回圈次备份，可以考虑选河南开封为主场，选四川遂宁为副场，这样每天能返回到主、副场中的一个。选四川遂宁为副场的有利条件是既可兼顾返回式卫星的回收，又可充分利用其丰富的气象资料和回收经验等。

2月18日，着陆场系统论证组和测控通信系统论证组向国防科工委副主任沈荣骏、论证组组长王永志、论证组副组长赵起增、评审组陈芳允院士等领导和专家汇报论证进展情况。

祁思禹认为："如果按轨道倾角50°～60°选择着陆场，比较困难，希望将轨道倾角降低一些；如果轨道倾角在40°～50°，可以考虑在河北枣强，返回航迹基本在国内；如果轨道倾角在50°左右，也可以考虑河南开封附近；上升段的海上救生比较困难。"

我在会上发言时说："一是不管是上升段还是返回段，都得有测量预报能力；

二是可以通过海事卫星知道飞船返回舱落点；三是通过短波信标搜索返回舱；四是可以通过 SOS 呼救寻求救援；五是通过设计和飞行控制让飞船力争返回落在陆地上。"

王永志问："飞船返回，是从南返回好还是从北返回好？"他是在问我们，也是在问自己。因轨道倾角不同、着陆场选择不同，飞船返回方式也是不一样的。飞船返回时有两种可能，要么升轨返回，要么降轨返回，考虑到白天发射、白天回收，故正常情况下需要降轨返回，同时应急情况下要考虑到升轨也可以返回，并希望返回轨迹的尾段尽可能多地落在国内。既然王永志问这个问题了，说明这有为难的地方，或者说我们还没有论证透彻。

赵起增认为："上升段应急回收和着陆场选择问题是总体组的两个大难题，是工程总体的事；北京、西安两个中心的分工问题也要从工程总体考虑；中继卫星和测量船要继续做分析工作。"

王永志说："从道义上讲，在海上要布设船只救援。但从飞船的设计来讲，飞船返回舱要能漂几天，等待人们去营救。"

沈荣骏副主任在最后发言时指出："一是主动段测量问题，应靠应答式雷达进行火箭外弹道测量。二是返回段测控问题，一定要确保，但是保证一圈的测控还是保证连续两圈的测控，工程总体得有个意见。三是测量船问题，要尽量减少新上测量船数量，要考虑老测量船船龄问题，还要考虑维修问题，我看再搞两条测量船是必要的，要搞两个方案，一个是五条船的方案，一个是四条船的方案，如果有一条船不能用，也能执行任务，因船修理周期很长，最短也得 10 个月，到时候再不行，可以考虑租一条船（如向阳号）。四是天基中继卫星问题，中继卫星一定要上，即使咱们不用，我国其他航天任务也是需要的，通信问题的解决，倾向于两条腿走路，一条腿是先搞个初步的测控网，这是在没有中继卫星时的过渡方案，这样具有现实性，速度也快，但要考虑最艰难的情况，得有保底方案（即得有测量船）；另一条腿是搞个好的测控网，按最好的方式搞。五是通信问题，涉及微波（S）、短波（HF）、超短波（UHF）几种手段，超短波通信要不要？它和 S 波段都是视距通信（即'相互可见'才能通信或测控），有局限性，请工程总体考虑一下，通信要精干、可靠，否则上飞船也难。但短波通信设备很好用，要上，可以形成'短波'加'微波'（即S波段）的格局。六是飞控中心问题，飞控中心就建在北京，这一点不能变，分析、模拟都在北京，大决策也在北京，在轨管理可在西安，数据要能传至北京，在这个前提下考虑北京、西安两个中心的分工问题。七是返回着陆场问题，工程总体对着陆场的标准设备配置得有个意见，着陆场不要选在水网地区，应尽量在平原地区选，只能搞一主一备，对落点精度得有要求。倾角45°以下从西边回来，着陆场好找，用枣强、兰考都可以，喀什测控站也可跟上，倾角45°以上可能进入蒙古国境内。八是主动段应急回收问题，陆上一定要考虑，可以搞一个或两个，海上要谨慎，要考虑其必要性有多大。即使确有必要，也不能搞多，例如搞一个。九是回收问题，返回着陆场与测控通信、应急救生、轨道都有关系，请总体组通盘考虑一下。"

从这次会议可以看出，当时整个工程在论证初期真是千头万绪，很多重大事项都没定下来，而且相互又都牵扯制约，真是难中有难，万难于一刻。对着陆场的理解，仍处在宽泛的层面上，提过枣强、提过开封、提过兰考，到底选哪个，更是未定。

（五）龙尾射向龙头的连珠炮

为什么着陆场的事情一下子变得这么难了呢？

原来在"863计划"概念研究阶段，各有关单位对载人飞船的着陆场问题都没有深入系统地考虑，所以工程总体和相关系统提出的技术要求未定因素很多，不统一的情况也很多。我们可以把整个工程理解成是一条"巨龙"，飞船、航天员、火箭、发射场是"龙头"，轨道是"龙身"，着陆场是"龙尾"。"龙头""龙身"一变，"龙尾"必须跟着变。

工程论证初期，很多工程难以决策的事，几乎都会影响着"龙尾"。此时暴露出的难，恰好说明着陆场问题是个大事，不仅是着陆场系统的事，也是工程总体的事，是工程总体论证组必须考虑的问题。

3月2日，工程总体论证组组织测控回收协调会，张启平主持会议。会上，着陆场和测控通信两个论证组与工程总体论证组、五院、一院一起讨论测控回收问题。

五院吴开林发言时说："关于轨道，计算了倾角52°、远地点350公里的轨道，与倾角60°的轨道进行了比较，如果按60°降轨回收，制动点在巴西上空，但52°对应的出黑障后的弹道测量会比60°的要好很多。关于主动段海上救生问题，可以利用飞船动力调整海上救生落点，估计会落在澳大利亚塔斯曼海附近，飞船可以装短波呼救设备，海上布设测量打捞船，也安装短波通信设备，既可测控又可救生指挥。关于返回段测控问题，要求测轨精确，要监控飞船是否正常调姿180°，持续100秒左右，制动时间约150秒，前后加起来共250秒，要监视飞船制导导航系统工作状态，之后还需要再跟踪一段以便能够预报飞船再入点，预报精度2公里。关于返回航迹问题，倾角52°比60°好，在国内东西方向的弧段长。关于回收着陆场位置问题，原来轨道倾角选60°，着陆点可选在枣强，如果选倾角52°，着陆点得有变化，如16圈、17圈回来，得选新的点，例如宁夏中卫、安徽小池。"

五院佘明生说："轨道倾角由60°调整为52°得到的好处很多，200公里（近地点）/350公里（远地点）、52°的轨道是首选轨道。"

五院王宝兴说："在研究中发现，轨道倾角选60°有点高、轨道高度选500公里也有点高，因返回再入段3000公里多，考虑到弹道再入式返回比正常升力控制式返回航程会缩短1100公里，如果正常返回着陆场选在枣强，枣强离边境只有900公里，则弹道式返回有落在国外的风险。"

这是我在公开场合第三次听到枣强存在的问题，也是王宝兴第二次提及此事。

洛阳跟踪与通信技术研究所董光亮说："陆海基测控网在五个地面测控站、三艘测量船条件下对应的测控覆盖率为11.5%，如果增为五艘测量船，则测控覆盖率为16.9%。"

工程总体论证组邸乃庸说："火箭飞行112秒（35公里高度）时助推器分离，204.2秒（100公里高度）时抛整流罩，共十个大动作。火箭故障陆地特征救生点，一是助推器落点，二是一级落点，救生时可兼顾全弹道。飞行360秒后，（应急救生时）开始出海（飞船返回舱落在海上），360~420秒可用打捞船于近海回收返回舱，救捞后返回厦门；420～500 秒会落在更远的海上，最好和测量船结合起来，得救援；500～603 秒就飞不回来了，能绕地球飞一圈，也可调控至菲律宾海域附近；200 秒火箭出故障，过载为 12g①；320 秒时 15g，这是最大过载。"

五院李颐黎说："关于上升段海上救生问题，应设三个点，按过载最大允许值 15g、12g～15g 不大于 30 秒计算，就得三个点，五院计算的这个结果和一院计算的结果不一样，希望集中讨论一下。"

工程总体论证组张启平鼓励大家对各阶段的测控提问题，首先他自己就提了很多问题："发射场首区救生塔救生时对测控的要求是什么？上升段测控目标究竟有几个？火箭发射过程中沿途分离掉的目标是否可以不管？火箭的安全控制怎么办？还有安全救生问题，如二级点火 100 秒后就没安控了，怎么办？入轨后要求测控到什么时候？轨道倾角到底多少为宜？倾角选 55°过西安、厦门头顶，如果朝 60°靠，就得 56°以上，57°我国以前有卫星用过，42°可连续 4 圈在国内，但过北京头顶。"

这里说的"安控"，是指发射后初期地面通过测控设备监控发现火箭出现重大故障而无法继续履行发射入轨任务时，为了避免火箭落地时带着有毒燃料坠地爆炸对地面人、财、物造成重大伤害，会通过地面安全控制设备发遥控指令直接在空中把火箭炸毁。

祁思禹问："轨道倾角有无变化？如果选在枣强，返回时如果升力控制系统失灵，弹道式返回落点会在国外，如何办？飞船在轨需要应急救生时，落在海上的散布范围有多大？飞船出问题后航天员最大留轨时间有多少？"

罗海银问："返回时保一圈还是保两圈？"

樊士伟问："返回有无应急着陆场？"

还有专家问："如果发射一上去就不妙，最快什么时候能回来？全弹道救生还是特征点救生？"

我也问了一些问题："飞船返回是升轨返回还是降轨返回（这涉及返回测量链的布局）？是否要求着陆场二者兼顾？再入点的测控需不需要？再入段如果在

---

① g 是指地球重力加速度，g≈9.8 米/秒²。

俄罗斯境内，那应该如何测控？返回舱返回的制导方法和原则是什么？飞船变轨能力和控制系统的机动能力到底有多少？返回段飞船有无电视、遥测、话音？速率是多少？返回搜索寻找的手段有几种，如定向罗盘、应答、通信、呼救？"

问题像连珠炮，一个接着一个抛向五院，被动的"龙尾"向主动的"龙头"射出一串串"子弹"，使得五院到会的同志应接不暇，最后吴开林表态说："今天大家给我们提了许多好的意见和问题，我们回去后认真研究，然后咱们再讨论。"

王永志组长在会上指出："轨道倾角范围看来要再缩小一点，不至于使其他系统的大方案在可行性论证完后还会有颠覆性的变化。轨道高度开始时可以小一点，如 200 公里、350 公里，等工程成熟了再设计得高一点。最可能的应急情况是飞船刚发射上去就要下来，要考虑最短多长时间就会回来的问题。"

3 月 3 日，星期二，我们到五院谈回收事宜。

五院吴开林将昨天座谈的情况整理出了八个问题：一是着陆场确定后，轨道倾角变了对着陆场有无影响；二是返回有无测量要求；三是返回有哪几段需要测控；四是应急返回有无升轨回收的可能性；五是返回时有无必要传输电视、话音；六是再入点的测控需不需要；七是升轨回收有无统一的说法；八是可控翼伞控制对着陆场有无特殊要求。在逐个回答这些问题时，吴开林说道："如果轨道倾角在 50°和 52°中选，则感觉 50°可能会好些，因为 52°对应的返回航迹从国境线到枣强仅 900 公里，50°对应的国内航迹会多些。但选开封也有问题，人口密度有点大，人均耕地少，河南人均耕地 0.8 亩[①]，枣强为 3 亩。"

从这开始，已出现对不同着陆场进行比较的迹象了。

从五院的回答可以看出，五院专家们的准备是认真的，之前不知加了多少班，吴开林的左眼布满了血丝，我们提的问题，他们都连夜研究并有了反馈意见，我们可以清晰地感觉到，他们的工作非常高效。当时整个工程的技术讨论就是这样。

在讨论到上升段发射时出现应急救生需返回时，我提了两个问题："一是海上应急每个救生区的范围到底有多大？二是第二圈返回至中卫、遂宁的制动点测控由谁来完成？"

---

① 1 亩≈666.7 平方米。

祁思禹也提了一个问题："我国返回式卫星在返回制动后地面要测量一分钟的数据，对测量数据外推到落地，计算误差为 15 公里。如果只将飞船测量 15 秒的数据用来定轨，对应的精度为多少？"

北京控制工程研究所陈祖贵谈了返回制导、导航的精度情况："导航精度主要取决于调姿、制动点的误差，横向纵向差 100 米导致落点误差也会是 100 米，高度误差为 100 米导致落点误差同样也为 100 米，基本是 1∶1 的误差传递关系。制导误差主要取决于航程长度、速度变化量和高度变化量的误差。综合考虑，返回制导导航总误差为 10 公里。"

3 月 18 日，国防科工委首长听取了着陆场系统论证组汇报。参加会议的人员有赵起增、陈芳允（院士）、陈炳忠、华仲春、石木生、郭英俊、霍献忠、张启平、杨震明等。张启平提到："全球导航定位系统、国际海事卫星系统不仅海上可以用，陆上也可以用。设置前置雷达的必要性有多大？运行段和返回段的测控有重叠，是否可以综合考虑？"杨震明提出："是否能够充分利用我国的拦截雷达？"赵起增在听完汇报后指出："一是重点要考虑正常回收，要先把此事搞好，这是基本任务；二是应急救生要结合经济付出一并考虑，例如对全球定位系统和国际海事卫星系统的利用问题、飞船提高技术水平减轻地面救生压力问题、测量船结合海上打捞救生问题等，要充分利用我国现有设施。"

（六）出现南移苗头

3 月 30 日，王永志在考虑着陆场面临的两个主要问题：一是如何提测量要求，二是要不要备用着陆场。王永志在笔记本上整理了一下思路：直升机可以调用（自备要慎重，或只备极少架，直升机耗费太高，一架直升机可养一个步兵师）；搜救人员不搞经常建制；设备是机动的、通用的；测控设备要少，主动段布三台（东风①、渭南、厦门），宁可多上应答机；海上只设一个点，布两条测量船；主备场位置在经度上差 14°，要考虑飞船变轨能变多少度；回收方案选一个一昼夜的，选一个七昼夜的，其他应急情况利用当地力量；再入的尾巴问题；只降轨回收，不升

---

① 东风是酒泉中心总部所在地。

轨回收。字数不多，但字字深刻。

3月31日至4月1日，利用两天时间，论证组协调讨论着陆场技术方案。组长王永志主持，领导小组办公室主任王盛涛出席。

首先，五院王宝兴介绍了三舱飞船在倾角50°、高度400公里条件下正常返回的计算结果：调姿130秒，调后跟踪40秒，制动点火144秒，制动后（制动后20秒推进舱和返回舱分离）再跟踪26秒，共需360秒；返回航程共15 747公里，其中大气层外（从400公里高度到大气层再入点86公里高度）12 764公里，大气层内（哈萨克斯坦上空的86公里高度再入点到枣强落地）2983公里。

会上谈到着陆场选择时，大家考虑到如果选枣强，弹道式再入会落到国外，倾向于制动点向南移，着陆场也向南移，将弹道再入点移入测控设备可控范围内。

这是第四次在公开场合谈论枣强存在的问题。

会上谈到可控翼伞时，五院人员认为关键技术难度大，需进一步研究。

王盛涛根据丁衡高的意见提出："着陆场要按我国回收卫星的思路干，要具备机动性、临时性。目前的方案庞大，人力、财力投入多，这与要求紧密相关，希望进一步论证。"

王永志最后明确表示："一是目前暂只考虑飞船从北边降轨返回；二是在我国东、西部各选一个着陆场，主备场可相差14°左右（着陆场与轨道调整能力关系重大），每次飞行任务只使用一个场区，配一套机动设备；三是应急着陆场区选在主副场之间，与着陆场错开布设，对测控等放宽要求，少去人，设备从简；四是应急返回，宁可落在国外陆地上，也不落在海上；五是加强飞船本身自主控制能力，具备报告自身位置的能力，返回舱要有维持航天员生存48小时的能力，不一定上可控翼伞。"王永志对海上应急救生提了三点要求："一是上升段落在澳大利亚东海海域1000～1200公里范围内；二是返回舱在海上能漂24小时，确保航天员无生命危险；三是返回舱溅落海上后能自动通报自己的落点坐标。总之，海上只考虑一支船队，暂按1200公里海域（飞船溅落散布范围）考虑。"

王永志为何说主备场相差14°左右呢？因为飞船的轨道高度一般都在300～400公里，轨道周期是90分钟左右，90分钟地球正好转22.5°，如果主场和副场对应的经度相差半圈左右，飞船轨道对不准这个，可以微调轨道对准另一个，这样可选择的机会会多些，适应的能力会强些，14°就接近 22.5°的一半。

就是在这次会上，首次出现了着陆场由枣强向南移的苗头。

（七）思想碰撞

4月15日，王永志带领工程总体论证组的张启平、蔡立狮、周义克、杨震明、鲍贤栋，测控通信系统论证组的夏南银，气象处的罗锡成处长等人，来到着陆场系统论证组，共同讨论着陆场论证报告第一稿存在的问题。

张启平首先谈了对第一稿的意见："总的感觉是方案做得大了些，建议思考：海上应急时能否让舰船拖着飞船走？直升机数量能否少些？正常着陆场能否与应急返回区一律对待？"

鲍贤栋提出："一是主场如果设在开封，则降轨返回时经度与遂宁错开12°，遂宁可以选为副场。副场能否减少设备配置？二是海上应急救生，近期海军驱逐舰、航母舰都能建成，另外新建的打捞测量船、国家已有的打捞船在飞船上升段航线下方散开，可能会以较快的速度（如35节①）去救援航天员。"

罗锡成谈了对气象方案的看法："一是测雨雷达是需要的，可以在400~500公里范围内连续观测，比卫星云图连续；二是卫星云图接收设备也是需要的，可以接收极轨、地球静止轨道气象卫星云图，原来西安中心回收站准备上该设备，被删掉，后又加上，说明该设备有用；三是关于气象预报保障问题，西欧一些国家的气象中心预报较准，三天内的预报是可信的，我们执行任务时一般都是很早以前派人前往当地，抄当地预报数据、收集资料、询问当地老农民，然后在一个月前运气象设备到现场进行测量，这样预报较有把握，但仅靠当地气象部门，则不太可靠，时间性、精确度、针对性都无法保证；四是引雷问题，国外发射已有几次把火箭给炸了，有一次将火箭电源炸了，都是雷电惹的祸，故美国、法国在

---

① 这里说的"节"是指航速。在海上一般不说每小时多少公里，而是每小时多少海里。一海里（n mile）就是地球子午线所在的地球周长分成 360 度，每一度再分成 60 分，每一分的长度就是平均的海里长度。由于地球子午线是一个椭圆，故它在不同纬度的周长是不一样的，一海里对应的长度也是不一样的。在纬度 44°14′处，1 海里=1.852 公里，1 节=1 海里/小时=1.852 公里/小时，35 节=64.82 公里/小时。

发射场都采取手段引雷，将来任务多了，就不能仅靠选好季节发射了。"

王永志最后只说了一点："海上按一个点考虑，以最小规模来应急。"

上述这些虽然只是只言片语，但说明着陆场的事的确难办，需要做的事多，但方案还不能做大，花的钱还得少，真是"巧妇难为无米之炊"，所以大家都在替着陆场系统出谋划策。

需要指出的是，在这次会上，着陆场南移开始有了具体指向，尽管是出自鲍贤栋之口，而且是以"如果"为假设开头说的话，但他是工程总体论证组的人，他的话背后有含义，不是随便说的。

4月17日，王永志带领工程总体论证组再次与着陆场系统论证组进行讨论。会前大家已经了解到评审组对着陆场系统论证组第一稿的意见，即总觉得着陆场的方案做得大，对副场经费也是一压再压，同时提出：在海上不设点，设不起。任新民就曾说："国外对此消息很关注，法国就评论道'中国目前尚无能力进行海上救生，因为中国海军不行。'"王永志认为："尽管这是实情，但海上救生却是小概率的大事件，完全不管也不妥，全管也不可能，鉴于此，请着陆场系统论证组先做一个海上的方案，例如设置一艘打捞测量船、两艘专业打捞船、多艘舰艇，能管多少区域就管多少，区域可以放远一点。"这就为海上救生方案定了一个基调。祁思禹赞同王永志的意见，但对评审组的意见有自己的看法，他认为："副场的使用比海上应急概率不知要大多少倍，副场只花了 2/3 的经费就基本起到了主场的作用，而海上出海一次就要花费 4200 多万元，评审组压副场的经费不合理。"

针对技术问题，大家真是针锋相对、大胆讨论、不畏权威，且技术民主、实事求是。

4月20日，赵起增、陈炳忠、张启平以及机关人员王建蒙等来着陆场系统论证组讨论问题。

赵起增提出几件需要注意的事情："一是海上一个点能完成多大任务要讲清楚；二是建设费和每次任务的消耗费、维护费要分开计算；三是第二稿要和其他几个系统统一拿出来进行评审。"

就在这次会上，陈炳忠提出："苏联专家有丰富的载人航天经验，可以请来给我们讲一下。"王永志早有此意，另外，由于王永志原来就在苏联莫斯科留学过，对苏联情况很熟悉，他的恩师和同学都在航天的重要岗位上，自然可以邀请一些专家来华讲课。当然，我们与苏联在不同领域的关系都很好，通过其他渠道也可以请一些专家来讲课。机关马上落实安排。安排后，我们听了苏联几位飞船、火箭、搜救专家的讲学，很受启发。

（八）苏专家讲课

苏联联盟飞船总设计师米申教授来华讲了联盟飞船设计情况，苏联科研生产联合体化工研究所副所长西多连科讲了火箭设计情况。

西多连科在讲火箭加注时提到，加注之前一定要清洗管路，加注时要过滤，加注过程中要检查，火箭有快速溢出装置，发现有事故苗头时，就立即加压、快速卸掉燃料，相关标准有 89 种，火箭发射一定要注意安全规范。1960 年 10 月 23 日，苏联金星号运载火箭发射时，火箭军总司令涅杰林（苏联炮兵主帅）同众多将校军官一起前往视察，金星号运载火箭总设计师扬格利陪着，点火命令发出后，火箭发动机没有按命令点火，故中止发射，为查看现场，总司令带领将校军官和几十名专家朝火箭发射工位走去，突然，火箭上面级发动机点火，瞬间喷出火焰，继而把火箭下面级燃料贮箱引爆，引起巨大爆炸，近百名军人、科学家丧生。1980 年 3 月 18 日，苏联东方号运载火箭在普列谢茨克发射场进行燃料加注时发生爆炸，45 名技术人员当场被炸亡，另有 5 人在送往医院后死亡。发生的所有事故几乎都与生产部门的设计、工艺和质量有关，与周围环境有关（如氧气含量偏高等）。

上面说的金星号运载火箭爆炸事件发生时，王永志正在莫斯科航空学院学习，教他们气动力学的女教授斯特拉日娃正在给学生们上课，突然有人来喊她，她便匆忙离开了。后来才知道，她的丈夫就是金星号运载火箭总设计师扬格利，事故发生后马上叫她到医院。事后，她回来告诉学生们，她的丈夫在中止发射后，便和约希费扬教授、姆雷金将军躲在一个角落里吸烟，然后再去追火箭军总司令等人，没想到，就在他追到离大队人马几十米处时，突然发生大爆炸，他被气浪猛地吹倒，爆炸物落在他的身上，他的背部烧伤，被拉到医院抢救，幸免于难。一支香烟救了扬格利，一枚火箭炸了涅杰林。涅杰林被炸得几乎尸骨无存，人们只好将残留的部分遗物葬在红场红墙下，那些天，广播里总是播放这些消息。

当时我就在想，如果能请苏联返回搜救专家给我们讲一下，应该会很有意义。

后来，机关安排了苏联航仪所部门主任亚历山德尔·米哈依罗维奇·别杜什科夫讲了一些苏联异常着陆搜救回收的故事。

1. 主动段火箭故障逃逸救援

1975 年 4 月 5 日 14:05，火箭发射，123 秒时火箭发生故障，飞船逃逸，计算降落点在 1000～1300 公里，实际降落在 2200～2400 公里处一座高山上，山上全是原始森林，树高 20～40 米，完全没有道路可走，当时天空有云，云层高 500～700 米，地面有风，而且是 5 级大风，能见度 10 米，温度-5℃。

14:38，发射时就在空中飞行的一架安-24 飞机迅疾飞至降落点附近，当时尚没有直升机到达。第二天凌晨 4:00 直升机才到达，这时已是 14 个多小时以后了。幸运的是，飞船伞绳挂在深涧（类似于一线天）边沿的一棵树顶上，而且恰好主伞爆炸螺栓因故障没有爆炸，返回舱就一直挂在山崖边上，没有掉进山涧。如果主伞按正常设计的那样启动爆炸螺栓了，那么伞绳就会被切断，返回舱就会掉进山涧，后果不堪设想。直升机没有办法降落，只好降在 4 公里外一块稍微平坦一点的地方。山上积雪深 3 米，人步行又进不去，这可把搜救人员急坏了。又过了两个小时，第二架直升机到了，用绳子把人放下去，打开舱门，将两名宇航员用绳索吊至直升机上，载至附近的巴尔瑙尔市，再转运至拜科努尔。又经过 2 个小时，来了第三架直升机，把留在现场的救援人员拉走了。恰好就在此刻之后，天气急剧恶化，四天内直升机都无法接近现场。直到一个星期后，才去了一批直升机，下去了一批人，用锯伐了许多树，开辟出一块 70 米×70 米的平地，1975 年 4 月 15 日，来了一架米-6 大型直升机，把返回舱吊到一个城市，再用安-24 飞机运走。前后历时 10 天。

2. 联盟-23 飞船返回段故障

1976 年 10 月 14 日，联盟-23 飞船发射，计划与礼炮 5 号对接，但没有成功，飞控中心决定让联盟-23 飞船返回。按规定在第一昼夜圈离轨，但在预定离轨点之后 125 公里才离轨，从而造成返回的着陆点往前延伸了 125 公里。20:31 主伞打开，有一架安-24 飞机、一架安-12 飞机看见伞打开。17 分钟后，宇航员通过无线电报告降落在湖面上，实际上是落在哈萨克斯坦的田吉兹湖里。这是第一次有人返回舱落在水里。因当时正下大雪，气温-16～-13℃，湖面冰凌成堆，既不能走，又不能滑，雾极大，看不见，故情况非常危险。两架飞机在 4 分钟后看见闪光灯，离岸约 2 公里，后来风越刮越大，把湖面上的雪吹起来了，最后什么也看不清了。后来直升机赶到，在上空盘旋，尽管带了橡皮船等器材，但不敢在湖面上降落，因此直升机只好落在岸边，直升机队长军衔最高，亲自乘橡皮船，一边破冰，一边前进，耗时 3.5 个小时才到达返回舱边上。此时他发现，返回舱上的通风口全被冰冻住了，他又用了 3.5 个小时打掉通风口和舱门上的冰，但不敢打开舱门，担心把里面的两名宇航员冻坏了。后来赶来两辆车，但因开不到返回舱边上，只能在湖边干着急。因舱内还有宇航员，不敢用直升机冒险直接吊返回舱，故当时决定，将两名穿潜水服的救援队员从直升机上吊下去，在冰水里将返回舱捆住，用直升机在冰水中将返回舱往岸边拖。用了十多分钟，才拖至岸边。拖舱之时，天空渐亮。直到凌晨 6:00，才开舱救出宇航员，并转运离开。从此之后，航天管理部门做了一个决定，在这个圈次，再不允许发返回指令，以免降落在田吉兹湖上。那位第一个破冰救援宇航员的队长冻伤了，一直没有恢复健康，苏联授予他红旗勋章。

3. 联盟-T10 运载火箭事故

1983 年 9 月 26 日，火箭在发射场准备执行联盟-T10 飞船任务，船内乘坐着两名宇航员（季托夫和斯里卡诺夫）。夜里，就在点火前 85 秒，火箭突然失火，拜科努尔司令斯米宁、飞船总设计师斯乌什金科夫通过地下控制室内的潜望远镜看见后，迅速按下了紧急逃逸按钮——只有他们两人同时按才有效。指令传到指控站，指控站又给了一个指令：火箭逃逸塔立即点火起飞。就在逃逸塔刚离开箭体时，火箭就爆炸了。返回舱落在离发射台前 4.5 公里处，安-24 飞机早已在空中值班飞行，通信中继飞机也已飞在空中，机场上早就准备着的 3 架宇航员医疗救护直升机已转动着旋翼，安-12 飞机装载的救援车也准备就绪。事故发生 40 秒后，第一架直升机起飞，按照安-24 飞机传来的命令直奔落点。在离落点还有 30 公里时，直升机已收到信标信号，立即按照信标信号指示方向寻的飞去。当降落伞带着返回舱着陆时，直升机也已经在降落了。第二架直升机紧接着起飞，飞往现场。这都是在伸手不见五指的黑夜里进行的，完全靠驾驶员的冒险精神和技术熟练程度。事故发生后的 30 分 45 秒，两位宇航员被救出，分别乘坐一架直升机离开现场。鉴于当时安-12 飞机装载的救援车没有到达，夜间直升机降落又很困难，故从此航天管理部门又做出了一个决定：发射场固定放置 3 辆特种救援车，在此种情况下，车辆比直升机更有效。我问："为什么需要 3 架宇航员医疗救护直升机？"专家说："这是命令，一架直升机只允许运送一名宇航员。宇航员的生命太宝贵了，仅仅为了帮外国培训一名在天飞行一周的宇航员，就需耗费 1000 万美元，如果是培训指令长之类的直接操作飞船的宇航员那将耗费更大。"

4. 联盟-TM5 返回舱自动控制部分故障

1988 年 9 月 7 日，联盟-TM5 飞船上的 3 名宇航员在执行完任务、生活舱已经分离、返回舱准备返回时发现，返回舱自动控制部分发生故障。宇航员决定手控返回，但一试之后，发现手控也不灵了，只好决定在下一个昼夜再返回。尽管这个时候地面都已准备好了，但没有办法。由于生活舱已经分离，没有了厕所，宇航员不吃、不喝、不拉，飞了一天。此时地面搜救力量早已布阵完毕，10 架飞机、23 架直升机早已在哈萨克斯坦境内空中待命，5 个伞兵救援队也都进入救援状态。幸好，宇航员第三次尝试手控方式时成功了，但采用可控式返回已经来不及了，只好采用弹道式返回方式着陆。因飞机、直升机布满了哈萨克斯坦上空，故很快就发现了返回舱，立即救出了他们，这说明执勤飞机多是有好处的。从开舱至宇航员上直升机用了 1.5 个小时。

5. 联盟-TM16 正常返回时宇航员突感不适

1993 年 7 月，联盟-TM16 飞船携带 3 名宇航员按正常程序返回，2 名俄罗斯宇航员在和平号空间站工作了半年，1 名法国宇航员工作了 3 周。当时讲课专家（别杜什科夫）就在电视转播直升机上，在空中便发现了降落伞，救援车跟着降落伞跑，返回舱着陆，救援车也开到了现场。这次返回舱是底朝下（如侧倒，救援车要将其拉正），上校队长去敲舱，告诉舱里的宇航员救援人员已到，铝合金架子几分钟架好，打开舱门，舱边已放好座椅，拉出宇航员，让他们坐着。医疗救护直升机带有两顶专门研制的吹气帐篷，实际上就是一个野战医院，装备齐全，包括电源、仪器仪表等，每个 20 米×8 米，正架设时，突然天气骤变，天降倾盆大雨，但此时帐篷还没有完全支起来，只能将宇航员移至运送车内进行医疗救护。正在此时，又突然发现一名宇航员感到非常难受,正常天气时,应立即用图-154 飞机将其送往宇航员选拔训练中心，但此时雷雨很大，不允许飞机飞行，只好将这名宇航员移至图-154 飞机内，利用机内现有医疗资源对其进行医疗救护。2 个小时后天气才有所好转，飞机允许起飞，经过 3 个小时才将宇航员送到宇航员选训中心。最后，宇航员得救了。搜救大队要考虑周到，否则宇航员就会有生命危险，搜救大队也逃脱不了责任。

通过这些故事，我们学习了很多东西。但实事求是地说，他们的航天搜救真舍得花钱。例如联盟-TM 飞船在执行任务期间，配备了强大的搜索和回收部队，主要部署在发射场、着陆场和发射入轨段航区，通常动用 26 架安-12、安-14、伊尔-22、伊尔-76、图-154 等飞机和 57 架米-6、米-8 等直升机，其中在飞船着陆点附近布置 12 架直升机，承担飞船技术处理、技术保障、航天员撤离、国内外记者采访拍摄等任务。在气候和地理条件复杂的情况下，执行回收与救援工作时还必须使用回收与救援特种车辆，如多轮运输车、履带汽车等。当返回舱未降落在预定范围内时，则由伞兵进行应急回收与救援。再看美国，搜救力量也毫不逊色，例如在"水星"计划最后一次飞行（MA-9）搜救任务中，回收部队由 28 艘船和 171 架飞机组成，参试人员达 18 000 余人。阿波罗-7 飞船回收任务设立日本立川附近的西太平洋区、夏威夷群岛附近的中太平洋区、百慕大附近的西太平洋区和亚速尔群岛拉日什附近的东大西洋区 4 个着陆海区，还设有 4 个应急着陆海区，仅主着陆海区就部署了航空母舰和 3 架直升机以及 2 架绕场飞行的 HC-130 固定翼飞机。

与此相比，我们的搜救装备要少得多，即使这样，评审专家等人仍认为我们配置得太多了，还得再酌情减少。当然，中国有中国的国情，当时中国的底子薄，不能花费太多，这也是可以理解的。

四、南移豫东河北别

（一）选择条件和要求

工程总体给出的飞船返回着陆场区选择的基本条件有两个：一是飞船飞行轨道倾角为 50°～52°，按降轨返回着陆场；二是飞船返回舱采用可控翼伞实现定点着陆，着陆场只要求 4 个 1 公里半径的圆。尽管王永志在 4 月 1 日说了"不一定上可控翼伞"，但当时工程相关系统还在论证分析，故工程总体的要求还是按可控翼伞在提。

工程总体同时综合飞船系统、航天员系统的需求，给出了着陆场选择要求：①地区平坦，区域宽广，视野开阔，江河湖洼地较少；②离国境线较远，一旦着陆偏差大，可避免落入国外；③再入段轨道尽可能多地被我国跟踪测量台站覆盖；④场区内人口稀少；⑤没有大中型工矿企业的建筑物群体；⑥没有重要军事设施；⑦没有大片森林；⑧没有 110 千伏以上的高压电线；⑨远离大中城市；⑩交通和通信方便；⑪当地有一定社会依托条件（生活后勤保障、医疗等）。

细心的人就会注意到，上述要求中有些是难以兼容的，比如远离大中城市、人口稀少与交通和通信方便、有一定社会依托条件就难以兼而有之。这些看似不合理、相互矛盾的要求，恰好是兄弟系统的真实需求，我们得想办法去满足，同时也侧面反映了选择着陆场的难度。

（二）选黄泛区

着陆场系统论证组根据这两个基本条件和 11 条选择要求，从高轨道倾角、着陆场在陆上、可控翼伞着陆、弹道式返回方式、返回弧段在国内尽量多等因素进行考虑，同时鉴于中原黄河两岸地区是黄泛区，土质松软，地势平坦，经济相对落后，故选择了河南中原地带。

着陆场系统论证组论证了一个月，向论证组和工程总体论证组汇报着陆场位置问题。因事关重大，论证组组长王永志、副组长赵起增、詹文山等领导都参加了。着陆场系统论证组的结论是将着陆场设在河南，论证组领导和工程总体论证组一听也认为这是有道理的，因讲的道理是：黄泛区无大型工业设施，无大型工矿企业，土壤贫瘠，经济相对落后，估计人口也稀少，适合当着陆场。

第三章　河南中原空勘

一、勘察起因

（一）到实地勘察才行

工程可行性论证已接近尾声。主场放哪的问题，不仅是一个系统的事，也是整个大系统的事，是整个工程的事，而且是个大事。

着陆场论证报告送到王永志手里，他陷入了深思，这让他回忆起一件发生在26年前的事。

那是1966年，中国与苏联的关系急剧恶化，国家一声令下，许多国防企业、大学、研究院所等都迁移至内陆或三线城市。建好的东风发射基地尽管地处大戈壁，但离苏联控制的蒙古国边境线很近，一旦发生战争，立刻会成为战场前沿，根据聂荣臻元帅的指示，需要在其他地方寻找三线导弹发射场和弹落区。

寻找方式就是在全国范围内进行勘察，勘察工具有飞机、直升机、越野吉普车、马匹等。大面积勘察和转场使用飞机，局域勘察使用直升机，具体地形勘察使用越野吉普车，车进不去的地方骑马前往勘察。

勘察队里有酒泉中心副主任张翼祥、大气测量处处长沈荣骏、一院负责提出发射场建设要求的王永志、二院负责寻找地空导弹着陆区的李岩（勘察后半段参加）等。从东北到华北，从新疆北部到南部，整整勘察了几个月，仅飞机、直升机起降就有47次。勘察区域的选择原则是到三线，以备战争；到最偏僻的地方，以免与民争利。

乘坐直升机是件很危险的事情。此次勘察前不久，国内就发生了两架直升机机毁人亡的重大事故，当时勘察队里只有三个年轻人，其中一个是沈荣骏，一个是王永志，每次空中勘察，都少不了年轻人，故年轻人积累的空中勘察经验最多。

到东北勘察时，三个年轻人乘坐直升机去小说《林海雪原》中描写的威虎山周围勘察，看了半天，到处都找不着威虎山，这里不仅没有威虎山，连个较大的山包都没有，地势较平缓，不像小说中说的那样崎岖惊险，因此他们怀疑是不是找错地方了。就在迟疑之时，看见当地一个老大爷，直升机便择地降落，勘察队员走到老大爷跟前问："威虎山在哪？"老大爷哈哈大笑，说："那是小说，你们也信，太逗了，哪有这事，根本就没有威虎山这个地方！"

到山西寻找发射场时，勘察队定的原则就是避开富裕地区，专找经济欠发达地区，故直奔山西西部的八个县域，岢岚县就是其中之一，它在太原西北方向一百三十多公里处。勘察队到达县里后，与县领导座谈，了解当地的实际情况。谈完后，县领导提了一个要求："是否可以让我们看一下直升机？"勘察队同意后，他们马上回去布置实施。没想到，因为大家之前都没有见过直升机，布置措施极其特别——县领导决定：整个县城放假一天，排队前往参观直升机！他们参观时，每个人的脸上都洋溢着幸福，就跟过年一样。看后，县里就传开了，说是有十几架直升机，其实只有两架。空勘完后，还要地勘。进入农村只能用吉普车，当地农民从没见过汽车，引来他们的围观。再后来，需要进山勘察，车辆已无法通行，只好骑马前往。

到新疆勘察弹落区时，见到的全是沙漠，天地一个颜色。到某山里找弹落区时，车一进去，就陷进去开不出来了。

最后，经过艰苦勘选，终于在山西岢岚县一个山区里划定了一个三线发射场，在新疆某地找到了弹落区。

太原卫星发射中心于1966年开始定点，于1968年建成，从酒泉中心抽调过去人员，太原卫星发射中心说是在太原，其实离太原很远。航天部一院到该中心进行东风三号导弹发射试验时，听到了一些埋怨的声音，因为那里太偏僻、冬天太阴冷、生活太艰难，工资补助反而少了。

别看他们有埋怨，付出却是实实在在的，而且是一生的付出。为了航天事业，多少航天老前辈做出了牺牲啊！

1966年的这次导弹发射场和弹落区勘察选址经历，让王永志有了一个深刻的印象，即要想把方案做实，必须实地看一看，但着陆场系统论证组人员和相关系统设计人员都没去河南看看，让人心里不踏实，王永志在思考，如果没去实地考察过，给中央专委汇报时一点根据也没有，怎么办？故他当即提出："要认定着陆场可行，需到实地勘察才行！"

当时已是 4 月下旬，而 5 月就要向中央专委汇报，时间已很紧张，怎么办？王永志提出，由于时间紧，地勘来不及了，故只能先空勘，先从空中大范围地看一看，也让人放心。

（二）协调直升机仅用三天

勘察任务交给国防科工委主管部门，由其组织完成着陆场空勘任务。要想空勘，离不开直升机，赵起增指示：立刻与直升机主管部门联系，请其配合。

4 月 23 日下午，我赴国防科工委机关参加场区选择勘察准备会议。李宝铭（部长）、李刚（处长）、江莹、马良都在，会议将使用直升机之事通过直升机主管部门协调落实完毕。

4 月 24 日上午，我们赴直升机主管机关计划处讨论飞行计划。我们先谈了空勘策略，即先高空大面积普查，再有针对性地详勘。计划处处长叫王德容，看上去四十几岁，人长得很帅气。王处长介绍了河南的有关情况，"河南的村庄村人村密，分布均匀，以 15 公里为半径的范围内有 100 多个村庄。水灾多，经济落后。"王处长谈到需协调事项时提到："一是勘察区域涉及济南、豫北、豫东地区，需与当地有关部门协调，以提供方便；二是根据勘察区域和工作量，感觉预定架次不够，需增加；三是如对重点地面进行拍摄，需提前申请批准。"看来，需国防科工委主管机关进一步协调的工作还不少。没想到，机关知道后，立刻协调。下午，问题就得以解决。在直升机主管部门的大力支持下，国防科工委主管机关从开始联系到勘察计划全部落实，仅花了三天时间。神速！这一说明此事重大，二说明直升机主管部门支持力度大，三说明国防科工委协调能力强。

为选择主场，921 工程论证领导小组指示，专门组织一个空勘小组，对河南中原的地形、地貌、河流、水库、工矿企业、高压输电线、村镇分布和交通状况进行空勘。空勘小组由着陆场系统论证组的祁思禹、刘志逮、樊士伟、解启林、我，工程总体论证组的张启平，飞船系统论证组的陈灼华，领导小组办公室的马良，指挥所的张耀等 9 人组成，祁思禹带队，马良负责组织协调，张耀负责拍摄。

领导吩咐，随身携带 2.5 万元现金作为勘察任务费用。

（三）飞行之险

4 月 25 日上午 8:30，空中勘察小组到达北京通县（今通州区）直升机机场，准备从北京乘 M-17 直升机赴河南新乡。到机场后，发现王德容处长也在，原来他也一起去新乡。可见上级机关对 921 工程的确重视。

离起飞还有一段时间，我们便交谈了起来。谈了一会儿，我们才得知，王德容以前是飞行员。我们对飞行员很感兴趣，于是请他讲讲飞行经历。此时大家已经比较熟悉了，王德容便打开了话匣子。

王德容以前担任直升机飞行员。有一次，两架直升机一起飞赴西藏执行救灾任务，天下大雪，到达野外救灾地点时，雪仍下个不停。第一架直升机先降落，快到地面时，螺旋桨将地面上的雪花纷纷卷起，直升机瞬间被掩盖在大雪之中。副驾驶员宋磊顿时什么也看不见了，只好凭感觉控制直升机降落，最后总算落地了。第二架直升机由王德容驾驶，副驾驶员是藏族首位飞行员扎西泽仁，他们在试图降落时，高速旋转的螺旋桨将周围的雪花卷起，雪花急速散向四周，散到一定程度后再向上空扬起，不一会儿，雪花便包围了整个直升机。他和扎西泽仁驾驶的直升机悬在空中，但离地面有多高，他们不知道，机身四周的情况，他们也不清楚，就像突然陷入雾海，不知方位。此时他没有想其他办法，只想试着盲降，就像一个人夜晚走楼梯，突然停电，伸手不见五指，只好试着一磴一磴地向下走。就在此时，突然听到"咔嚓"一声，他们感觉直升机瞬间失去了平衡，想急速加油把直升机提升起来，但已来不及了，直升机已经失控，驾驶员只好眼睁睁地看着失控的直升机向侧面斜了过去，突然听到螺旋桨叶片的"啪啪"声响，便意识到叶片蹭到了什么东西，随即感到机身重重地摔了下去。就在惊魂未定之时，飞扬的团雪渐渐落下。待雪花落定，王德容才缓过神来。他眨眨眼睛，还能动，证明自己还活着。向周围望去，他的驾驶座斜着，自己驾驶的直升机骑在另外一架直升机上。被骑的直升机就是第一架直升机，废了。他驾驶的直升机，废得更厉害。一个事故损失了两架直升机，损失惨重。

我忙问："你受伤了吗？"王德容答道："没，还好。"

我接着问："那第一架直升机上的飞行员呢？"

王德容答道："也没事。"

不幸中的万幸。这两架直升机是从国外引进的，适合在高原地区执行任务，我国的返回式卫星就是靠这种直升机去搜索寻找并吊运的。由于我以前参与过很多次卫星回收任务，卫星回收总体技术方案就是我拟制的，故对执行任务的该款直升机很熟悉。但当时没人给我讲这个故事，今天算是补了一课。

（四）飞赴河南中原

这时，在不远处，直升机已开始启动发动机，像是在催促我们该动身了。

这架直升机的型号是 M-17。舱门在机舱左侧，有个活动的铝梯挂在舱门下方，人上机后，再将其收回至舱内。

直升机起飞后，我们离开了通县。由于通县在北京的东南面，我们又朝南飞，故没看到北京城内。如果能从空中看看天安门城楼，或看看故宫全貌，那该多好。

未果，心中感到遗憾。

飞行时，时值中午时分，空中气流大，变化也大，勘察人员均感不适。我以前乘坐直升机次数较多，适应能力较强，原本以为能扛过去，但到最后，还是将胃中尚未消化之物吐到塑料袋中，此时才真正感受到飞行员的不易。

由于飞行时间长，大家方便就成了问题，随着时间的推移，体内储存液体的"容器"内部压力渐渐增大。有人实在挺不住了，便向水桶中输出。

待感觉缓过来后，我走到驾驶室门口，探头看了一眼飞行速度表，显示是 220 公里/小时。刚看完准备记下数据时，直升机又开始颠簸，上下起伏不定，让人很不舒服。这种状态足足持续了 3.5 个小时，让人备受煎熬。当飞机终于降落在河南新乡直升机机场时，才算熬到头。下直升机第一件事，就是去找厕所。

随后，勘察队员一行来到新乡直升机飞行团团部会议室，参加第一次勘察协调会。计划处处长王德容、飞行团团长杨国隆、副团长戈玉生、领航股长方舜和、大队长王必应、机长顾汗生、飞行员万春林等都参加了会议。

团长杨国隆说了几条："一是这次任务我们向上报的是'空中检查'，请勘察队先明确勘察区域的中心点和边界；二是本次飞行任务使用尚处于实验阶段的一种新型设备——D-91 经纬度计，以提高飞行效率和勘察质量；三是双方各出一个协调员，以便沟通情况；四是直升机上的红色把手千万不要动，那是紧急情况下才使用的。"发言没有俗套，干净利索。

副团长戈玉生说："一是任务要弄清，地面勤务和空中飞行尽可能保证完成好勘察任务；二是这次任务时间匆忙，故大家要密切配合；三是机组一定要掌握天气条件，要与马良多沟通协调；四是飞机机型为 M-17，飞行路线如图所示，飞行高度 300～1200 米，每次飞行不超过 4 个小时，飞行计划下午就报，准备明天就开始。"发言照样是军人做派，没有半个废字。

王德容处长最后发言："本次任务是上级下达的，意义重大，时间紧迫，机组要做好充分准备，一要把安全搞好，地面要协调保障好，确定飞行计划后，机组航线一般不要变，飞机出现故障时，机组要通告乘机人员，由机组全权处置，航拍安全很重要，首先要协同好，如打开机上窗口的时间；二是连续飞行容易疲劳，在保障安全前提下要抓紧时间；三是标记经纬度时，如发现重要地点，请告诉飞行员，记下位置，返航后再告诉勘察人员。"前两条都是说安全的事，既说明他深知安全的意义，又说明从明天开始，我们就要投入战斗了，危险是有的。

晚上，勘察队员又聚在一起开会，细致地讨论飞行计划。马良先发言道："请大家集思广益，充分发表自己的意见，然后统一归口，与飞行团机关和机组协调。"樊士伟说："最好能以重点区域为中心从里到外飞。既然河南是平地，那么勘察的重点就应该是人口密度和电网。"陈灼华说："能否在漯河或其他机场停一夜？第二天可以继续飞行勘察，可以节省来回路上的时间。另外，对河床也要拍摄记录。"祁思禹说："重点区域要多拍，其他可不拍。"张启平赞同说："重点区域要列个预案，以便事先有准备。"大家你一言我一语，说的全是勘察时的注意事项。从大家认真的样子根本看不出白天飞行时的艰辛和不适。

大家一旦工作，便忘了其他。会开到了深夜，制定了勘察总策划：从 4 月 26

日至 29 日，直升机飞行六个架次。勘察模式是：前三个架次先进行大范围普查，选出比较符合条件的几块区域，然后再进行详勘。

（五）黄淮平原

空勘地带地处新乡—驻马店京广线路以东，称为黄淮平原或豫东平原，是华北平原的一部分，主要由黄河、淮河冲积而成，地势平坦，海拔 40～100 米，地下水丰富，为河南省主要农产区。空勘区域：114°E～115°30′E，东西长 140 公里，32°45′N～35°45′N，南北长 330 公里，总面积 46 200 平方公里。

空勘区域东面是安徽省境内的淮河水系河网地区，南面接近大别山山脉，西面是京广铁路线、伏牛山等山地，少林寺所在的嵩山就在这片山区，北面是经济发达区，有鹤壁市、安阳市，东北面就是著名的泰山山脉，有一条 110 千伏高压输电线横穿京广线至滑县附近的留固变电站，濮阳市北部是中原油田。

黄河是河南最大的河流，流经 8 市 24 县，境内全长 711 公里，流域面积 3.62 万平方公里。河南因大部分地区在黄河的南面，故名"河南"。我们所要勘察的区域被黄河分成了南北两块。

淮海的发源地是河南，境内全长 417 公里，流域面积 8.83 万平方公里。

夏商都城多在河南，著名的商代都城遗址——殷墟就坐落在安阳。西周以洛阳为东都，自此以后，历史上有多个朝代在河南建立都城。元代置省，明设河南布政使司，清为河南省。中国八大古都，河南一省就占了四个，分别是夏商古都郑州、商都安阳、十三朝古都洛阳和七朝古都开封。

"逐鹿中原"的中原主要指的就是这里，这里是中华民族的发祥地，也是孕育中华民族文化的摇篮。"逐鹿"是用作竞争天下的典故，出自《史记·淮阴侯列传》记载的一个故事："秦失其鹿，天下共逐之。"

楚汉争雄时期，汉将韩信为刘邦立下战功，被封为齐王。此时，齐国有一位叫蒯通的辩士，认为天下胜负将取决于韩信，于是借看相之名，前去游说韩信。他为韩信分析了利弊得失，力劝韩信和楚、汉三分天下，但韩信却执意不肯。西汉建立后，刘邦担心韩信谋反，就在丞相萧何策划下，将韩信杀害。韩信临刑前悔恨地说："我悔不用蒯通之计，以致今日死于妇人之手！"刘邦马上下令捉拿蒯通。蒯通对刘邦说："当初秦朝法度败坏，政权瓦解，山东大乱，一时各国诸侯并起，犹如秦朝失去一只鹿，天下人都来追逐，谁本领高强、行动迅速，谁就会先得到这只鹿，那个时候，我只知道韩信，不知道陛下，更何况想要夺取天下的人很多，只是力量不足罢了，难道你能把他们统统都杀死吗？"刘邦自知理亏，最后赦免了蒯通。

刘伯承在《千里跃进大别山》中也提到："三军在江、淮、河、汉之间布成'品'字形阵势，互为犄角，逐鹿中原，机动歼敌。"刘伯承提到的"江"指长江，"淮"指淮河，"河"指黄河，"汉"指汉水，从地理位置看，此区域南临长江，东起运河，北枕黄河，西迄汉水。

淮海战役的战场就在这块区域的东边，即徐州、蚌埠一带。淮海战役是解放战争时期中国人民解放军华东野战军、中原野战军同国民党军队展开的战略性会战。战役从 1948 年 11 月 6 日开始，1949 年 1 月 10 日结束，徐州"剿匪"总司令部刘峙指挥的 5 个兵团部、22 个军部、56 个师及一个绥靖区共 55.5 万人被消灭及改编，解放军共伤亡 13.4 万人。淮海战役是三大战役中解放军牺牲数量最多、歼敌数量最多、政治影响最大、战争模式最复杂的战役，是解放战争中具有决定意义的三大战役中的第二个战役。

这里历史上就是兵家必争之地。

现在是和平时期，我们来了。目标已不是逐鹿中原，而是盘旋中原，放眼太空。

二、平地如海淮水城

（一）双重身份

4 月 26 日，第一架次普查飞行路线：新乡→开封→通许→扶沟→西华→上蔡→汝南→平舆→项城→淮阳→太康→杞县→兰考→新乡。

这天恰好是星期天，但为了赶时间，大家照样干活。

5:30 起床。由于是第一次飞行，故大家都有些期待，勘察队员很早就来到机场，希望早些看到这块地域到底是什么样子。祁思禹带着地图，张耀扛着摄像机，其相机包由我帮助背着。

7:50，大家在直升机上坐定，勤务师过来给大家说注意事项。张耀将安全带束在自己的腰上，勤务师帮着将一根绳索的一头挂在张耀安全带后背上，另一头挂在机舱上方纵向钢丝梁上。摄像机把手处也系上一根背包带，另一头系在钢丝梁上。一切准备就绪。

8:02，直升机起飞，朝东南方向飞去。因能见度很好，故升空后，我们能看得很远。新乡城市看上去很现代化，也很整齐。没等看够，直升机就已飞出新乡，飞行速度很快，达到 230 公里/小时，海拔已爬至 1200 米，这是我们事先定好的普查高度，以便在更大的视野下浏览下面的地势和景物。

直升机驾驶舱里面，左右两个座位，正、副驾驶员各坐一人，每人一个操纵杆，可轮流驾驶。驾驶舱前部都是玻璃，视野好，上下左右均能看清。领航员坐在两名驾驶员后面的中间，背靠驾驶舱舱门。因机内噪声太大，他们都头戴耳机，既防噪又可通话。

从驾驶舱引一线缆到机舱中后部，便于勘察人员和驾驶员沟通联系（图 3-1）。

图 3-1　河南空勘技术人员在飞行中进行讨论

（右起：刘志逴、陈灼华、祁思禹、马良）

祁思禹头戴耳机，对哪感兴趣，便告诉驾驶员朝哪飞。如果想看清楚，便告诉驾驶员飞低些，有人在村院干活，做什么动作，我们都能看清楚。其他人都没戴耳机，为了隔离噪声，有人在耳朵里塞棉花。我试了一下，果然有效，但他人与你讲话时，别人使劲喊你也听不见，故我一般裸着耳朵，尽量适应此环境。

（二）俯视黄河

才飞了十几分钟，就见前方出现了一条弯曲的大河，在晨光映射下，宛如一条长龙，泛着金光，一闪一闪。当飞到河流正上方时，只见河水浑黄，浩浩荡荡，奔向东方。河的两岸铺盖的全是黄色，分不清是土还是沙，此时才意识到，"沙土"可能就是这个状态。这就是闻名于世的黄河。

应该说，黄河两侧在很大范围内是平坦的，几乎全是农村，村庄分布均匀。树多的地方往往是村庄，从直升机上看，村庄与村庄之间间隔不大，在视野内好像能同时看到两到三个。

跨越黄河不久，当我们还沉浸在对黄河的感知之中时，就见下方出现一座城市。这就是历史古城——开封，开封最有名的地方是大相国寺。

还没来得及看清大相国寺在哪里，直升机就已飞越城池，朝南飞去，不到十分钟，已飞到通许上空。通许为黄河古文化发祥地之一，据出土文物记载，在新石器时代，已有人类在此聚居，繁衍生息，狩猎农耕，年更岁易，沧海桑田。

继续南飞，但见下方全是农田，时值春季，麦子正在抽穗，长至半米左右，一阵风后，麦头随之荡漾，起伏有致，放眼望去，像湖面波纹，绿油油一片，整个大地浩瀚如海。村庄散落其间，村落周围是树，树高5～10米不等，村内几乎全是平房、土房。

（三）拍摄技巧

这些景象正是我们勘察需要拍摄的素材。

张耀以前曾从空中拍过汽车越野赛，所以空中拍摄经验丰富，而且很大胆。

拍摄时，他将舱门打开，两脚分别蹬住舱门底部两个角，左手扶住舱门，再加上腰部用力，用"三点一腰"的方式固定住自己，然后右肩扛住摄像机，用右手操作按键，整个上半身都探出舱门，头发齐刷刷地被吹向脑部左后侧，与他原来的发型方向正相反，故吹出的造型更加凌乱、无序。眼睛被吹得睁不开，他本来眼睛很大，而且是双眼皮，但此时只好拼命眯起眼来，略睁开一条窄缝，眯着缝瞄准地面目标。大视野、高质量的画面全是用这种方式拍的。尽管腰系安全带，但仍让人提心吊胆、心惊胆战。他拍摄时，舱内灌进的风很大，能察觉到人在舱内被吹倒的可能，故大家此时都很紧张，没人敢设想万一被吹下去，身处空中、直线下坠是种什么感觉。

张耀带了相机，但没时间用，因为他把主要精力放在拍摄视频上了，便让我代他拍摄照片。我不会使用这款高档相机，但环顾周围，无合适之人去做此事，故只好"赶鸭子上架"，现学现拍，这是我摄影的历史起点。我也敬佩他的眼力，他怎么知道我有拍摄的潜力？

以前在地面都很少拍摄，上来就是航拍，难度可想而知。机舱的两侧都有座椅，坐下可透过窗户隔着玻璃观察外面。要想拍清楚，隔着窗户是不行的，因窗户玻璃不是特别透明，只能将机舱圆形窗户打开。窗户两侧有把手，双手各握一个把手，拇指齐压，锁扣松开，顺手抓住把手向舱内抬起，再朝上方一推，窗的把手会顺势固定在舱壁上。但窗户只要开一条小缝，风就会马上挤进来。当窗户全开时，风会很大。头试图靠近窗口时，风吹得头发倒向一侧，眼镜挂不住，相机镜头被吹得左右不稳，要想将地物看真切，特别是要想拍摄清晰，必须克服这些困难，这的确需要水平。我采取的办法是，相机镜头伸至风速最大位置以里，以避开风的最大影响（没有影响是不可能的），同时还要避免眼镜随风而去。经多次实践，我渐渐掌握了这门空中拍摄技术。

（四）娲皇故都

直升机始终朝南飞。这片地域更加开阔平坦，村落也稀疏了一些，但麦田结构、村落格局基本没变。村边有堆满麦垛的场院，麦子、玉米收获后都是在这里晾干、脱粒、场院内有石磨，偶有驴拴在旁边的柱子上，没事干，呆立不动。场院边上会有一些水坑，从飞机上看，时不时反射着阳光，不知水是混是清。水坑边经常聚集着成群的鸭子，它们也会在水坑中玩耍、吃东西。有的水坑面积仅有几十平方米，但水面上的鸭子却有上百只，鸭子能从水坑中获取什么营养，更是让人不得而知。

从通许开始飞了有13分钟，我们来到了一个县城上空，这是扶沟。扶沟县地处河南中部，总面积1163平方公里，古称"桐丘"，公元前196年，即西汉高帝十一年设县，因桐丘古城东有扶亭，西有洧水沟，故改称"扶沟"，迄今已有2200多年的历史。

直升机继续朝南偏西飞，辽阔的感觉越发明显，大片大片的麦田接连不断，村落稀疏程度越来越高，树仍像前面那样散落田海，但不多，有电线杆，约5米高，但数量比较少。

飞过的这些地方，倒是像着陆场，主要原因是地势很平。

不一会儿，飞到西华县城上空。西华县隶属河南周口地区，总面积1194平方公里，耕地110万亩，有18个乡镇、3个农林场。西华汉代设县，历称西华、长平、箕城、鸿沟等，唐代复名西华。西华是传说中造人补天的"东方女神"女娲的建都之地，被誉为"娲皇故都"，现尚存女娲城遗址。女娲叫风里希，神通广大，化生万物，每天至少能创造出70样东西，是传说中对万物救助作用巨大的一位上古女神。据传她是华夏族之母，她用黄土仿照自己造成了人，创造了人类社会，又照顾生灵免受天灾，是被民间广泛而又长久崇拜的创世神和始母神。传说女娲补天，是说自然界发生了一场特大灾害，天塌地陷，猛禽恶兽都出来残害百姓，女娲熔炼五色石来修补苍天，又杀灭群恶兽众猛禽，重立四极天柱，平整天地。

女娲造了人，补了天，现在人类又想要重新冲破天，飞向她都不知道的地方，她用的五色石，是不是就是现代空间光谱仪中使用的光谱色散器的前身？她使这块大地平整如海，是不是就是为了让我们在这选择载人航天着陆场？

不同的时代、不同的目标、不同的技术、不同的格局，结果是如此不同，令人感慨万千。

（五）猎场变鸭湖

十几分钟后，飞至上蔡。上蔡县是古蔡国所在地，是秦相李斯、汉相翟方进的故乡，海内外蔡氏祖地。既然有上蔡，那有下蔡、中蔡吗？尽管是逻辑思维形成的固有惯性带来这样的思考，但我还真在地图下方找了很长时间，未果。孰知，下蔡不在上蔡的下面，而是在当今安徽凤台县，春秋时名"州来"，秦设县，明废，下蔡古代为州来国，淮夷领地，春秋时被楚国侵占，后又被吴国夺去。更没想到的是中蔡也有，是一个村，地处山东临沂罗庄区黄山镇驻地南部，南靠武河，东面与东蔡村相邻，西面与西蔡村相邻。

从上蔡朝南飞，便发现航路西侧有一片水域，很大，而且不是一般的大，这对单调飞行多时的我们的确是一个惊喜。看了一眼地图，原来这就是宿鸭湖。宿鸭湖在驻马店市汝南县境西北部，湖堤最近处距县城 5 公里，位于淮河支流洪汝河水系汝河干流上。

传说很早以前，这里原本没有湖，只因地势低洼，从而形成一个河沟纵横、十年九涝、野兽时常出没的地方。《汝南旧志》记述了历史上一次水灾时的情景：南起洋楼，北至阎桥，纵横三四十里，积水盈丈，形成内海。如遇干旱，跳螨飞蝗，起飞迁徙，蔓延全县。中华人民共和国成立后，这里建成了全国最大的平原人工湖——宿鸭湖，蓄水面积 167 平方公里，总库容 16 亿立方米，控制流域面积 4640 平方公里，占汝河全流域面积的 61%。

湖尽管漂亮，但要想保证航天员安全，最好把这块区域排除掉，因此我用红笔在地图上画了一个圈，以示此处危险。

（六）副油箱兼办公桌

飞至汝南县城上空后，我们转弯向东飞，机头开始顶着太阳。阳光从右前方射进机舱内。机舱左侧、舱门后方、窗口下面，原来全是座位，现安装了一个直径 80 厘米、长近两米的黄色圆桶，是个副油箱，是专门为本次空勘加装上去的，可以装 970 升煤油，每次加满，直升机按 750 升/小时消耗，可以多飞近 300 公里。由于舱内空间小，没有办公环境，祁思禹和刘志逵常拿它当作办公桌。将大比例尺[①]的地图铺上去，手里拿着彩笔，对照着景物，做着标记。

我有时坐在座椅上，胳膊却趴在油箱上面，手托着下巴，透过窗口观看外面，疲惫感会因此而得到部分缓解（图 3-2）。因为飞机抖动，在油箱上记录时写下的文字谈不上艺术，但现在再看这些文字时，却显得异常珍贵。

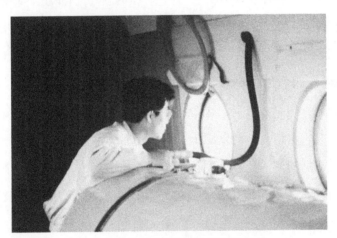

图 3-2　在直升机上将副油箱作办公桌

向舱外望去，地势依然平坦。

飞了不到 30 公里，来到平舆县城上空。平舆历史悠久，夏商时是挚国，西周、春秋时是沈子国，战国时隶属楚国。平舆是沈姓、冉姓、挚姓、汝南周姓的发源地。文物古迹有沈子国故城遗址、挚地遗址、月旦亭遗址、陈蕃墓、普照寺塔、安成故址等。

平舆人杰地灵，自古多名贤。夏朝挚国国君是奚仲，曾任夏禹王的造车官，造出了"太平车"，被称为车辆鼻祖。因车称"舆"，又因这里地势平坦，所以以"平"字冠名，称"平舆"，平舆被称为"车舆文化之乡"。在那个年代，诸葛亮

---

① 这里说的"大比例尺"是指 1∶5 万、1∶10 万的地图，标得十分详细，哪有口井都标着，每个村的情况都标得很清楚。平时我们看的地图都是小比例尺的，如 1∶100 万、1∶820 万等。

造的"木牛流马"还没问世，德国的奔驰、宝马更不存在。中国当时在"车"这个行业是先进的。汉末平舆人许劭、许靖兄弟每月初一为时政点评人物、举荐人才，被称为"月旦评"。他们对人物的评论客观真实，如点评曹操为"治世之能臣，乱世之奸雄"，不徇私情，声名远扬，时称平舆"二龙"。现在看，有点像第三方独立评论。能做到这一点，不容易。

从这转弯，北偏东，直奔项城。沿途一马平川，跨过三条河——小洪河、泥河、汾河，河中水量都小。项城位于河南东南部，居黄河冲积平原南部，淮河主要支流沙颍河中游。项城有以味精、皮革、医药、纺织为支柱的工业体系，是中国最大的手工鞋生产基地、中国著名的"莲花"味精所在地，是中西部通往长三角最近的水运城市。

刚飞过城市，便见一条河，这就是新运河。新运河为沙颍河支流，是周口地区一条主要的排水河道。该河发源于太康县板桥镇大陆岗，干流长 58.7 公里。

我除了记录所看到的景物外，还常趴在机尾甲板上，那里有一个不起眼的小遮盖，将其打开，可露出 15 厘米的小洞，可窥见机腹下方的地面景物。我将相机镜头伸进该洞口，直接垂直拍摄，县城、村庄、农舍、田间小路、河流尽收眼底，城市中不常见的美会不时地吸引我按下快门，美会定格，景会长存（图 3-3）。

图 3-3 河南乡间小道

（七）"东方阿姆斯特丹"

直升机继续北飞，不一会儿，水泊呈现，一会儿又见一片湖泊，水中渐现一座城市，只见闪闪发亮的块状水域把一座古城围着，起名为"水城"毫不过分，有点儿像荷兰的阿姆斯特丹。原来我们已来到了被水环抱着的淮阳县城上空（图3-4）。

图3-4 河南"水城"——淮阳县

这种格局让人感觉非同一般。不一般在哪呢？淮阳是个历史悠久的地方，有人称"中国历史八千年看淮阳"。且看中国史学家是怎么说的，其称：一千年看北京，三千年看西安，五千年看安阳，八千年看淮阳，故称淮阳为八千年岁月。淮阳是中华文明的发祥地之一，历史上曾三次在此建国、五次在此建都，有"中华姓氏起源地""中国魅力小城"的美誉。淮阳是中国远古时期三皇之首的太昊伏羲氏的定都和长眠之地。6500多年前，太昊伏羲氏在淮阳定都后，"正姓氏，制嫁娶"，改变了群居无序状态，形成了一个个以姓氏为共同体的人群，进而发展成中华民族的一支支血脉。淮阳总面积约220万亩，其中耕地面积约177万亩，人均耕地面积1.13亩。由于自然环境的影响，外加地势略低，故形成了许多面积大小不等、深度不一的低洼坡地，其面积约48万亩，占总耕地面积的27%。难怪我们见到这么多水域！

（八）十万八千里

此城叫"淮阳"，按照逻辑推理，地球上应该有个地方叫"淮阴"，但到底有没有呢？翻开地图，还真找到一个地方叫此名，可是这个地方却远在江苏腹地，只不过现在改名叫淮安市了，其中一个区叫淮阴。再查历史，还真有一种说法：

淮阴淮阳阴阳两地相差十万八千里，

湖南湖北南北一衣比邻三千六百年。

"十万八千里"这个口头禅或许就来自淮阴、淮阳这两个地方。现在看来，老百姓被"骗"了几千年，其实这两个地方根本没有这么远，连八百里都不到，直线距离只有344公里。如果当时人们就有直升机这种交通工具，估计也不觉得"十万八千里"远，现在有高铁，这段距离更算不上远，当然如果有了载人飞船，那仅是44秒的事。

离开"水城"，继续北飞，视野依然开阔，似乎这块地方非得让人得出"单调"这个印象。出了"水城"，反而基本见不到水了，飞了十分钟，快到太康县城时才见到一条小河，叫黑河。刚过太康，又见一条河，叫涡河。太康县有一村叫五里口，相传该村北距白坡寺五里，宋代时期运粮河经此，设渡口，故名。太康县有一马头镇，原名叫许尤镇，北宋时运粮河经此，村东设码头，后改村名为马头。看来涡河可能与宋代的运粮河有关。

太康县隶属周口地区，南与淮阳接壤，西与扶沟、西华毗邻，东临商丘市柘城、睢县，北连开封市通许、杞县。全县1759平方公里，耕地171万亩，盛产小麦、棉花。位于县城东南1公里处，有一圆形墓冢，古时高大，年久渐废，现余高4米，周长84米。史载：太康继承父亲启的王位后，荒淫无度，不理国政，后羿乘机取代王位，太康逃至阳夏（今太康）筑城而居，去世后葬于此，传说太康县名称由此而来。1984年文物普查时，在该陵区地表及坟土内采集有汉代绳纹板瓦、筒瓦和几何形图案墓砖，由此可知此陵应为汉代古墓。

再朝北飞，大地全是麦田，麦浪一波接着一波，煞是好看。

长时间飞，不见河。航向左侧8公里处，见一塔，这就是寿圣寺塔。寿圣寺塔俗称高贤塔，系明代建筑。该塔是七级楼阁式砖塔，塔高28.3米，实心灰口，平面呈六角形，上方建有宝珠塔刹。第一级每面宽3.8米，南面正墙除第七级外均有真门，每层檐下均有砖雕斗拱。塔身共有石雕佛像 216 尊，石碣 16 块，为明代石雕中的珍品，对研究明代仿教绘画、雕刻艺术有一定价值。有诗云：

> 亘古高原，突兀一柱；
>
> 隋唐意蕴，笑傲千年。

一直北飞至杞县，都没见一条河。杞县境内古多杞柳，夏商为中原古老方国，西周称杞国。杞在这里立国 1000 年有余，留下众多文化足迹。西周末杞为宋所灭，杞武公十一年（公元前 740 年）杞国从雍丘（今河南杞县）迁都至齐、鲁之间的淳于一带，重建杞国，于公元前 445 年被楚国灭亡。

从杞县继续北飞，相继跨越两条河，其中一条是惠济河。

（九）焦裕禄

随着飞行，地面开始变得贫瘠，黄沙成分越来越多，不一会儿就飞到一座县城上空，这就是兰考。兰考县归开封市管辖（现为省直管县），东北连山东菏泽，西接开封，北靠黄河，位于九曲黄河的最后一道弯，是通往鲁西南的重要门户。地势西高东低，平均海拔 66 米，属暖温带季风气候，年平均气温 14℃。全年日照时数为 2530 个小时，平均年降水量 678 毫米。总面积 1116 平方公里，耕地 95 万亩，76 万人，是泡桐之乡。

相传黄帝蚩尤曾途经县境，黄帝的儿子青阳氏死后埋葬在青陵岗，即青龙岗村。

说起兰考，人们会自然而然想起焦裕禄。焦裕禄（1922—1964），山东淄博人，出身贫寒，1950 年，被任命为尉氏县大营区委副书记兼区长，1954 年 8 月起相继在哈尔滨工业大学、大连起重机厂机械加工车间进修，1962 年被调到河南省兰考县担任县委书记，1964 年因肝癌病逝于郑州，终年 42 岁。他在兰考"亲民爱民、艰苦奋斗、科学求实、迎难而上、无私奉献"的精神，被称为"焦裕禄精神"。以前看电影时，知道此地很穷，但人很勤劳。

一过兰考，直升机改向西北方向飞去，目标新乡。勘察队员知道，今天的考察任务完成了，故大家都轻松了下来。

刚有卸下包袱的感觉，便见一条巨大的河流——黄河再次映入眼帘，但见黄河已改变流淌方向，在此区域来了一个大回转，从空中望去，像是黄河在内蒙古河套的一个缩小版（区别是内蒙古河套形成的口朝南，此区域形成的口朝北），在这里形成了一个巨型弯道，这就是著名的黄河九道弯的最后一道弯。弯中间区域几乎全是沙丘，有的地方泛着白色，像是盐碱，基本没有庄稼，荒芜感极强，也没有人借"橘子洲头"为之起个好听的名字。河的两岸全是贫瘠的沙滩，植被极少，不长庄稼，难怪兰考经济不发达，主要是因为大自然的地质就是这样。

直升机 10:48 在新乡机场落地，飞行 2 小时 46 分，总飞行距离 621 公里。

勘察队员走下飞机，脚踏大地，本应感觉稳当一些才对，但实际上不然，人仍感觉眩晕，似乎一直在寻找平衡，又总感觉找不着平衡。

我们还在眩晕着，就已走进团部会议室，开始讨论第二天上午的飞行路线，讨论结束后，已是 11:45。一名工作人员把讨论结果和飞行路线拿走，上报明天的飞行计划。

第一次替摄影师拍照，不知效果如何，我的心里不踏实，共拍摄 1.5 个胶卷，开会时就请人去冲洗（19:30 取）。

三、羲皇故都却贫穷

（一）羲皇故都

4 月 27 日，第二架次，普查飞行路线：新乡→封丘→商水→平舆→新蔡→沈丘→郸城→柘城→睢县→民权→兰考→封丘→新乡。起飞时间：早上 8:03，飞行高度 1200 米。

今天普查的前半航程是从封丘一直向南，这些区域昨天大都看过，故大家相对放松，只是再加深一下印象。待飞过西华和淮阳的连线以南，便到了我们昨天未曾看过的第一架次中间的地带，故大家认真起来。

不一会儿，直升机飞到一个大城市上空，这就是周口市。周口是羲皇故都、老子故里、姓氏之源、龙都之乡，这里有吉鸿昌故居、袁世凯故居、大程书院、南顿故城、武平城故址、陈楚故城、新四军杜岗会师纪念地等。

昨天飞过西华，见了"女皇"古都，现在又出现了"男帝"——羲皇的故里。"时空穿越"得有点儿迅速，我们都来不及准备。

从周口向西南飞，便是商水，商水当时是贫困县，我们看到的景色如同西华一带，只是感觉这里更加贫穷一些，地势平坦得惊人，没有任何起伏。再朝南飞，便至平舆，即昨天飞过的地方。从平舆朝东南方向飞至新蔡，就到了勘察区域的最南边，这条航线的南边就是淮河了，再朝南飞，就到河南的最南端信阳地区了，再朝南便渐渐进入大别山山脉了。

淮河全长 1252 公里，介于长江与黄河之间，古称淮水，与长江、黄河和济水并称"四渎"，是中国七大江河之一。淮河发源于河南南阳桐柏县西部的桐柏山主峰太白顶西北侧河谷，流域地跨河南、湖北、安徽、江苏和山东五省，以废弃的黄河为界，整个流域分成淮河和沂沭泗水系两大水系。淮河历史上有入海口，后来黄河夺淮入海，大量泥沙淤平了淮河下游，我们勘察的区域就是黄河和淮河共同泛滥之后平整的产物。黄河再次改道后，淮河就没了入海口，只能靠大运河流入长江，一遇洪水，灾害严重。中华人民共和国成立后，该地修建了苏北灌溉总渠，情况才有所好转。

（二）青分楚豫

大别山山脉位于淮河南边，与淮河平行。山脉西端、与桐柏山交界处有一名山，叫"鸡公山"，在信阳市南侧直线距离 30 公里、新蔡西南方向 130 公里处，雄踞武胜关、平靖关、九里关之间，地处河南省、湖北省两省交界处，素有"青分楚豫"之称，是我国南北方的天然分界线。

鸡公山主峰鸡公头又名"报晓峰"，因鸡公山像一只引颈高啼的雄鸡，故叫该名。主峰海拔 814 米，不算高，但山势奇伟，泉清林翠，风景秀丽。中华人民共和国成立前，鸡公山是外国人、军阀、官僚、富商寻欢作乐之地。

1898 年，一名美国牧师到此传教，盖了一座教堂。此后，很多外国商人、传教士和驻华使领馆人员，陆续前来建筑别墅。到 1936 年，已建 300 多幢各种各样的别墅，有尖顶突起的教堂式别墅，有环形古雅的宫殿式别墅，有玲珑剔透的小型别墅，有高大豪华的欧美别墅，其中以颐庐、将军楼、烟雨楼、会景楼、美国教堂、瑞典大厦等最有特色。当下季节，杜鹃花、兰草花、金鸡菊等漫山开放。夏天则浓荫密布，气候凉爽。

因有水、有山，新蔡以南地区不便作为着陆场，故我们没有再朝南飞。直升机不去，但抵挡不住我们的思绪朝那边想，因鸡公山是名山，故向往已久，但始终没去看过，如果此次能坐直升机到上空一览，不亦说乎？因为此时是在工作，所以不便多想，因而继续向北飞，查看豫东平原的东部地区。

直升机不知不觉进入安徽境界。刚意识到跨越省界了，准备细看一下地面有无徽派建筑时，直升机又飞出安徽境界，只扫了该省一个小角，估计飞入不到 17 公里，就飞回河南。如果是在欧洲，这就算是去过一个国家了，可见中国地域有多大。

（三）华佗与老子

再次飞过黑河，来到沈丘上空。沈丘县隶属周口，以周朝沈国为名，沈丘意为沈国废墟，古称秣陵，位于豫皖交界处，居颍水中游。全县面积 1080 平方公里，耕地 114 万亩。沈丘历史悠久，沈丘顾家馍、沈丘文狮子、沈丘青三彩、两仪拳都是有名的文化遗产。相传，东汉末年著名的医学家华佗也葬在这里，同时也是中华蒙学经典《千字文》作者周兴嗣的故乡，是"槐"文化的发祥地。沈丘槐店镇东关有座清真寺，是中国伊斯兰教古寺，始建于元世祖至元十年（1273 年），由元初西征时来华的波斯人阿力所建，呈长方形，属中国殿宇式古典建筑。

继续向北飞，沿途平坦。飞至郸城县城南 5 公里处，航线西侧有一遗址，即段寨遗址，出土过大量陶器。飞至郸城，郸城是千年古县，底蕴深厚，历史悠久。春秋时期，传说老子炼丹于洺水之滨，丹成后著《道德经》，便有"丹成"称谓，今洺河北岸尚存老君庙、炼丹炉遗址。战国时，纵横家鬼谷子王禅，到洺河桥下避风，遇到两位老者弈棋炼丹，丹成后王子服丹升仙，由此郸城又名"仙城"，现洺河上有王子桥与王子亭。城东 10 公里处有宁平国古迹，公元 26 年汉光武帝刘秀封其妹刘伯姬为宁平长公主，封地故城即宁平，今宁平镇以南有公主陵。县城西 10 公里有西汉廉吏汲黯墓冢，现保存完好。

　　向北偏东，地势平坦，村庄相对稀疏，田野开阔，连跨黑河、清水河、涡河、惠济河四条河流，飞临柘城（图 3-5）。柘城是商丘市下辖县，面积 1048 平方公里，104 多万人，属暖温带大陆性季风气候，年平均气温 14.3℃，降水量为 720.7 毫米，无霜期 217 天。

图 3-5　河南平原内河流

　　6000 多年前，炎帝朱襄氏建都于柘城，西周时期柘城是陈国开国之都，朱姓、胡姓、陈姓均起源于此。《太平寰宇记》中记载"邑有柘沟，以此名县"。柘沟生长着大量柘树，此地的 4 颗 7000 年前的犀牛牙化石甚为珍奇，孟庄殷商文化遗址出土的草鞋底还被考古界誉为"中华第一鞋"，历史上著名的春秋"宋楚泓水之战"就发生于此。柘城人杰地灵，俊杰辈出，如三国曹魏重臣梁习、明代农民起义领袖师尚诏、清初布衣科学家李廷基、数学大家杜知耕、一代名臣李元振、"江南师帅"窦容邃、著名理学教育大家窦克勤、抗日民族英雄郑廷珍、"世界女篮巨人"郑海霞、著名豫剧表演艺术家牛淑贤等，都是柘城之人。

　　这是我们空勘的最东边，再朝东就是安徽境界了，东北方向 70 公里就是山东境内原来废弃的黄河河道了。金代以后，黄河过境，在曹县境内造成三条古河道，屡次决口泛滥，随着历史发展逐渐形成了太行堤水库、鸭子圈、东河潭、八里湾水库等水域，不宜作为着陆场。

我们改向，沿惠济河朝北偏西飞去。这一带的水系比前面勘察过的地域略多些。估计历史上黄河一发大水，这一片会立刻变为汪洋。

飞了 45 公里，来到睢县。睢县地处河南省东部，隶属于商丘市，辖 8 镇 12 乡 545 个行政村。睢县尽管地处黄河下游，水灾连续不断，却拥有很多历史遗迹，素有"千年古城、百年州府"之称。

夏、商、周三个朝代，这里曾是中国的政治、经济、文化中心。泓水是当年楚败宋师的古战场，春秋末年，历史上著名儒学家孔子为推行自己的政治主张，曾经带众弟子周游列国到过匡王城，并被匡人所围，闹了一场虚惊，"临危不惧"一词便由此产生。战国时期，著名哲学家、道学家庄周曾在此地隐居多年，死后葬于襄牛地。汉时有庚宣明，北朝有文学家江淹，宋朝有身兼工部、礼部二尚书之郭赟，有父子双状元张去华、张师德，元朝有单朝阳、单守阳、单元阳兄弟三进士，明朝有理财大家李汝华、爱国将领袁可立，清朝有中原名儒、朝中重臣汤斌等，粟裕将军曾在此指挥过睢杞战役。

可见此处人才济济，他们建国、打仗、讲学，但根本没想到，我们会将这里作为"天外之物"降临之地进行考察。

（四）江郎才尽

继续向北偏东飞 26 公里，来到民权县。民权县地处黄淮冲积平原北部，地势北高南低，由西北向东南微倾。县城东北方向是黄河古河道，以河道南大堤为界，北部多河滩地，海拔较高，南部为黄泛区，海拔较低，地貌为堆积平原中的冲积扇形平原和叠置在冲积扇之上的风成沙丘沙地。民权县年均降水量 657 毫米，年均温 14℃，无霜期 213 天。

民权历史上有三个名人。一是庄子（约公元前 369—前 286），战国时期蒙人，是思想家、哲学家、文学家，曾做过漆园吏，但不久后归隐，虽一生贫穷，但思想丰富，知识深邃，著有《庄子》一书。二是江淹（444—505），南朝著名文学家，6岁能诗，20岁教宋始安王刘子真读"五经"，历仕南朝宋、齐、梁三代，为官清正，直言敢谏，官至金紫光禄大夫，其辞赋《恨赋》《别赋》与鲍照的《芜城赋》《舞鹤赋》可说是南朝辞赋绝唱。中年以后，官运高峰使他创作低迷，富贵安逸使他才思衰退，到齐武帝永明后期，很少再有传世之作，故有"江郎才尽"之说。三是宋庠，他有个弟弟宋祁，二人在宋仁宗天圣二年（1024年）同科进士及第后，世称"兄弟双状元"，并建"双状元塔"。

过了民权，我们朝西北方向的兰考飞去。这一带仍然地势平坦，不见河流，沙土覆盖，生机略欠，航线左侧下方，接近兰考县城的地方，就是双塔——"双状元塔"所在地。此塔尽管地处民权，但离兰考近，不到13公里。地方经济虽不发达，但不妨碍出人才，而且是顶尖人才。

从兰考，到封丘，再经延津，飞回新乡。

（五）累趴下了

11:13落地，飞了3小时10分钟，总飞行距离697公里，拍摄了第3、第4胶卷。累。连着飞了两天，勘察队员累了；飞行员连续驾驶，也累了。

15:00，开协调会，重点讨论确定第三天的飞行计划。飞行团团领导为了不耽误勘察任务，在会上决定，后续飞行计划不改，但调换直升机，调换机组，轮着执行任务，继续干。当然，勘察队员不能换，要坚持。

现在体会到：说坚持容易，做起来真难。

四、黄河北岸刺秦王

（一）飘忽不定

4月28日，星期二，第三架次，换了一架直升机和新的机组。机长是飞行大队长，姓李。普查飞行路线：新乡→原阳→封丘→滑县→长垣→濮阳→东明→新乡，主要普查黄河以北、新乡以东、山东边界以西、河北边界以南这片平原。

8:07起飞，风力5～6级，空中阵风15～17米/秒，能见度较前天低，这种状态下仍坚持飞行，实属不易。

起飞后朝南偏东飞，由于风大，直升机飘忽不定，上下起伏，犹如大海中的一叶轻舟，无奈地被大自然左右着。由于刚起飞经过的地方以前看过，故大家都没把注意力放在窗外，而是把精力放在风大造成的颠簸上了，滋味当然不好受。勘察队员面临着一场考验，考验着人的意志。

（二）毛遂自荐

不一会儿，我们飞至原阳县。原阳县历史悠久，人文景观丰富，文物古迹众多，实属人杰地灵：历史上曾出过十二位官抵宰相的名人，有汉代四丞相张苍、陈平、周勃、周亚夫，唐代五宰相娄师德、韦思谦、韦承庆、韦嗣立、杨再思，五代十国宰相李恽、北宋宰相李穆、南宋宰相万俟卨；文物有北宋玲珑塔、商代谷堆文化遗址、汉代张苍墓、明末清初夏家大院。

原阳县有个自荐亭，毛遂故里就在县城西12公里的师寨镇路庄村。毛遂，战国时期赵国平原君门下的食客，公元前257年，秦国包围了赵国的首都，赵王派平原君到楚国求援以解邯郸之围，毛遂自告奋勇表示要随平原君赴楚，平原君因平时未听说过毛遂其人，不愿带其前往，毛遂极力推荐自己，才勉强得到平原君允诺。在与楚王谈判过程中，毛遂机智巧辩，最终说服楚王与赵王歃血为盟，发兵救赵。事后平原君赞叹道："毛遂三寸之舌，强于百万之师。"

张良曾在这里刺杀过秦王。张良是韩国后裔，其父、祖父均为韩国丞相，公元前218年秦国灭掉韩国后，他深怀家仇国恨，趁秦始皇东巡至县城东南隅时，伏道刺秦王，误中副车，"铁椎飞出，副车粉碎"。秦始皇大惊失色，下令"天下大索十日"，张良藏匿于原阳齐街一村中，后人将该村改名为留后村。刺秦后，他苦读兵法，终于成为刘邦的重要谋士。唐代诗人胡曾云："一击车中胆气高，祖龙社稷已惊摇。"有人云"一击惊天下，一误憾古今；博浪既举椎，后有椎击人。"此处说的"后有椎击人"是指空勘之人？估计不是。

夏家大院位于县城南街，有房屋 150 余间，分四座院落，房房相衔，院院相通，主院槛墙皆为木雕隔扇，堪称中国明末清初北方民居建筑之典范，也有人称"远离现代文明的历史大观园"。因该院最后一位主人是个寡妇，故又俗称"夏寡妇院"，虽经黄河屡次改道，却仍保存完好，令世人惊叹。

如果我们选的着陆场也能"任凭风浪起，千年未惊扰"就好了。

飞越原阳，转道向东飞，基本是在黄河北岸，沿黄河流向飞行。虽然是黄河岸边，却不见任何河流流向黄河。村庄偏稀，土地沙质，麦田成片，长势一般，地域平坦。飞行 42 公里后，来到封丘。

封丘算是我们今天上午勘察地域的真正起点，故此时大家开始认真起来，看看这片区域是否适合作为着陆场。从封丘向正北偏东飞，几乎看不出地势有何起伏，村庄稀疏程度较黄河以南更甚，一路跨过三条小河，其中中间一条河略大，叫柳清河，沿其流向向西望去，即航向西侧，有块水域，名称不详。

在颠簸中，我们飞至滑县。从滑县折回，改向南偏东飞。飞了 7 公里，也就不到 2 分钟，即见航线下方有一塔，这就是明福寺塔。该塔也称千佛塔，北宋早期建筑，始建于唐朝宝历二年（826 年），距今有近 1200 年的历史。原塔高九层，八角亭子顶。后遭雷击，五层以上倒塌。1929 年，当地人集资修复至七层，改为桃状塔顶。

再次跨过柳青河。航途下方一马平川，地势没有起伏，起伏的只有滚滚麦浪。

（三）围魏救赵

不一会儿，来到长垣。约 6000 年前，即有人类在此劳动生息。境内有浮丘店仰韶文化遗址，小岗、苏坟、宜丘等龙山文化遗址。西周时属卫国。著名的匡人围孔，就发生在此地。当时此地有一道长墙，或称防垣。此防垣或用于防水，或用于防兵，当时已有"长垣"之名。魏在沿黄河地区还有圆钱流通，铸造主要在共垣、长垣等城。长垣所铸有"长垣一釿""长罳一釿"。当时铸钱多用地名，可见当时的防垣很长，故称长垣。围魏救赵就发生于此，史称桂陵之战。

从空中俯视，既看不见当时的硝烟，也看不见多少残垣断壁，历史能够消磨一切，也为未来可能的着陆场扫清了障碍。

从空中向东望去，19公里外就是黄河了，黄河以东就是山东境内。

从长垣折返，朝北偏东飞，或者说，是沿着黄河走向飞行。这片地势依然平坦，村庄更加稀疏，麦田依旧覆盖着大地，农民辛勤地在田间耕耘，估计是在施肥。

在风中飞了70公里，来到濮阳。濮阳古称帝丘，五帝之一的颛顼曾以此为都，故有帝都之誉。濮阳是我国姓氏比较集中的起源地之一，常见大姓就有7个，即张、范、姚、秦、顾、孟、骆，仅张姓海内外人口就约1亿。

1987年，在濮阳发掘出蚌壳龙、虎图墓葬，其年代距今有6400年左右，蚌壳龙被公认为"中华第一龙"。上古时期，黄帝史官仓颉始作书契，被尊为"造字圣人"。公元前602年，黄河改道流经濮阳，此后农产量大幅提高，出现一批城镇，商业兴旺，文化昌盛。同时，帝丘位居黄河要津、中原腹地，一直以来都是兵家必争之地，春秋时期的城濮之战、铁丘之战都发生在濮阳一带。战国时期，濮阳涌现出政治家和军事家吴起、儒商子贡、改革家商鞅、政治家吕不韦、外交家张仪等。吕不韦组织编写的《吕氏春秋》记载了天文、地理、物理、医学等方面的科学知识，为后人留卜了珍贵的文化遗产，有时间要去看看其中对载人航天有无论述。秦统一中国后，为束黄河之水，曾修金堤，即原黄河大堤。西汉增筑金堤。东汉，水利专家王景修渠筑堤千余里，固河道于濮阳城南，黄河安顿700余年。唐代濮阳人才辈出，天文学家张遂，第一个测量子午线长度，最先发现了恒星运动，如果当时就组建一支研究团队，定让其他国家的天文理论远远落后于中国。唐末至五代，濮阳一带又变成战场，仅后梁、后唐就在濮阳征战200余场，使唐代前期建设遭到破坏。北宋后期，朝廷腐败透顶，濮阳不少人被逼上梁山，参加宋江领导的农民起义。梁山在濮阳东面，距离96公里，武松打虎的景阳冈就在濮阳东偏北，距离87公里，看来，再朝东去，地势不符合着陆场的选场要求。梁山好汉似乎早已替我们勘察过，假如地域平坦无障，适合作着陆场，那么老虎肯定待不住，他们也藏不住，更无法与朝廷抗衡。

（四）飞越黄河

从此折返，回头朝南偏东飞。马上，一条河出现在我们的视野里，这就是金堤河。一条河，一段历史。岸边的金堤已不明显，建造的人更不知去向。

朝南飞，再无河流。其实是当下无河流，但凡黄河泛滥时，这片土地就是一片汪洋。航线左右就是史上的金堤蓄洪区。眼下地势平坦，黄土覆盖，麦浪乍现，一片祥和，但你能想象，水患肆虐时人们无路可走、四逃五散的场景吗？当然，目前是村庄一个接着一个，似乎这里什么都没有发生过。

随着遐想，我们飞至黄河上空。此时阳光正照，河面宽阔，泛着金黄之光，沙之含量丰富，黄河两岸沙土昏暗。

飞越黄河，也就意味着飞过省界，我们来到山东的地盘。这是我的老家，顿有一种亲切感。飞至菏泽市东明县城，到了山东西南角。这块土地是由当下的黄河河道、废弃的黄河古道、微山湖邵阳湖南阳湖鲁运河形成的三角地带，地势略高，但大水真来了，也逃不掉被淹的命运，仅从遗留的多条东西向河流中，便可见历史的脉络。

看完东明，今天的空勘任务算是基本结束了，回程直奔向西，再次跨过黄河，从另一个视角重温着黄河以北的地貌，飞回新乡。

（五）颠簸恍惚

上午 10:00 落地，飞行时间 1 小时 53 分钟，总飞行距离 408 公里。拍摄了第 6、第 7 胶卷。上午风大，颠簸严重，我的大脑前庭依然在努力地寻找着平衡，眩晕感时强时弱，走向饭厅时，还总感脚下忽高忽低，像是踩着棉花。中午坐下吃饭时，仍十分恍惚。

到此为止，河南豫东地区黄河以南、以北两块区域的普查任务已完成。

普查后的初步印象是：河南中原极其平坦开阔；县城人口密集，中小型工厂较多，县城附近自然村分布较密；黄河以北地区时有一片片平整沙洲，多为泥沙沉积地区，村庄相对稀疏，没有发现国家高压电力网主干线；黄河以南有大片麦田，多为蓄洪灌溉农业开垦地区，很少有成片的树木；从地表观察，除陇海铁路沿线经济开发较快、工矿区域较多外，其他地区自然条件较差。

经普查，选出了地形较好的三块区域：蔡沟区域、牛市屯区域和黄泛区域，其共同特点是地势平、经济欠发达、村落密度相对小、树少。

五、黄泛南盘亏族雄

（一）换直升机连续作战

4月28日上午普查完，执行完任务的直升机休息，换另一架直升机。但歇马不歇人。中午饭后，勘察队员又回到机场，另一个新的机组已待命就绪。

4月28日下午开始对黄河以南的黄泛区进行详勘，此区域是杞县、睢县、太康、淮阳、西华、扶沟、通许等县城包围的地区，距离黄河80公里，面积有4000平方公里。

13:25，直升机起飞。这是第四架次。飞行路线：新乡→开封→杞县→睢县→通许→太康→扶沟→淮阳→西华→杞县→开封→新乡。从飞行路线便可看出，这次勘察空域变小了，但查看航线密度增加了。

依旧风大，午后时分恰是气流不稳之时，直升机上下运动更是没有规律，刚下肚的食品总有冲破地心引力的欲望，一直想从食道原路返回，似乎这样才会让人好受些。看了气象数据，阵风可达18~20米/秒。能见度差于上午，显然是风持续的驱动力使得地面尘土融入了大气之中，而其光线穿透力明显不如氧气和氮气，故我们看得不是太远。

由于下午勘察的每个地方以前都去过，只是飞行方向不同，故勘察只是加深和完善已有的印象。

（二）农场多

这个区域的特点是农场多，第一大农场是黄泛区农场，总部设在扶沟东北方向约18公里处，至少有8个分场分布在这个地区；第二大农场是五二农场，总部设在西华东北方向4公里处，扶沟至太康一带几乎都是它的地盘。农林部、冶金工业部、钢铁研究总院等都在这设有"五七干校"。

主要水系有从通许县流向太康县的涡河、从扶沟流向西华的贾鲁河。

通过此次详勘，我们获得的大概认识与前几天基本相同，故拍摄的影像和照片数量锐减，尽管飞行距离远、时间长，但我只拍了第 8 个胶卷的 25 张。返程至开封、新乡时，能见度开始好转，直到空勘快结束了，风才开始变小，拍照片的条件才逐渐变好，真是迟到的安慰。

（三）没洗就睡了

16:56，直升机落地，飞行总时长 3 小时 31 分，飞行距离 617 公里。

直升机落在机场上，人的脚印落在地上，但身体依然在晃动着，地面风力已减小，晃动肯定不是风的原因，是一天持续飞行近 5 个半小时的结果。

勘察，真累。年轻人都累，那年龄大些的老同志的劳累程度可想而知。

晚上，我没有洗漱就睡了。

（四）黄河以北转圈看

4 月 29 日上午，天气不错，我们开始第五架次的勘察。

详勘新乡东部地区，即黄河以北，以牛市屯为中心，分别以 10 公里、20 公里、30 公里为半径，一圈一圈地详细了解这一带的地形地貌。此区域距离黄河 40 公里，特点是地势平坦，沙质土壤，缺水，金堤河有一小支流发源于该地区，和沟渠差不多。区内分布有国有林场和小型林场，树木没有成林，大多是育苗场，估计因为土壤是沙质土，所以育林固沙。区内也有大片麦田，但长势好的不多，部分地区出现了寸草不生的沙洲。村庄稀疏，村内房屋分散，房前屋后都种了树。

飞了 3 小时 8 分钟，飞行距离 680 公里。

（五）三湖中间的蔡沟

4 月 29 日下午，天气仍然很好，我们开始第六架次的勘察。

对漯河市东南以蔡沟为中心的地区进行空中详勘。这是河南省老三坡蓄洪区，在商水、项城、平舆、汝南、上蔡中间，面积 3600 多平方公里。在商水县城西 5 公里处有一座秦湘湖水库，约 24 平方公里。上蔡县城北 8 公里处有一座茶庵湖水库，水库面积约 21 平方公里。汝南县城西 5 公里处有一座宿鸭湖水库，约 96 平方公里，三座水库均在这个区域的外部。这片地区内有淮河上游的两条小支流洪河和泥河经过，水比较浅，和南方的小溪差不多。此地区的特点是地势平坦，耕地多，灌溉用小水渠较多，自然村比较稀疏，平房居多，有几栋楼房。

飞了 3 小时 11 分钟，飞行距离 687 公里。

六、勘察结论

至此，从 4 月 26 日至 29 日，经过 3 个架次的普查、3 个架次的详查，4 天内共 6 个架次、18 个小时的空中勘察，穿越了 29 个县市，飞行了 3710 余公里，勘察任务结束。

普查后选出较符合着陆场条件的 3 个区域——蔡沟区域、牛市屯区域和黄泛区域。空勘后，勘察小组综合分析认为，上述 3 个区域地势平坦，村落稍稀，经济相对欠发达，地上无高大建筑和高压输变电工程设施，选出数个不到 4 平方公里面积（可控翼伞降落范围）的区域是不难的，可在勘察报告中提出初步设想，将主场选在以蔡沟为中心的区域。如果主场选在蔡沟，降轨返回，离黄河有 180 公里，而黄河以北的牛市屯和以南的黄泛区均可作为应急升轨返回的着陆场。这样，一台雷达可放在两条返回走廊中间，综合利用，跟踪测量两种返回轨道，迅速知道落点，为营救航天员生命赢得时间。同时认为，所选区内完全没有村庄、树木、沟渠、高压电力输线是不可能的，需请涉及飞船返回着陆的各个相关设计部门充分注意这一特点。

我们勘察完后返回北京，立刻向国防科工委领导进行了汇报。汇报后，工程总体论证组认为，空勘结果与原初定方案基本吻合，故先将此结论放在《载人飞船工程技术经济可行性论证报告》中向上报告，但留了个"尾巴"，即后面还要进行地面详勘。

第四章　工程上马

一、两轮三步终决策

（一）第二轮论证

勘察结束后，5月初我们返回北京。此时，工程各系统已完成第一轮论证工作，提交了论证报告第一稿。

5月9日上午，祁思禹去开论证工作再动员会。

丁衡高主任在会上对首段论证工作进行了肯定和总结，认为大家加班加点工作很辛苦。他在谈到论证工作特点时归纳了三点："一是论证方案、进度和经费做得较全面；二是发扬了实事求是、艰苦奋斗的精神，贯彻了论证方针；三是为下步工作打下了基础，飞船的三舱方案体现了中国特色，测量船和测控中心得到了综合利用，着陆场工作有了新的突破，在安全可靠的前提下，做了大量工作，选点工作好，心里踏实了，对海上救生有了预案。总的来看，技术和经济的结合论证做得不错。"丁衡高主任在谈到经费时认为，原各系统的经费盘子已累计至100多亿元，经平衡后已低于100亿元。921工程论证领导小组认为，该是提出经费控制的时候了，即使冒着被批评、反对的风险也要提出来，要求6月初各系统提出正式报告，6月中旬开始集中评审，6月底评审组提交评审报告。

会后，王永志组长让论证组人员留下开第二个会，重点提醒大家：第二稿是一个深入过程，要继续协调，大的方案不要变，例如三舱方案、着陆场一主一备、发射两枚火箭（不搭载飞船）、发射两艘无人飞船后打有人飞船（即备二打三）。在现有基础上可以发展成空间站。打无人飞船"争8保9"（1998年10月争取打第一艘无人飞船，最晚1999年9月），打有人飞船"争0保2"（争取2000年打，保证2002年）。

会后，赵起增又召集开第三个会，要求大家回去要把明显不合理的经费砍掉，经济可行性报告要单列，6月中旬拿出正式报告，每周一要开例会，将修改的方案设想和经费考虑及时汇报上来。

一个上午连着开了三个重要的会，这真是拼命的节奏！

下午，祁思禹回到左家庄，向我们传达了会议精神，我们感到工作压力剧增，因为修改方案报告、拟制经济可行性论证报告、编写勘察报告和制作勘察汇报录像片要同时并行完成。这也是拼命的节奏。

（二）大佬讨论与评审

5月19日，着陆场论证人员与评审组进行讨论。评审组参会人员有任新民、黄祖慰、史长捷、屠善澄、王鑫泉、陈芳允、童凯，都是些航天大佬。

祁思禹首先汇报了着陆场系统的具体情况，重点谈了面临的困难："我们论证组的工作很难做，修改方案没有依据，如上升段救生方式没有定、海上救生要求没有文字依据、陆海应急救生时间没给、弹道/升力返回概念不清、有无升轨返回的能力没说、主副场任务关系是否以主场为主副场从简没有依据、落点通信没有明确要求等。3月份五院给了一个要求，4月份又给了一个，前后有别，让人无所适从，故目前没改方案报告。另外，经费紧张，方案不好做，特别是经费盘子中，有一半以上是打捞船的钱，有些喧宾夺主。"祁思禹上来就对着评审组倒苦水，可见心中苦闷有多少。

针对上升段应急救生问题，任新民认为："人在船内，应救船，上升段最简单，8分钟就完了，我打了30多年，没在上升段出过问题。"屠善澄提了一个问题："上升段发生应急救生后，运载火箭到底负多大责任？"

针对着陆场和应急救生区域个数问题，任新民认为："五院的要求自己都不知影响有多大，不知一字千金。"的确，要求中副场有没有、副场一个还是两个、海上落区有几个、海域是多大，会带来巨大的经费变化。这就是系统工程，追求的是整体优化，提的要求一定要恰当，考虑一定要全面，否则就会造成浪费，甚至浪费了都还不知道是哪造成的，或者说都还不知道造成浪费了。

针对返回测量问题，黄祖慰提到："苏联利用的空军防空警戒雷达，是20世纪40年代的雷达，现在还用得好好的。"史长捷提醒道："飞船系统开始是要求越多越好，现在看来满足起来需要付出的代价很大，这样反射式雷达可能全砍，或只留厦门一台雷达，五院对出黑障后的测控要求也不要了。"任新民也认为反射式雷达意义不是很大。

针对升轨降轨返回问题，任新民觉得升轨返回不应考虑。

针对获知飞船返回落点的通信手段问题，陈芳允认为："此问题始终没解决。"任新民说："落在海上，飞船发报天线塞子经海水溶解可自动弹出，海上浸泡可自动启动发电，染色剂被海水溶解后可发荧光反光，我们不能对所有的返回故障都考虑穷尽，例如返回式卫星有一次本该朝遂宁落，但出故障掉到贵州了，做方案时，一个是要求要合理，另一个是方案也要合理，因同一个要求，方案可能差很多，打捞测量船主要是测控，其打捞功能应该砍掉。"

论证四个多月后，各系统均完成了可行性论证报告。《着陆场技术经济可行性论证报告》中提到，选择一个主场和一个副场作为正常返回着陆场，主场选在河南新乡至信阳间，即京广铁路东侧一带，副场选在四川遂宁地区（内江、射洪、遂宁中间一带）。

从6月23日开始，评审组在北京集中进行技术经济可行性论证阶段的评审。

6月30日，评审组对着陆场系统进行了评审。评审分组签署了《对〈着陆场系统技术经济可行性论证报告〉的评审意见》，认为着陆场系统论证组的工作为今后着陆场系统的建设摸索了途径，成绩是很明显的，应给予充分肯定。这些话对于6人论证组半年来的加班加点、辛苦劳作而言，算是安慰。

评审分组同时表示，着陆场系统完成论证报告后，工程总体报告中又提出了圆伞回收方案，从而给着陆场选在河南中原地带的可行性带来了疑问，由于回收方案由翼伞改为圆伞，要求着陆场由原来的4个半径为1公里的圆，扩大为能够涵盖长轴30公里、短轴15公里的椭圆，现在选的场区能否适用，以及在场区内如果有房屋、树木则对安全着陆造成的影响都要进行研究。

7月6日，评审组讨论通过了《载人飞船工程技术经济可行性论证评审报告》。

7月14日，921工程论证领导小组召开第5次工作会议，听取了任新民的评审意见和王永志的论证方案修改说明，审议通过《载人飞船工程技术经济可行性论证报告》《载人飞船工程技术经济可行性论证评审报告》。《载人飞船工程技术经济可行性论证报告》中的着陆场是河南地区，主场初步选择在河南省开封至驻马店以东长约 200 公里、宽约 100 公里的地区内。会议充分肯定了这次由 200 多名老中青专家参加的、历时半年多的技术经济可行性论证工作的成就，认为此次论证为国防科技大型工程可行性论证积累了经验。

（三）每位都签字

8 月 1 日，中央专委召开会议，审议载人飞船工程技术经济可行性论证结论，研究开展我国载人飞船工程研制问题。丁衡高主任首先汇报了总的论证情况和工程立项后组织实施的建议，王永志组长用飞船、火箭模型和各种图表详细地汇报了工程各大系统的基本技术方案以及后续任务"三步走"的发展规划建议。会议原则上同意开展工程研制，明确这是国家重点工程，由中央专委直接领导，国防科工委统一组织实施。会议要求：该工程要保密，应贯彻"多干少说""只干不说"的原则，不报道、不宣传。因为该工程是一项跨世纪的大型工程，意义十分重大，影响十分深远，为表示对党、对国家、对人民的高度负责，每位中央专委成员和航天领导小组成员都在会议纪要上签了字。由此可见，当时在决策工程中，中央专委的领导是多么慎重。

上面提到的"三步走"，第一步是以飞船起步，第二步是空间实验室任务，第三步是空间站工程。

（四）中央决策

9 月 21 日，中央政治局常务委员会召开会议，审议我国发展载人航天的问题。会议听取了丁衡高关于开展我国载人飞船工程研制的意见和王永志关于载人飞船工程总体方案及论证情况的汇报，决定我国载人航天从飞船起步，批准工程上马。

从此，前期工程技术经济可行性论证有了结果，工程上马，立即投入工程研制。1992 年 1 月启动论证，代号为"921"。9 月 21 日启动实施，又一个"921"，无独有偶。

11 月 20 日，中央专委批准丁衡高为 921 工程总指挥，沈荣骏、刘纪原为副总指挥，王永志为 921 工程总设计师。

二、散布扩大添难色

（一）变化触发强烈反应

1993 年 1 月，工程进入方案阶段，包括系统总体技术方案论证（1993 年 1 月到 1995 年 8 月）和方案设计（1995 年 8 月到 1996 年 12 月）两个阶段。

1993 年 2 月初，工程论证人员都知道了工程上马的事，也知道了设计师队伍即将组成和任命，相关人员刚过完春节，便又赴京集中办公，地点仍是左家庄招待所。

2 月 9 日，着陆场系统与飞船系统的设计人员一起讨论着陆场问题。

五院 508 所科技处处长发言："要求飞船安全性 0.997，应包括着陆及落地后的安全性。王永志总师在 1992 年 12 月 10 日与 508 所技术人员交谈时曾说过，返回主伞应立足于圆伞，因为圆伞简单、可靠。"

五院陈灼华发言道："飞船如用可控翼伞，选蔡沟地区是可以的，如用圆伞，此地区是否还可以，要深入了解。河北枣强河流略少，人口密度略高，仅房屋就占总面积的 8‰，这已超过 0.997 的限度，而蔡沟地区河流略多，人口密度略低，两者稍有区别。"

五院张健发言道："现基本确定用圆伞，但带来的着陆安全性如何保证？如果飞船返回落地时用缓冲火箭，则对地面的平整程度要求很高，如地面有障碍物，可能带来落地后的二次碰撞①问题，返回舱防震设计是有的，但主要是垂直方向，其他方向的抗震能力很差，这些情况需要着陆场的设计人员多多考虑。"

从五院人员的发言中可以看出，从工程综合权衡考虑，飞船系统将回收方案

---

① "二次碰撞"是指返回舱探测到障碍物，如一堵墙的墙顶或一棵树的顶部树叶，认为到地面了，便通知缓冲发动机点火，其实此时离地还远，等再次落地时会二次撞击地面，此时已无缓冲能力，伞也因缓冲点火造成伞绳松弛，再会以何种方式起作用就不好说了，甚至可能起反作用，故需要尽量避免此种现象发生。

由可控翼伞改为无控能力的普通圆伞，原来一直酝酿的降落伞选择问题现在逐渐有了明晰结果，这意味着飞船返回舱降落散布范围将大幅增加，由原来的4个半径为1公里的小圆，改为散布范围为航向±15公里、横向±9公里的矩形区域（即能够涵盖误差椭圆的着陆场区域大小）。降落伞有变化，对着陆场带来的影响很大，着陆场范围会增大，对地面的要求会提高，这对着陆场系统来讲压力骤增。

夏南银反应很强烈："你对着陆场要求那么高，那么请问上升段应急怎么办？运行段应急怎么办？飞船返回舱万一没落在预定区域怎么办？"

一连串的问号像一支支箭一样射了出去，每支箭都带着怨气，夏南银显然对突如其来的压力有些吃不消，感到飞船系统是在把压力朝着陆场系统转移，同时也是在担忧航天员的安全，更是在担忧着陆场的选择。尽管夏南银和我们一样，以前也听说过弃翼伞用圆伞的说法，但酝酿归酝酿，一旦决定用圆伞，仍然感觉是突如其来，他知道这对着陆场选择意味着什么，所以有意见在所难免。

（二）设计师队伍

2月12日，国防科工委主管部门在北京组织召开921工程测控通信系统和着陆场系统的动员大会，参加会议的有赵起增、测控部陈炳忠部长和陈来兴副部长、通信部施平超副部长以及两个系统的论证人员。

赵起增宣布了两个系统行政和技术两条指挥线的名单，然后做了动员："一是历史，国防科工委有30多年执行航天任务的历史，测控通信没有一次拖过航天大任务的进度，测控通信没有一次影响过发射和运行的测控实施，这是我们的光荣传统，是我们值得骄傲的历史。二是兼顾，我国测控网有自己独特的历程，从导弹测控、火箭测控到卫星测控，我们都用一套系统，兼顾性好。三是基础，我们有返回式卫星的测控和回收经验，有任务基础，这对我们着陆场系统的方案设计有借鉴作用。四是差距，我们与美苏有差距，苏联经度跨度为190°，就是俄罗斯经度跨度也有150°，而我国经度跨度才60°，同时我国人员密集，地形复杂，苏联不完全依靠航天部队力量，还依靠海军、空军力量，同时其防空预警能力也很强，而中国的海军、空军、预警力量较弱，说明中国的测控网系统，特别是着陆场系统面临的困难相当大。五是特点，国防科工委负责四个系统的设计与设备研制任务的实施，其中航天员系统、发射场系统的设计与设备研制任务实施是一元化的，即设计与设备研制任务实施是一家的，而测控通信系统和着陆场系统是设计一元化的，但设备研制建设和任务实施是多元化的，即设计都是以洛阳跟踪与通信技术研究所为主完成的，但设备研制建设和任务实施是由各中心完成的。六是分工，明确洛阳跟踪与通信技术研究所为测控通信系统和着陆场系统两个系统总体方案设计的责任单位，并负责方案实施中的技术协调和把关，所领导作为责任人对国防科工委主管部门负责，各中心参加，具体负责各中心内的设计工作，中心指挥长对总指挥长负责，测控通信系统和着陆场系统的总设计师对主管部门负责（不对各发射中心、测控中心指挥长负责，但建设时要听各发射中心、测控中心指挥长的），从工作需要考虑，两个系统的总设计师出自洛阳跟踪与通信技术研究所，总设计师办公室设在洛阳跟踪与通信技术研究所，主要工作场所也在洛阳跟踪与通信技术研究所。为了一个共同的目标，大家走到了一起，预祝你们方案论证和方案设计顺利。"

陈炳忠部长宣布了主任设计师名单。

从此，测控通信系统和着陆场系统设计师队伍组建起来，设计师队伍由洛阳跟踪与通信技术研究所、酒泉中心、中国卫星海上测控部、西安中心和航天医学工程研究所等单位的技术人员组成。其中，着陆场系统总设计师是夏南银，副总设计师是祁思禹、席政，下设五个分系统：主副场分系统主任设计师是刘志逮，副主任设计师是我；上升段陆上应急救生分系统主任设计师是梁琦，副主任设计师是邱岳、侯树林，设计师是李朝中、陈翔；上升段海上应急救生分系统主任设计师是曹绍鹿，副主任设计师是树秀山，设计师是王英勋；通信分系统主任设计师是潘秉渠，副主任设计师是邓广珉、王永贵、邱瑞华，设计师是张兵山；航天员医监医保分系统主任设计师是曹绍鹿，副主任设计师是解大青。

（三）光干活不行

工程论证和设计工作没有正式的办公室，办公场所就是左家庄招待所对面的一个家属楼，其实就是我们居住的地方。一个单元有五层，每层有两个宿舍，每个宿舍三个房间，每个房间住一个人。我和梁琦住二楼，刘志逵住对面，祁思禹住三楼，席政、邓广珉、邱岳住四楼，聂嵘、谢启林、杨开忠住五楼。其他单元还住有发射场系统等人员。

办公桌一般是两张桌子拼起来，或者直接把地图、资料摆在床上。办公条件虽然简陋，但我们的沟通效率很高，讨论及时有效。大家时常分不清自己是在工作还是在生活。

光干活不行，还得吃饭，尽管常把饭点给忘了。吃饭就在招待所食堂，发射场、测控通信和着陆场三个系统的论证设计人员都在这里吃饭。有次席政给我讲了一件事，是他不经意间听到服务员在嘀咕，仔细一听才知道，原来她们说："吃饭人中有一个人特像《魂断蓝桥》电影里的克罗宁。"席政进行了推测，估计服务员主要是从帅气程度上讲的。大家分析了服务员的知识面、兴趣点和局限性，接着吃饭。

总是在这里吃饭，容易吃腻。周末，我们会从小卖部买一瓶北京二锅头，带至食堂，这算是最幸福的时刻。参与此事较多的有徐克俊（酒泉中心，后来成为发射场系统总设计师）、席政、杨开忠和我。喝完酒后，大家话开始变多，酒后之言大都是真话，或者是平常不讲的话，故听起来很有意思。

晚饭后，我们一般都会到左家庄四岔路口东北方向的那个小公园里散散步，夏南银、祁思禹、刘志逵一般走在前面，席政、杨开忠、梁琦、谢启林、邓广珉、邱岳和我一般殿后。三位老先生在散步时，经常谈的还是工作上的事，所以我们一般都不介入。我们年轻人谈的一般与三位老先生谈的不一样。

散步完毕，回到宿舍，大家大都会聚集到我的宿舍。我和一位老兄下象棋，其他人都是观客。一般情况下，该老兄胜算大，我输率高，故我比较在乎每一次赢他的机会。有一次，他走了一步棋，我马上跟了一步，然后时间就静止了。他在思索，而且是在苦苦地思索。时间一秒秒地过去，我不时用余光观察他的动态。他一直将手里的几个棋子颠来倒去，始终没有决策的迹象。又过了一会儿，我关切地问了一句话："你喝水吗？"没想到，就这一句话，把他给触发了，他将手中的棋子爆发性地快速抬高，举至与自己右侧眉毛一样高时，然后瞬间转换运动方向，将手中棋子朝棋盘中间地带愤然输送过去，棋盘原来布设的现场被打乱。他起身出门走了，听声音，是上楼了。只剩下我们，你看看我，我看看你，不知所措。有人说："是你的责任，不该在那个节骨眼上问人家喝水不。"也有人说："赶快到楼上去请他下来。"我先是表示："第一个人说得对，是我的责任，我不应该关心他，更不应该在那个时候关心他，将来在适当的时机，我会给他写个检讨书。"后又表示："不用上楼找，他会自己下楼的，而且不超过五分钟，并且会回顾刚才的历史和假设没有发生的事情！"众人不信，我说："打赌？他肯定在五分钟内下来！"大家同时抬起手腕，看着手表，准备计时。秒针转了四圈半，没有动静，我心里开始打鼓。

就在这个时候，他下楼回来了，而且一进门就说："如果我那一步不那么走，肯定就……"我们竭力地制止他说完，也故意不听，并且说起其他事情打岔，让他没有机会申诉。回想起平日他下棋时"虐"我的时候，此刻，我的每个毛孔都是舒畅的。

夏南银、祁思禹、刘志逵在旁边观战，只笑不语。"笑"是因为真轻松，"不语"是因为要节省体力，因为马上就要加班干活。

第五章　河南豫东地勘

一、地勘起因

（一）需要补充地面勘察

在 1992 年工程可行性论证阶段，第一次空勘结束后，总体感觉河南平原作为着陆场是可以的，但留了个"尾巴"，即后面还要进行地面详勘。现在，工程进入方案论证阶段，为了明确飞船返回舱可以安全着陆的主场场址、为着陆场系统后续方案设计提供确切依据，进一步了解河南中原地带的实际情况，着陆场系统报请国防科工委主管部门，拟组织联合勘察队，对空勘初选的河南中原 3 个预选区是否满足正常返回着陆场条件的程度进行补充地勘，该请求得到批准。

1993 年 2 月 27 日至 3 月 12 日进行第二次勘察。勘察队由 17 人组成：赵起增任队长，工程总师王永志任顾问，技术组有夏南银、祁思禹、刘志逴、邸乃庸（工程总体论证组）、马瑞军（西安中心）、我、于汉泉（五院）、邓杰（五院）；计划保障组有国防科工委主管部门的王文宝、华仲春、王立军、王建坤、王爱新、王海以及国防科工委指挥所的魏珂垒。另有司机 6 人：王光明、窦振涛、朱长林、陈彦吉、张天有、丁红兵。

勘察范围：在 3 个预选区域内进一步选出 6 个条件较好的区域，每个区域 20 公里×30 公里，共 3600 平方公里。6 个区域是：漯河市东南蔡沟区以朱里镇为中心的小区、蔡沟区以韩李寨为中心的小区、西华县西南以固城为中心的小区（黄泛区）、西华县东北以东夏亭为中心的小区、扶沟东北以崔桥镇为中心的小区、新乡市东以牛市屯为中心的朱寨小区。

勘察内容：地形地貌地质、工矿企业现状和发展规划、交通通信电力网现状和发展规划、水文气象历史情况和水利发展规划、村庄居民点分布现状和发展趋势、社情。

勘察方式：实地踏勘、民间访问、与当地有关部门座谈收集资料。

（二）郑州和驻马店座谈会

2月25日，管理局王海组织调动了五辆越野车，其中一辆是巡洋舰，四辆是北京吉普213，这在当时算好车。早上，车队带着勘察队员从北京出发，奔赴河北石家庄，晚上住在机械电子工业部第五十四研究所招待所。

2月26日，勘察车队赶到河南郑州。洛阳跟踪与通信技术研究所的一辆吉普213也从洛阳同时赶到郑州会合，司机师傅张天有年龄约52岁。此刻，勘察使用的车变成6辆。

2月27日，勘察队召集省政府和省军区相关人员进行座谈。与此同时，赵起增和王永志去省政府见副省长，双方交流了相关情况。这种层级的见面十分重要，一些关键信息都是在这种场合了解的，后续的勘察也是在这种场合疏通关系后才顺利开展的。

2月28日，全体队员赴驻马店，10:30到达，入住西园宾馆，机械电子工业部第二十七研究所接待。

3月1日上午8:15，召开驻马店地区座谈会。参加市县有驻马店、上蔡、汝南、平舆、新蔡。参加座谈的有地区行署许国彦秘书长、地区经济委员会梁子照、电业局韩路超、水利局彭金铭、发展计划委员会张洪军、气象局张新国、统计局赵福治、交通局袁风金副局长、无线电委员会李主任、土地局代表等。

夏南银总师先介绍了一下情况，然后请各位地方官员发言。

地区行署许国彦秘书长说："情况来得突然，特别是要求中列出这么多条目，一下子说出有困难，比较详细的不易收集全，今天我们先说一下手里掌握的情况。"

交通局袁风金副局长说："蔡沟至杨集，道路二、三、四等级别不等，平均7米宽。全地区公路里程近3000公里，其中省道730公里、县乡道（167条）2110公里。全天候道路2253公里，其中二级以上公路97公里，水泥路170公里，油面路1700公里。"

无线电委员会李主任说："所属区域内建设的微波通信设备、卫通大都隶属于国家干线，如从北京至武汉，包括能源干线、邮电干线、水利干线等。能源规划方面，准备建设一个电力输送网，属于河南省网；邮电规划方面，准备以驻马店为中心用微波向 5 个县辐射，容量规划 480 路，频段 4 吉赫；水利规划方面，准备建水利微波网，将大中型水库联网，频段 900 兆赫，属于国家试点项目，国家有意在驻马店投资千把万，建成一个独立的体系。超短波通信较多，现在都在用，如有一个在驻马店，天线 30 多米高，25 瓦，通信距离 200 公里；短波通信，人民武装部有 1 部，邮电也在用，接近 100 部，60～70 公里范围内没问题，200 公里远亦可通信。新蔡地区通信有些障碍，地下可能有磁性物质，影响范围在 30 公里以内，要用 25 瓦大功率才能正常通信。"

水利局彭金铭说："黑河流经漯河、上蔡、周口，水源有污染，主要原因在周口。小洪河水质不好，经常泛滥，也已被污染，水深 6～7 米。老王坡蓄洪区平均水深 0.5 米，几乎快干了。现在农田几乎都是井灌，没有大水渠。水利方面有微波通信，但上蔡地区现在还没有。"

气象局张新国说："地区有一个中心气象台，每个县都有一个气象站，通过通信网与全国联网。气象站有 711 型气象雷达，可测 300 公里范围内的天气，气象预报 24 小时准确度 80%，三天预报准确度 50%多。年平均降水量上蔡为 898.4 毫米，平舆为 910 毫米。降雨集中在 6～9 月份，年降雨天数上蔡为 96.4 天，平舆为 98.6 天。雷暴集中在 6～8 月份，年雷暴天数上蔡为 25.5 天，平舆为 24.5 天。8 级大风（≥17～20.7 米/秒），年平均上蔡为 7.1 天，平舆为 5.9 天。"

土地局代表说："此区域经济不发达，如上蔡是古县，有 120 万人口，县城 5 万人，全县 1504 平方公里，人口密度 800 人/公里^2，蔡沟、塔桥、杨集等都是乡，杨集有 4 个企业获银质奖，其中铁锅厂较有名，属国家二级企业，是个大厂，共有员工 600 多人。土层较厚，属黑沙土，地形好，利于飞船回收。特点是村庄多，村落小，村分散，粮食产量多的地区，平房多，人口密，房子大都是瓦房，水泥板少。树木主要集中在河边、村内和村边，田里几乎没树。计划到 2000 年县总产值达 1 亿元。交通不发达，没有大沟。正阳县人口少，共 63.4 万人，耕地 180 万亩，人均耕地 3 亩，全县面积 1903 平方公里，人口密度 300 人/公里^2，1975 年有过大涝，主要淹了汝南、平舆、新蔡等地。农村地下只挖 2～3 米便能见水，故井一般 5 米深。自然沟一般宽 6~9 米,深 3~4 米,但很少;人工沟一般深 1.5~2 米。上蔡南边的宿鸭湖有 10 万亩水面,3 米深,大坝由水泥和石头砌成。"

电业局韩路超说:"地区电力会变好,供电模式是沿 106 国道、107 国道,从驻马店市区供出 110 千伏输电网,分送至每个县城,变压后,以 35 千伏送给各乡镇,各乡镇再用 11 千伏送至各公社。电线杆一般都是水泥杆,高度 9~18 米,11 千伏的电线杆大都在 7~8 米。雷击 110 千伏输电网的现象不多,几年来只有一次。现在每个县的耗电量约为 3000 万千瓦·时/年,可见用电量很少,好多地方还没有通电,不会对返回舱造成多大影响,不会引起大的社会震荡。杨集可能发展较快,但其他地区发展较慢,你们选的两个区域,几乎没有通电。"

从发言中可以看出,当地各级政府均十分重视,都希望所属地区被选为着陆场,为我国航天事业做贡献。

赵起增在最后讲话时说:"很高兴能与你们见面,感谢你们充分的准备,也感谢地方政府的大力支持。国防科工委其中一个任务是负责航天发射和测控。1990 年我国使用长征三号火箭将美国亚洲一号通信卫星准确送入地球同步轨道,1991 年我国使用长征二号 E 捆绑式火箭将澳大利亚通信卫星送入预定轨道,这些航天任务的成功离不开地方的大力支持和配合。"

二、射桥蔡沟韩李寨

(一)集合时间不能超过一分钟

3 月 2 日,我们从驻马店出发,考察以韩李寨为瞄准点的落区。

赵起增、王文宝、王爱新坐 0 号车,华仲春、王建坤坐 1 号车,王立军、马瑞军坐 2 号车,夏南银、祁思禹、刘志逖、邸乃庸坐 3 号车,王汉泉、我、邓杰、魏珂垒坐 4 号车,王海等坐 5 号车。每辆车都配有一台通信对讲机,频率调至 456 兆赫。注意事项:呼号用 0~5,不要呼名字。

勘察经费由华仲春、王爱新随身携带,他们买了两件内带口袋的背心,一人穿一件，一人装一半现金。携带"巨款"的感觉是紧张，睡觉睡不踏实，但钱硌着肋骨时，反倒觉得"安逸"和"舒服"。没有责任感，哪来的这种违反常理的感受？

为了节省经费，我们带的全是方便面、饼干、榨菜、火腿肠之类的食物。为了喝水、泡方便面，每人发了一个便携行军暖水瓶，出发前都自己在瓶中装满了热水。

赵起增要求很严，集合上车时间不能超过一分钟。

5号车（即巡洋舰）留下，为王永志总师使用。因王永志也到了驻马店，但一到达这里就病倒了。怎么办呢？见后文。

我们出发东行，路南侧不远处就是驻马店驿城区古城乡李湾村，著名抗日民族英雄杨靖宇故居就在这。杨靖宇（1905—1940），1927年加入中国共产党，曾任确山县农军总指挥、中共哈尔滨市委第一书记、东北抗日联军第一路军总司令兼政委等职。1940年2月于吉林省蒙江县被日寇包围，因寡不敌众，壮烈殉国。

继续东行1个小时，来到宿鸭湖水库南岸。因上次空勘时看过，所以本次勘察重点不在这里，也没时间欣赏，便继续东行，经汝南到达平舆。

平舆县位于两省（河南、安徽）与三市（周口、阜阳、驻马店）的接合部，总面积1282平方公里，耕地134万亩，约99万人。平舆地处淮北平原，地势平坦，西北略高于东南，海拔39～47米，坡降1/4000～1/6000。年平均气温15℃，年降水量904.3毫米。自然条件适宜多种动植物生长，盛产小麦、玉米、芝麻、大豆、油菜、花生、瓜果等。相传神农氏炎帝尝百草时曾来到平舆汝河畔，品尝平舆芝麻，惊其异香，便称之为"百谷之首"。这里生产的槐山羊皮被称为"庙皮"，年产约50万张，是江淮流域著名的皮革产地。

（二）韩李寨穷

我们由此北上。10:15来到玉皇庙，既没见"玉皇"，也没见"庙"，只看到一个二层楼，楼房在这里实属难见。10:34来到庙湾乡。庙湾乡位于平舆县城东北15公里处，有5万多人，耕地73 125亩，辖14个行政村，水资源丰富，有小洪河贯穿全镇。小洪河河面宽 28 步，估计有 20 米。此河朝西通向后刘，向东南通向杨埠。从庙湾朝北偏东，奔韩李寨，用了 40 分钟，经过了 7 个村庄。在村中见到的房屋都是砖瓦结构，用木梁。

在村边，见一老大娘在锄地，我们便上前询问当地情况。趁她回答问题之余，我拿起她的锄头，举过头顶，然后抡到田里，地皮只是微微一颤，没有撬动太多土壤。仅从锄地效果便可以看出，我以往劳动经历不多，农活经验不足，完全外行一个（图 5-1）。老大娘看到后笑了，同时没忘评价一句："还中！"

图 5-1　本书作者边考察边体验农村劳作

以韩李寨为中心的区域经济不发达，离铁路、主要交通动脉远，没有电线，"九五"期间不可能用上电，晚上老乡摸黑，不舍得点灯照明，因为点灯耗油，也很费钱。通信相对落后，乡镇还在使用手摇式电话。

12:20 来到泥河，泥河水少，流量小，岸坝都是土，对飞船着陆无危险。我们继续北上，仅 25 分钟便经过了十几个村庄，可见人口居住的密集程度。

（三）女演员呢？

越向北群众越富，当地群众经济条件略好，村庄分布均匀，飞船返回舱如落此地，老乡能帮助较快地发现返回舱。车队经过乡间小道，只要一停下来，就会引来许多围观者。老乡见工作人员下车了，还扛着摄影机，拿着对讲机，觉得很神气。勘察队中的一个帅气小伙下车了，老乡认为是拍电影的，就一直在等，但左等右等，不见其期盼之人出来。有两个妇人在小声嘀咕："男演员下来了，怎么女演员还不下来？"

一辆前来看热闹的地方车辆开到了农田里，但开不出来了，我们只好帮他推车（图 5-2）。

图 5-2　推车

来到孙店集，路途两侧的麦苗绿油油、整整齐齐，麦田开阔，确是一道风景。孙店集是项城西南部的下辖镇，地处上蔡、商水、项城三县市的接合部，总面积 70.8 平方公里，辖 34 个行政村，4 万多人，耕地 6.8 万亩，是闻名全国的"毛笔之乡"，1990 年被评定为"中州名镇"。

13：10 西行至杨集，见到了当地最大的一个企业，即上蔡铁锅厂，该厂有职工 600 多人。杨集铁锅享誉全国，销售海外。因时间短，我们没进厂看看。杨集面积 50 平方公里，人口 5.6 万，辖杨集、高岳、东北庄、中街、戚老、中吕、谢庄、扳张、邝马、邓魏、赵寨、里湾、狼坡庄、小戚、前常营、后常营、大郑营、大傅营、小傅营、马桥、傅刘、寨外、相湾、前李、前桥、仁庄、代庄、西张 28

个行政村。

13:15 跨过杨河，其实这条河就是 1 个小时前穿过的泥河的上游，河中水少，河面有 6 米宽。河岸大都栽有树林，小树居多，大树少见。

（四）菜点贵了

西行，13:30 来到蔡沟。蔡沟镇位于上蔡县城东 30 公里处，全镇下辖 23 个行政村，近 3 万人，耕地 7.66 万亩。蔡沟古名 "大成"，明清时期为上蔡八大名镇之一。上项路横穿东西，吴潢路纵贯南北。

奔波大半天了，准备吃午饭。华仲春和王立军打前站，提前来到蔡沟镇，找好小饭馆，事先点好菜，以便大部队能够到达即吃，为勘察节省些时间。

饭后，赵起增得知吃饭花费超过了 200 元，对点菜者提出了严厉批评，认为贵了，太奢侈了。辛辛苦苦地打前站，没得到表扬，反遭到批评，实属委屈。我们底下是支持他们两个的，但不敢说出来。

14:28 出发，南下至和店。和店镇位于上蔡县东南 32 公里处，东临项城市李寨镇，南接平舆县十字路乡、射桥镇，西连党店镇，北靠蔡沟乡，总面积 90 平方公里，其中耕地 5600 公顷，8 万多人，镇辖 30 个村，河流有黑河、直沟，干沟有青龙沟、四季河。和店属平原地貌，自然条件优越，属暖温带大陆性季风气候。全镇土壤可分为两类，黄土类土壤占 82%，黑土类土壤占 18%。镇上有东大寺，始于晋，盛于唐，晋时东大寺亭台楼阁金碧辉煌，香客云集，络绎不绝，热闹非凡。后来寺庙历经沧桑，大部分被毁，但遗址尚存。让人感觉惊奇的是，我们发现镇上有两栋三层楼。

（五）没电

穿过和店，继续南下，到达射桥集。射桥集位于平舆县城北部 21 公里处，辖 13 个村，86 个自然村，总面积 65 平方公里，63 384 亩耕地，5 万多人。洪河、茅河纵横长达 40 公里，穿境而过。宋、辽、金时期为射子镇，明、清时为射桥集。该镇历史悠久，传说"上天桥、下天桥"便是由此产生，境内沈子国故城遗址、汉县令张喜焚火台、明太学生素少村之墓等被评定为省级文物保护单位，故有"射桥为历史名城"之说。

如此辉煌的历史，我们没太感觉到，"穷"倒是让人印象深刻。这些村庄大都没有电，这对现代人来讲是难以理解的。

南下至后刘，经汝南返回驻马店。

三、朱里东洪古上蔡

（一）蔡氏祖地

3月3日早上出发，考察以朱里店公社为瞄准点的落区和水域。

从汝南沿宿鸭湖东岸北上至上蔡。上蔡县位于驻马店市东北部，总面积1529平方公里，耕地165.5万亩，100多万人。县辖11个镇、11个乡，我们昨天勘察过的、今天要勘察的区域，人都住上蔡县，如杨集、党店、塔桥、朱里、东洪、五龙、和店、蔡沟、韩寨、东岸等。全县地势平坦，土层深厚，境内有10条河流，另有4条季节性间歇河流，分属洪汝河、沙颍河两个水系，皆属淮河流域。

上蔡县是古蔡国所在地，不仅是秦相李斯、汉相翟方进的故乡，还是海内外蔡氏祖地、"重阳文化"的发祥地。公元前11世纪，周武王封其弟叔度于此，建立蔡国，以国为氏，传18代近500年，史称上蔡。古迹名胜遍布县境，其中"芦岗拥翠""云护蓍台""蔡河沉月""鸿隙现莲""斯井鸡鸣""景贤书声""洪河夜雨""白云深处"八大古代景致，已被列为国家重点保护单位。重点古迹有蔡国故城、白圭庙、伏羲画卦亭、蔡侯玩河楼、孔子问津处、孔子晒书台、光武台、魁星楼、李斯墓、蔡侯墓。蔡国古城遗址位于古城西城墙之上的蔡侯玩河楼，楼台顶部建有玉皇庙、神殿及拜殿台，是历代文人雅士聚会的地方，他们留下了许多脍炙人口的诗篇。伏羲画卦亭被称为造文字之先，创中华民族文明之始。

从上蔡向东北方向行12.5公里，到达东洪公社。东洪公社辖28个行政村，109 个自然村，5 万多人，耕地 13.1 万亩。东洪在历史上曾是一个大集镇，但我们去时并没有这种感觉，倒是感觉落后有加。在此见到一条河，是小洪河，水量小，河面窄。

（二）蓍草出处

从此折返，沿小洪河，朝东南方向，到达塔桥公社。塔桥位于上蔡县城东 15 公里处，东临蔡沟，北靠韩寨、东洪，西与齐海乡、五龙乡交界，南接洙湖、党店。塔桥总面积 82.5 平方公里，耕地 82 009 亩，辖 24 个行政村，82 个自然村，有 7 万多人。塔桥镇自然资源丰渥，小洪河、杨岗河、黑河三条河流自西北向东南流经乡域。地势平坦，土壤肥沃，雨量充足，日照充沛，适合各种农作物生长，盛产小麦、玉米、大豆、棉花、芝麻等。

塔桥历史悠久，名胜古迹多，南张村有凤凰寺遗址，蔡河之滨有白圭庙。塔桥是伏羲文化的发源地，是蓍草的生长地，蓍草葱郁，白龟浮游。伏羲氏因蓍草生于此地而画卦于蔡河之滨，遂名其地为蔡。上蔡的名字就是这么得来的。

塔桥有著名的小吃，如猪蹄、水煎包、胡辣汤等。由于时间紧，任务重，另又没到吃饭时间，我们年轻人不便提出考察小吃的要求，咽下口水，继续向东行。

（三）雪夜入蔡州

不一会儿，我们到了大任村。此处再向东不到 7 公里处，便是昨天我们吃午饭的地方——蔡沟。

从大任村北上，经韩寨至东岸镇。东岸镇位于上蔡县东北部 36 公里处，北与周口商水县姚集乡隔河相望，西与朱里镇接壤，南与韩寨乡相连，东邻固墙镇，总面积 61 平方公里，辖 21 个行政村，68 个自然村，有 5 万多人，耕地 7.2 万亩。

东岸历史悠久，因其原址在洇曲河故道的东岸而得名，现在根本看不见河，最近的一条河叫黑河，也在西南 8 公里以外，可见历史变迁得多么厉害。相传明朝时建有成佛塔、祥符寺，四方百里香客前来朝拜者，一直延续到中华人民共和国成立初期，但现已不见往日辉煌。里湾将军庙，据史料记载是纪念古代大将李愬平叛蔡国动乱的，《李愬雪夜入蔡州》讲的就是这个故事，后人为了纪念他，年年农历三月三举办庙会。今天恰是 3 月 3 日，可惜是阳历，故来早了，"成功"错过。光武台为新石器时代龙山、大汶口等文化遗址。

从东岸朝东望去 10 公里，是固墙，听说那里有特色小吃——固墙手擀面。传说项城袁家喜食手擀面，找一师傅，专门做手擀面。有一天，一个亲戚来看望姓韩的师傅，韩师傅在擀好面条的案板上，铺一棉布和草席，请亲戚睡在上面。晨起，亲戚揭起草席，面条仍不粘不连，韧性十足，令人叹为观止。但见形如玉带临风，色若飞雪粼粼，味似玉兰入口，可谓面中极品！倘若用一晶莹剔透的碗盛之，配以番茄、鸡蛋、蒜泥、黄瓜，真是美味极了。可惜我们不去固墙，而朝相反方向，故只好作罢。

西行穿过大黄庄，尽管瞄准点选在这，但经过时，感觉这就是个普通的村庄，故没有留下多少印象。

西行来到朱里店公社。朱里店位于上蔡县城东北 22 公里处，北邻周口商水县，西望漯河市郾城县，居三市三县交界处。下辖 25 个村，64 个村，5 万多人，耕地 9 万亩，辖区面积 84 平方公里，自古为豫南商埠重镇。朱里店原为一古渡口，后来有朱李二姓迁到此处居住，取名朱李村，因南宋时期该村出了一名宰相朱胜非，故改为朱里，其意为朱姓的故里。镇的西南方向 3 公里处有黑河通过，估计河流改道了，古渡口也名存实亡了。

从朱里朝西偏北，来到小岳寺。小岳寺乡位于上蔡县城北部偏东 25 公里处，土壤肥沃，盛产小麦、玉米、大豆、芝麻、红薯、花生，有上蔡"北部粮仓"美誉。小岳乡面积 45 平方公里，人口 3.5 万，辖 18 个行政村。尽管名字中有"寺"，但我们到时，什么寺庙都没看到。

这是我们今天勘察的最西端，从此折返，朝东偏北，穿梭于望东湖、东庄、扶台、天坡、白寺诸村落。所见自然沟大都宽 6~9 米、深 3~4 米，但很少。人工沟一般 2 米深。村里有井，一般 2~3 米深处便见水，最深也就 5 米。

白寺西北方向 6 公里处是舒庄，是秦朝末年中国第一次农民起义领袖陈胜的故乡。相传，秦太子扶苏墓就位于舒庄乡扶苏村，墓高 6 米，直径 10 米。墓北 100 米处有秦将蒙恬墓。但扶苏死于陕西榆林，葬于此似有误，很可能是"陈胜起兵，自称公子扶苏"，堆其墓，用以"从人望也"。真没想到在这竟诞生了一位起义者。

为了感受一下这里的历史环境，同时节省经费和时间，车队便在路边停下，进行野餐。我们每个人用发的暖水瓶泡方便面，素菜是榨菜，荤菜是香肠。

（四）毛驴车撞越野车

该路为省道 S206，我们正泡上方便面还没来得及吃时，只见左侧南边来了一串毛驴车，有三十几辆，十分整齐，场面甚为壮观，这让仅拥有五辆越野车的我们既羡慕又惭愧。

有一老汉赶一辆毛驴车从我们车队旁边走过，在我们注意到他时，他也注意到了我们，在我们羡慕他的毛驴车时，他也对我们感兴趣。可能是注意力过于集中于蹲着吃饭的我们身上了，没有留意前进方向，当听到"咚"的一声响，才回过神来：毛驴车右侧车把已准确地插入 4 号越野车左侧尾灯中。

这下可把老汉给吓着了，他不知所措地待在那里，僵住了。毛驴车上装满了青瓦，个个弯曲有度，片片精致有加，排列整齐划一，但价值估计不到 150 元，即使全赔上也不够买车灯的钱。老汉着实为难了。我们马上跑了过去查看车况，又看了看毛驴车车把，然后安慰他说："您不用管了，您走吧！"

老汉赶着毛驴车走了，一边走一边回头看，似乎不相信这是真的。

（五）叶氏庄园

饭后，我们东行至姚集，后向北偏东，跨过汾河，来到商水县城。商水县属周口市，是贫困县，辖 11 个镇、9 个乡、1 个农场，总面积 1270 平方公里，耕地 139 万亩，有 120 多万人。商水县地处洪积平原过渡区，地势平坦，西北高东南低，有褐土、潮土、砂礓黑土 3 个土类，位于暖温带南部，属亚热带向暖温带过渡区，属于季风半湿润气候，全年温度适宜，四季分明，年降水量约 785 毫米，年平均气温 14.5℃。河流有沙颍河、汾河、清水河等，浅层地下水充足，约为 2.315 亿立方米。

商水历史悠久，境内有古遗址 51 处、古墓葬 27 处、古城址 7 处、古建筑 2 座、古塔 1 座、古树 2 棵。历史遗迹包括马村遗址、章华台遗址、白塔寺柏林、叶氏庄园、郝岗寿圣寺塔、舒庄陈胜故里、扶苏墓、白寺曹丘生墓等。郝岗寿圣寺塔为九级楼阁式砖塔，高 41.5 米，平面呈正六边形，建于北宋明道二年（1033 年）。邓城许村白果树树高 35 米，干围 7.5 米，覆盖地面一亩有余。树干距地表 1.5 米处有一明显细腰，下有似鞋底样和圆形凹痕，有人说是汉光武帝刘秀在此歇息时拴马所勒，树根也被坐骑踏出蹄印。叶氏庄园始建于清嘉庆元年（1796 年），主体建筑一宅三院，一院三节，每院有楼房 69 间，共 207 间；宅西有 100 间群楼，又名转厢楼，系叶氏当铺院；宅南有 100 间群楼，系叶氏粮库；总共有楼房 400 多间，均系灰色砖瓦硬山式建筑，占地 100 亩，是中原腹地清代民居建筑佳品。经仔细辨认，我们发现这个庄园的青瓦与刚才毛驴车拉的青瓦不是一个体系，庄园的青瓦更艺术些。

当地吃的有邓城猪蹄。邓城猪蹄始于三国时期，后经历朝历代，逐成贡品，进入皇室，其外观色泽鲜润，骨间带筋，肉香醇厚，皮脆筋柔，爽口不腻。当地吃的还有巴村盆面条。史载西汉末年，社会动荡，农民起义频发，东汉开国皇帝刘秀率兵路过商水县巴村镇，不慎突感风寒，四肢乏力，卧床不起。当地有一个姓段的老乡端上一碗上面漂着麻辣油的面条，刘秀一看顿时食欲大增，顷刻间吃完，全身出汗，喊道："吾愈已，痛快，再来一碗。"从此以后，凡路过巴村镇的权贵高官、平民百姓都会品尝一碗盆面条。因为 1 小时前刚吃过方便面，所以我们决定忍住巴村盆面条的诱惑，直奔周口市。

（六）京剧唱段给转播了

通过这两天的勘察，我们对该地总的印象是：地势平坦，土质肥沃。河流如洪河、黑河、泥河等都很小，水面不宽，最宽处约 28 米，平均宽 7～8 米，河边大都栽有树林，小树居多，大树、高树很少见。村庄较密，村内大都是平房，属砖瓦房，很少见到二层及以上的楼房，偶尔会见到一栋三层楼。交通相对较好，凡在地图上有的路，均很好走，没有标的村与村之间的乡道、车道使用，越野车也能通过。所见情况与1：5万地图中的村庄情况基本吻合，如有区别，仅是村庄面积稍微大了一点、人口稍微增加了一点而已。除县城、乡镇外，大部分农村都没有通电，如李寨。

由于当天勘察任务已结束，故大家一身轻松，有人在车里哼起了现代京剧样板戏，是《红灯记》中李铁梅的唱段"听罢奶奶说红灯"，极有韵味，如果不是现场聆听，还以为是刘长瑜的原唱呢！车队的无线电通信机被悄然打开，其他车辆上的勘察队员全都变成了听众。当唱完并听到无线通信机传来的喝彩声时，此先生才知道刚才的唱腔已被广播出去了，他的脸颊开始变得有些微红，好一会儿才从尴尬中恢复了正常。

（七）周口座谈会

3月4日，在行署接待室召开周口地区座谈会，参加市县有周口市、商水县、项城县、沈丘县、西华县、扶沟县、淮阳县、太康县。参加座谈的有地区行署办公室黄康四主任、气象局孟庆山秘书长、电业局孙世敬副总工程师、经济委员会李遂堂、林业局谭国印副局长、土地管理局赵洪祺副局长和马刚工程师、统计局张继成科长、邮电局王文宇科长、发展计划委员会徐丽副秘书长、水利局余洪恩科长、交通局李学勤主任、军分区李新华副参谋长等。

水利局余洪恩科长说："西华西边有银河、沙河，下游河床宽约90米，水面宽50～60米，中游河床宽约50米，河面宽约10米，河深3～4米，水很缓，不急，几乎不流，平时有时无水。"

土地管理局赵洪祺副局长说："地质平坦，不用说石头，就是小土坷垃都没有。人口密度820人/公里^2，人口十分密集，在河南省属第一位，但地处西华和扶沟两边的黄泛区的人口相对少一些。农民绝大部分住的是平房，砖瓦木结构，只有乡镇所在地可能会有一两栋二层楼。所选区域内没有水库，村中有坑塘。海拔大都在58～60米，凡是名字中有'岗'的地方，大都地势较高，但坡度都很小。周口发展方向主要是朝西、朝南，不会朝北发展。"

水利局余洪恩科长说："周口有油田，在周口东南方向，不在所选区内。周口西南方向有块水域为秦湘湖水库，比东夏开阔一些。"

交通局李学勤主任说："全地区四级以上道路共 3166 公里，其中 106 国道、311 省道共 2168 公里。周口北部有一条窄的地方铁路还保留着，0.726 米宽。河流交通有两条，即涡河、沙银河，500 吨的航船可通过。你们选的这两块地区是比较符合着陆场条件的，平坦、贫穷。"

邮电局王文宇科长说："目前程控电话正在投入使用，太康等县（除西华县）都可相互直拨，西华估计今年（1993 年）年底能搞成程控电话，电话线皆用铁线、木/水泥杆（6~7 米高）搭连。农民只耕地种粮，故对通信不迫切，而好的企业却对通信迫切，故需求不一。微波还没用，县之间准备使用光缆（不上微波）架空联通，光缆和光端都是进口的。3 月底周口地区开始有'大哥大'业务，频段 900 兆赫，驻马店地区准备使用模拟通信信道，频段也是 900 兆赫。现在周口地区与省城通信使用微波，模拟话音有 120 路，现已分配完毕，目前正扩展成数字微波，数字话音改成 480 路。国家一级通信干线没经过周口，只有省级干线。淮阳县有一个'二哥大'移动通信。"这里所说的"大哥大"是最早出现的移动电话的俗称，可以在较大范围内通话，厚实笨重。"二哥大"外形类似"大哥大"，指在某区域安装一个无线发射器，手机与之通信，可以实现小范围的通话，相当于大功率无绳电话。

电业局孙世敬副总工程师说："在你们选的两个区内没有 110 千伏电线。"

气象局孟庆山秘书长说："周口属暖温地带边缘，冬季（≤10℃）140 天，夏季（≥22℃）149 天，春秋短，下雨天多，夏天占 50%，以沙河为界，北部雨水少，南部雨水多，北部降水量 700 毫米/年，南部降水量 800 毫米/年。30 年来气象变化不大，但降水增多，雨天有 85~95 天/年，风在减小，风向主要是东北风，风力达到 10 级以上的龙卷风、冰雹等恶劣天气都出现过，而且较多，雷暴 2~10 月都有，但主要集中在 6~8 月，大风主要集中在春季，雷暴主要集中在西华、周口、淮阳等地。气象预报主要靠 711 型气象雷达，作用距离 300 公里，有效范围 100 公里以内，现在正在发展卫星云图。"

发展计划委员会徐丽副秘书长说："村庄占总地面积 10%，如果将村庄周围的树林算上，还会稍大些。在乡镇所在地有几栋二层楼房，在农村几乎没有楼房，只有西华、扶沟两个县的人口没有超过百万，故人口密度相对较小。"

地区行署办公室黄康四主任说："社情方面，此区相对比较落后，农民憨厚、老实、本分，主要靠种地为生，社会比较安定，农民安居乐业。有人也靠勤奋（种粮、收棉、养牛等）发了财。"

军分区李新华副参谋长说："该地区没有太多军队，雷达主要是空军导航用。五二农场内有武警大队，农场内关着犯人。五一农场地处信阳。"

会议开到上午 11:30 时，赵起增到了会场，并对大家表示了感谢。

四、东西夏亭桃源记

（一）剩饭中午吃

3 月 5 日从周口出发，考察以常岭岗和东夏亭为瞄准点的两个落区。

吃完早饭，马上要出发，王爱新刚要离开餐桌，就被赵起增叫住，让他将桌上剩下的四个包子包好，准备中午路上吃。节俭是整个勘察队的特色和传统。

先驱车奔北偏西至西华县，然后向西偏南，奔赴西夏亭，从这进入当天的勘察区域。

西夏亭镇距西华县城 18 公里，总面积 73 平方公里，辖 27 个村委会、65 个自然村，4 万多人，耕地 76 496 亩。这里属北温带半湿润气候，冬季干冷少雪，夏季炎热多雨，因水热分配不均，容易发生旱涝灾害。年均气温 14.2℃，年降水量 747 毫米。地处沙河、颍河夹河套地带，沙河、颍河冲积平原区地势平坦，北部为两合土，南部为淤土，中部是砂壤土。西夏亭镇古称凤凰集。春秋陈国司马夏御叔封邑，其子徵舒为母亲修建东夏亭后，又在此修亭，因隔城相对，故名西夏亭。

（二）逍遥胡辣汤

继续西行，上午 10：10，至逍遥镇。逍遥镇位于西华县西偏南 25 公里处，总面积 56.87 平方公里，耕地 5.7 万亩。逍遥为中州名镇，历史悠久，始建于东汉建安年间，开始叫"小陶"，因沙河、颍河傍镇而过，又名"合流镇"。宋末在此设清水县，明清之际，此地成为连接沙河上下游的重要商埠，与漯河、周口、界首一并称为"沙河四大码头"，在此做官的王知县有感于河上舟楫云集，码头船舶密布，商业繁荣，曾写诗盛赞"天时地利遂人愿，任职四载乐逍遥"，"逍遥"由此得名并沿用。不少老人还依稀记得镇上寨门的模样，不过，我们到时，它们早已荡然无存。

来到逍遥，不得不提"逍遥胡辣汤"。传说明朝阁老严嵩为了讨皇帝欢心，从一个老道手中得到一副延年益寿的调味药献给皇帝。世宗品尝之后，龙颜大悦，问之何汤，厨师赵纪回答是"延年益寿汤"。龙颜大喜，将其命名为"御汤"，并留厨师于宫中，赐姓赵。后明朝灭亡，赵厨师因兵乱南逃，途经逍遥，看到东门紧邻沙河，舟楫驰骋，西门依傍颍河，形势天成，两河逶迤东流，镇中城堡坚固，乃地灵水秀之地，故决定在此隐居，"延年益寿汤"也随之落户于此。赵厨师受逍遥胡氏之恩，便将此方传授于胡氏，从此胡辣汤在逍遥镇诞生，因此汤为胡氏经营，后被传称为"胡辣汤"。

从逍遥镇右转，跨过颍河，朝东北方向，过清流河，奔向艾岗。艾岗乡位于西华县城西北 22 公里处，南靠清流河、颍河，与逍遥镇、西夏镇隔河相望。总面积 56 平方公里，耕地 6.06 万亩，辖 22 个村委会、45 个自然村，共 3 万多人。我们继续奔向东北，来到潘岗。潘岗村东与红花镇接壤，西与鄢陵县陶城乡为邻，北与扶沟县古城乡相连，南靠颍河，全村 5000 多人。此地有个特点，70% 左右的青壮年劳动力都集中在厦门、广州和杭州等地开出租车。如果这里不穷，估计不会出现这种情况。潘岗北偏西方向 4.5 公里处就是勘察区域的瞄准点常岭村了，但没有去那里的路，故原路返回至逍遥对岸，然后奔北，经后张村，向西行，来到陶城。

（三）桃花源记

陶城镇位于鄢陵县城南 32 公里处，地处许昌、周口、漯河三市的接合部，辖 27 个行政村、56 个自然村，总面积 104 平方公里，耕地 11.6 万亩，有 5 万多人，盛产小麦、棉花、大豆、辣椒、西瓜。

陶城镇历史悠久，文化灿烂，境内有十室村新石器时代龙山文化遗址，汉高祖六年（公元前 201 年）置县，属汝南郡"隐强县府"所在地，后东晋大文学家陶渊明的曾祖父陶侃平叛杜弢时在此筑城。陶侃据守期间，见这水草丰美、景色宜人，颇有世外桃源之境界，便隐居于此十余年，与民众和睦相处。为防止水灾和匪患之侵袭，他率民众沿城区建起了一座圈围 1.5 平方公里的城墙。后人感念其德，在城池中建造了一座陶公祠，树陶渊明《桃花源记》石碑，"隐强"遂易名为"陶城"。但我们所看到的景象与想象中的"桃花源"格格不入。

从陶城北上，至红石桥村，过清流河，该河河水少，向东 3 公里，来到南坞。南坞镇位于鄢陵县城南 25 公里处，与扶沟、西华接壤，辖 26 个行政村、48 个自然村，面积 67 平方公里，耕地 7.5 万亩，3 万多人。清流河、大浪沟、汨罗江三条河在此交汇。境内地处黄河冲积平原，地势平坦，土壤多为黄泛区红淤土，海拔 50～55 米。南坞土地肥沃，林茂粮丰，有许昌小江南之美誉。境内有"禅宇寺""贾咏读书处"等历史遗存，还是清代湖北荆门千总王帅军的故乡。相传春秋战国时期，此处原是坞江的南岸，伍子胥保娘娘困于村北禅宇寺内。因位于坞江南岸，故取名南坞。

我们由此北上 10 公里，了解最北部区域的情况，然后返回 3 公里，奔东，经固城，至练寺。练寺镇位于扶沟县的最南端，地处黄泛区，总面积 88 平方公里，南与西华县红花镇接壤，北与城郊乡相邻，西与固城乡相邻，东邻贾鲁河。练寺镇历史悠久，人杰地灵，明朝嘉靖年间，村周围有宋代金大寺、天爷阁、奶奶庙等八寺相连，故取名连寺，后来演变为练寺。

从练寺右转南偏东 10 公里，至红花集。红花集镇位于西华县城西北 9 公里处，辖 26 个行政村、97 个自然村，总面积 90 平方公里，有 4 万多人。明末清初，当地大量种植中药红花，后谐音为"红花镇"。

我们的午饭是方便面。饭后，继续奔向东偏北，跨过贾鲁河，向东，进入以东夏亭为瞄准点的落区。

经聂堆，跨过清水河，在李桥左转，奔北，至西华营镇。西华营镇位于太康、扶沟、淮阳、西华四县交界处，距西华县城25公里，总面积75平方公里，耕地8.5万亩，辖31个行政村、92个自然村，有4万多人。农业以小麦、棉花、水果、畜牧为主。站在镇大道中间，发现最高的建筑是二层楼，有11栋。

西华营是我们今天勘察的最北端。

（四）鸡鸣闻三县

由此向东穿过五二农场，到达一村庄，叫后楼。

东至五里口。五里口乡位于淮阳、西华、太康三县交界处，素有"鸡鸣闻三县"之称，辖23个行政村，耕地6.2万亩，3万多人。相传，该村北距白坡寺2.5公里，宋时运粮河经此，设渡口，故名。但往北没河，往东2.5公里倒有条河，是周商永新运河。

从此右转，向南偏西，奔东夏亭。东夏亭镇位于西华县城东北部19公里处，是个古老的集市，总面积49平方公里，辖23个行政村、64个自然村，耕地5.3万亩，3万多人。东夏亭镇地处黄河冲积平原，地势平坦，境内有东西黄水沟，东临周商永新运河，是农业镇，主要种植小麦、棉花、花生、红薯、烟叶，盛产泡桐、杨树。东夏亭是我们选定的瞄准点，总体感觉是这里经济不发达。

继续向南，至清河驿。清河驿乡位于豫东平原黄泛区腹地，西华县城东部12公里处，辖20个行政村，总面积48平方公里，耕地4.5万亩，3万多人。清水河、黄水沟并行南流。北宋时建为驿站，因伴清水河而得名为清河驿。

车队从这左转朝东，越过周商永运河，来到淮阳县城。

（五）"天下第一陵"

淮阳是三皇五帝庙所在地，1992年空勘时，我曾从直升机上俯瞰过，但看得不清楚。进了县城，首先映入眼帘的就是太昊陵（图 5-3），这是"三皇之首"太昊伏羲氏的陵庙，中国十八大名陵之一。因其是中华民族"人文始祖"之陵庙，故称"天下第一陵"。

图 5-3　太昊陵

这次路过正好可以细看一下"人文始祖"到底长什么样子。这天恰逢祭奠的日子，方圆几百公里的老百姓不约而同地来到这里。有的是坐拖拉机来的，有的是坐马车来的，有的推小推车，车上均插着各色的旗子，象征着不同的地方和组织。徒步来的，每个人都背着一袋干粮，大大的馒头上点着红点，从带的馒头数量及馒头表皮裂缝的长短能想象到他们行走的路程是相当遥远的。

该陵庙以伏羲先天八卦之数理兴建，是中国帝王陵庙中大规模宫殿式古建筑群之孤例。全庙南北长 750 米，占地 875 亩，分外城、内城、紫禁城三道"皇城"。全陵有三殿、两楼、两廊、两坊、一台、一坛、一亭、一祠、一堂、一园、七观、十六门。几十座建筑主要贯穿在南北中轴线上，如果把南北大门层层打开，可从南面第一道门直接看见紫禁城中太昊伏羲氏的巨大陵墓，号称"十门相照"。整个庙宇外面熙熙攘攘，像是在过年。庙内有一棵树，树上有一个树杈，冲向南方，很奇特。庙宇内有一块土地长有一种草，当地人说全世界只有这里有这种草，皇帝下达旨意时，为防假冒，以草为证，可见此草之珍贵。出庙门后才知道，此草就叫蓍草，就是在河南上蔡县塔桥白圭庙内生长，这个地方，我们前天去过，当时根本不知道它如此珍贵。后来据考证，蓍草正名叫云南蓍，是菊科，在中国云南、湖南西北部、湖北西部、甘肃东部等地也都有。出庙门后我才意识到，我始终没有看见"人文始祖"到底长什么样子。

出庙后，车队在土地局局长专车的导引下奔赴周口。

（六）横空出世

途中经一小镇——李集，车队行驶到镇中心时，路北突然蹿出一辆三轮机动车，以 35°角斜着插入车队，3 号车根本躲闪不及，将其迅疾铲起撞飞，三轮车顺势腾空跃起，在空中扭动翻滚，旋转角速度约 116°/秒，到达最高点时恰好是车底朝上，驾驶员头朝下，在夕阳光下透过车窗形成清晰剪影，车在旋转的同时又飞出 11 米之遥，在空中滚了一圈后，只听"垮塌"一声，左后轮先着地，轮子减震弹簧被压缩，上车身继续惯性旋转，另外两轮也顺势落地，待转动角动量减弱为零时，三轮车竟奇迹般地站立起来。

我吃惊地看着这一幕，落地声才让我缓过神来。我们赶忙下车跑过去察看车内人员情况。驾驶员和乘坐者共两人，竟然毫发无损。观察车牌号码时，发现挂车牌的地方是空的，属于无照之车。两人利落地下车，连声说："对不起，对不起，真的对不起，真没看见，刚才我们开得太快了。"

鉴于对方是这种态度，而且对事故的责任属性认识得如此深刻，况且从下车的敏捷方式和说话的流利程度也能基本判断出他们身体无大碍，我们便放心了。

勘察时，没想到即使在车辆比较少的镇上，也会出现险情。

五、扶沟清集崔桥镇

（一）歌台流响

3 月 6 日，考察以崔桥镇为瞄准点的落区。

　　早上从周口出发，离开住了 3 天的外贸宾馆。车队经西华县奔北偏西赴扶沟，向东进入当天要勘察的区域（图 5-4），跑了 20 公里，来到常营镇。常营镇位于太康县西部 25 公里处，与扶沟县接壤，辖 36 个行政村、83 个自然村，总面积 100 平方公里，耕地 10.3 万亩，共 5 万多人。常营镇地处黄淮平原，地势平坦，平均海拔 56.5 米，土壤肥沃，年平均气温 14.3℃，年降水量 715 毫米，林木覆盖率 24%。常营镇是周口市的历史名镇之一，历史古迹有夏朝"五子台"遗址、隋末农民起义领袖窦建德墓等。明朝功臣常遇春曾在此扎营，故太康人将此集镇改叫常营集，现称常营镇。

图 5-4　河南地勘拍摄
（右一魏珂垒、右二邓杰，左一王汉泉）

　　继续东行至清集。清集镇位于太康县西 15 公里处，辖 35 个行政村、94 个自然村，总面积 79 平方公里，8 万亩耕地，有 5 万多人。清集镇属黄河冲积平原，土质以两合土为主，有少量淤土和砂碱土，地势平坦，海拔 59 米，属暖温带季风气候。从清集左转奔向北，沿涡河西岸北上。

　　这一带是黄泛区农场，土地肥沃，地势平坦，从南到北几百公里，高程却只差几米。威胁返回舱着陆的因素之一是石头，但要想在这片土地上找块石头很难，甚至就是一块小石子都很难。土是黄黄的、细细的，大都是沙质松软土壤。我们可以想象历史上黄河泛滥时给老百姓带来的灾难，老百姓被迫背井离乡，同时也会引发我们思考黄河泛滥给这片土地带来的肥沃。原来我们理解的黄泛区是贫瘠的土地，人口会相对稀少，但实际是，在这片黄泛区，村庄一个接着一个，村庄占总面积的10%，人口密度为820人/公里^2。

（二）七步三眼井

到达芝麻洼。芝麻洼乡位于太康县西北25公里处，辖31个行政村，总面积84平方公里，耕地8.2万亩，土地平旷，土质优良，有5万人多，涡河、尉扶河由西北向东南平行贯穿全境。芝麻洼乡原名董安镇，曾名吕洼，因地势低洼、盛产芝麻得名。历史上以太康"四大名旦"闻名于世，素有太康"西北粮仓"美称。

芝麻洼东9公里处是高贤镇，著名的寿圣寺塔就在镇上，上次空勘时经其上空。孔子有得意门生72个，卫人高柴是其中之一。公元前480年，高柴在卫国动荡内乱时逃到这个村子教书讲学，死后也埋在这里。因高柴是孔子贤徒，村民为纪念他，将村名改为"高贤"。这里还有一个"七步三眼井"的美丽传说：七步之内有三眼井，每口井中的水的味道不一样，分别为苦、涩、甜。三眼井说尽勘察，说尽人生。这些历史古迹虽就在眼前，但我们没有时间前往领略。

高贤镇在东边，我们背向西行，奔崔桥镇。这就是我们当天考察的区域的中心瞄准点。崔桥镇位于扶沟县城东北30公里处，属豫东平原，黄泛区腹地，东与太康县芝麻洼乡接壤，北与通许县玉皇庙乡毗邻。全镇辖34个行政村、57个自然村，面积96平方公里，耕地8.8万亩，有4.8万人。刚进入镇子不久，我们便摇下车窗，观看镇景。顺风我们闻到一丝香味，放眼望去，只见30米开外路边有个小吃店，店门上方挂着一面倒三角旗子，迎风飘展，上写"烩面"二字，店内师傅正在熬汤。看到这一幕，伴随着嗅觉，瞬间引起口腔内部的化学反应。烩面是河南一种荤、素、汤、菜、饭兼而有之的传统小吃，有羊肉烩面、三鲜烩面、五鲜烩面等多种类型，其精华全在汤里。下面时，锅内放原汁肉汤，将面拉成薄条入锅，上桌时再加些香菜、辣椒油、糖蒜等小料，味色俱佳。

车带着勘察队员离开了镇区，同时也带走了我们没有品尝到烩面的遗憾。

（三）集市卖肉

出镇继续西行，到达黄泛区四站，见一乡下集市，我们下车了解情况。

老乡在路的两侧卖东西，有卖肉的，有卖菜的，很是热闹。我们融入其中，了解情况。王立军拿着老乡卖肉的刀，要与我和王爱新照相，以示他曾在农村吃过苦（图5-5）。当问老乡本地交通情况时，他们说："每逢下雨，道路就泥泞不堪，每逢秋忙时节，我们去卖西瓜，短短的几里路要走上个把小时！"

图 5-5　在乡村集市

（右王立军、中本书作者、左王爱新）

我们在路边停下吃午饭，仍是吃方便面。饭后，由此北上至江村，朝东偏北望去，不到 8 公里，就是通许县的玉皇庙。我们没去，继续北上，出了我们当天勘察的区域，直奔通许县，西至尉氏县，北上。

傍晚，到达开封市。

（四）古城夜市

大家连续勘察了几天，实在太累了，故在开封找了一家条件好点的住处——王子饭店。晚上领导说今天不集体吃饭了，每人发 50 元钱，各自到小摊上吃。这下可把大家高兴坏了，因为早就听说开封小吃多，我们拿着发的钱，"款爷"般地来到夜市。

夜市上到处是人，但更重要的是到处飘着诱人的香味。久违的感觉啊！看看这个，想吃；看看那个，也想吃。我们四个小伙子，每种小吃只买一份，每人只尝一口，不敢多吃，因为夜市太大了，我们每种小吃都想吃，所以只能这样做。印象最深的当数红烧肉，师傅用小砂锅炖着，不知炖了多久，反正味道足得很、香得很，肥肉是晶莹剔透的，映出的光是诱人的，肥瘦过渡段带来的光谱变化也极具美感。

王永志总师、孙功凌秘书坐着车队中唯一的巡洋舰越野车，沿着我们勘察过的路线，全部走了一遍。

凡是我们看到的，王总也都看到了；凡是我们感受到的，王总也都感受到了；凡是我们认识到的，王总也都认识到了；我们没有认识到的，王总也想到了。

晚上，王总一行也到达了开封。

六、古城铁塔悬双疑

（一）考察古城

3月7日，考察开封古城。

大相国寺位于开封市中心，是著名的皇家寺院，十大汉传佛教名寺之一。据载该寺址是战国时魏公子信陵君的故宅，原名叫建国寺，始建于555年。唐睿宗为纪念自己由相王登上皇帝宝座，将寺名改为"大相国寺"。整座寺庙布局严谨，宏大巍峨（图5-6）。寺内珍品之一是八角琉璃殿中的四面千手千眼观音巨像，由一棵巨大粗壮的银杏树整雕而成，高7米，但树的直径不敢想象，因四个大佛在里面，千只手还朝外伸展着。寺内有一和尚在"流通"瓦片，上写："佛光普照，建寺捐瓦，增福增寿，世代平安。"

图 5-6 祁思禹（中）、马瑞军（左）与本书作者（右）在勘察途中

铁塔位于开封北门大街，始建于北宋皇祐元年（1049 年），素有"天下第一塔"之称。铁塔高 55.88 米，八角十三层。说是"铁塔"，其实不是铁铸造的，而是因为建筑使用的砖很有特色，远处看像褐色的铁块，近处看像通体透彻的琉璃，疑似铁铸，故老百姓从元代起称其为"铁塔"。在铁塔公园中散步，第一次有机会与王永志总师近距离接触，我很激动，趁其高兴时，凑上去，小心翼翼地询问是否可以与他合影，他答应了。从此留下了对于我来说珍贵的、历史性的照片。不知谁牵来了马，听说可以骑马拍照，大家踊跃参与，赵起增骑马的英姿由此被定格下来。我从没骑过马，但也跃跃欲试，在他人的帮助下，也留下了骑马的记忆。看上去像是会骑，然而现实不是那回事。

（二）桶子鸡

考察了一整天，大家也饿了。晚上吃的菜有桶子鸡。

桶子鸡是开封名菜，因其色泽鲜黄、咸香嫩脆、肥而不腻、越嚼越香而出名，听说百年老店"马豫兴"的桶子鸡最有名气。有人写成"童子鸡"，这是不对的，桶子鸡用的鸡不是仔鸡，而是用老母鸡，其补益功效会更高。

晚上，大家都睡了，王永志总师让邸乃庸拨通了周义克家的电话，他亲自对周义克说："请开始计算倾角为 42°的轨道。"

（三）开封座谈会

3月8日上午，召开开封地区座谈会，参加市县有开封市、通许县、尉氏县、杞县。参加座谈的有经济委员会尹晓峰科长、统计局徐志成科长、发展计划委员会刘继善主任和办公室马新治主任等。另外，王永志总师也出现在座谈会现场，同时还有赵起增、开封市市长等。

交通局的同志说："所选地区中，乡—乡公路、三级以上公路都没有。县—乡都是四级以下公路，全都是等级较低的柏油路。河流中几乎没有水，无水泥坝，全是土质。农村都是砖瓦房。"

气象局的同志说："5～10月雨水较多。以通许县为例，1981～1990年，小雨（日降水量0.1～10毫米）以上为830天，即83天/年；日降水量≥1毫米552天，即55.2天/年；日降水量≥5毫米299天，即29.9天/年；日降水量≥10毫米（中雨）183天，即18.3天/年；日降水量≥50毫米（雷暴雨）68天，即6.8天/年。1992年降水量很大，雷暴主要集中在5～9月。八级以上大风，10年内平均5.9天/年，1981年最多，为17天/年，1989年最少，没有八级以上大风。气象预报设备主要有713型气象雷达、714型气象雷达，徐州已有风云一号接收机，可直接接收分析，故徐州预报的精度是全国最高水平。如果郑州气象雷达开启，预报72小时气象准确度能保证在90%，当然该雷达开一次很贵，约1000元/次。"

电力局的同志说："全地区电力线有110千伏、35千伏、11千伏，涉及所选区域只有11千伏。规划可能会有，例如通许—玉皇庙计划铺设35千伏线路。停电一次，对所选地区没有多大影响。"

（四）开封总结会

3月8日下午，王永志总师召集大家进行勘察小结，要求从两个方面进行总结，一是对所勘察区域有个基本看法；二是对下步工作进行细化，整理勘察报告，最后形成纪要。

王永志首先讲："先向国防科工委首长简单做一下汇报，然后等全部资料（包括统计数据和录像片）整理后再汇报。一个核心的问题：考察后的意向！"

听到这，我一愣，没听懂，不明白王总说的"意向"是什么含义。

接着，大家开始发言。

王汉泉说："一是从飞船功能讲，如用翼伞，选择着陆场容易，但现在要用翼伞的可能性不大，最有可能的是用圆伞，要么三个伞，要么一个伞；二是美国选在海上，苏联选在大草原上，中国都不具备这些条件；三是对所选区域的认识，村庄、树木占的比例较高，远远大于1‰，大风有横向冲力，而航天员系统要求横向过载不能大于6g，这是存在的问题；四是几种假设，如果在西北大戈壁选着陆场，则存在弹道式对应的区域在国外的问题，故不成立，如果在近海选着陆场，考虑到海军力量弱，故也不成立；五是总的看法，此区域还是可以的；六是建议，在飞船研制过程中做几种试验，如撞电线杆、撞房屋、撞树、β射线起作用的可能性。总之，可靠性要达到。"

王汉泉在讲话中提到的横向过载问题是这样的：飞船在设计航天员座椅时，是让航天员躺着的，即航天员的胸部是与飞船的轴向垂直的，这样，飞船返回舱在垂直降落时冲击过载以这种方向作用在航天员心脏上，影响是最小的，同时座椅的赋形设计，也能保证航天员颈椎和头部能较好地承受垂直过载的冲击。但在横向方面，由于大部分客观情况下没有这个方向的冲击过载，故考虑飞船返回舱的防范措施有限，万一出现横向过载，就不能很好地保护航天员的安全。例如，飞船返回舱在下降过程中如遇风吹，则会有横向速度，降落时如撞到电线杆，扫着电线，碰到房屋、墙、树等障碍物，则会造成横向过载，故得做试验，看不同风速情况下撞到不同物体时造成的过载会有多大。

王汉泉在讲话中提到的β射线又是怎么回事呢？为了使飞船返回舱下降落地时冲击过载小，以保护航天员安全，在设计时，首先要用减速伞和大伞把下降速度大幅降下来，即使这样，返回舱下降速度也只能降至8～10米/秒，该速度可能还会对航天员造成伤害，故又在返回舱大底安装了四个固体缓冲发动机，在落地前点火，让返回舱的下降速度进一步降低，让航天员就像坐着一个软弹簧垫子一样落地。但发动机点火的时机是很讲究的，点火时间早了、晚了都不行，为此，安装了一台β射线探测仪，快到地面时不断发射β射线到地面，监测反射波的到达时间,以判断返回舱离地面的距离,从而决定在离地面 2 米左右时点火。但这里存在一个问题,如果返回舱下降时首先遇到的不是真的地面,而是树冠,万一返回舱误判,认为快到地面了,触发发动机点火了,火焰冲着大树树叶去了,就既没有起到缓冲作用,还可能造成侧推,使返回舱姿态乱了,造成次生伤害。这与 1993 年 2 月 9 日张健提到的"二次碰撞"是一回事,故这类情况都得做试验。

刘志逵说:"一是在考虑轨道倾角、陆上选择、着陆范围、返回方式、弹道式返回等几个要求后,才考虑选择中原。二是苏联考虑每天四圈返回,每圈要考虑两个点,一个正常返回区,一个应急弹道式返回区,这样就要考虑每天八个区域。三是蔡沟地区作为着陆场可以充分利用发射场的反射式雷达;上次空勘与此次考察的结论基本一致,上次空勘结论中曾专门提及,河南中原没有村庄、树木、高压线、沟渠是不可能的,请有关单位在设计中予以考虑。四是结论,蔡沟区域最佳,经济不发达,工矿企业最少,没有电,河流不宽,水流少或没有水,离铁路、交通主脉远。"

邸乃庸说:"一是从南返回不要考虑,只考虑降轨返回;二是河南中原作为一个着陆场可以,但不太理想,如果能够两次落在此区域就好了。"

大家总是提到降轨返回,为什么呢?一是像邸乃庸说的,要白天发射、白天回收,便于搜索回收,那白天对应的合适的返回轨道就是降轨;二是若主场定在河南一带,降轨返回再入后的测量可以充分利用东风和西安的反射式雷达。

我说:"一是在中国选择着陆场要采取实际的、现实的态度,要对飞船进行适当设计并进行多种试验加以验证,使其适应能力更强一些;二是着陆区域应尽量避开水系。"

王永志听了大家的发言后说:"一是此次看的结果与上次空勘一致,中原比松辽平原还要平坦,土质好,没石头。群众条件好,飞船返回舱落这绝对丢不了。二是感到有些意外,没想到黄泛区要比以前想象得好,哪也不荒,人口密度大。反推火箭推力 11 多吨,火焰有可能把农村的柴火垛点燃了,失火的可能性大,一旦失火可不得了,必须要救火。三是综合来看,蔡沟地区比较好,再朝北,发射场的雷达设备用不上了。四是问题,现在存在一个重要的问题,就是副场选在哪？朝西选，只有四川盆地，但比中原差得多；朝东选，没有地方；这就带来一个轨道倾角问题，如果是 52°，只能降轨返回，因为升轨返回的时间是晚上，另外，可返回的机会太少，这样整个工程就要冒风险。总的来看，有两大问题有待解决，一个是副场问题，另一个是轨道倾角问题，尽管目前解决方案尚不成熟，但得快！"

听到这，我听懂了一些，但还是有些诧异，还是似懂非懂。

赵起增最后指出："一是中国与苏美情况不一样，要有中国特色，要在飞船上多下功夫；二是王总这次来河南参加实地考察很有必要，有感性认识，好决断；三是原则，无论如何不能让航天员有安全问题；四是区域选择，最多选三个区，如周口南、周口北、新乡西；五是录像片，要搞个十多分钟的录像片，录像片很重要；六是汇报，3 月 20 日左右向国防科工委领导汇报，汇报有一个提纲、录像片、倾向性结论即可。"

七、长恒濮阳勘朱寨

（一）黄河剪影

3 月 9 日一大早，从开封出发向东，准备跨过黄河，赴黄河以北、新乡以东地区，考察以牛市屯为中心的朱寨小区。

途中路过兰考后到达黄河岸边。此时正值太阳初起，朝晖洒在河面上，泛起金色的柔光，映入眼帘的黄河大桥在视觉上只是一个剪影，天空布满了彩云，即使不喜欢摄影的人也会被此美景所感动，故我让司机停下来，准备拍几张照片。

前面的车队突然发现有车"丢"了，忙用无线电对讲机询问原因。当得知是因为青年人在抓拍美景时，首长拟展现的严厉早已荡然无存。有些错误是可以原谅的，比如因为抓拍美景而掉队。

经开封黄河桥，车队跨过黄河，来到黄河北岸，奔北偏东，跨过文岩渠，来到长垣。

（二）文岩渠和金堤河

长垣县位于豫东北地区，与兰考县、山东省东明县隔黄河相望，属黄河流域，流域面积 1051 平方公里，有天然文岩渠和金堤河两大水系，全境为黄河冲积平原的一部分，境内无山，地势平坦低洼，海拔 57～69 米，土层深厚，土质较好，属暖温带大陆性季风型气候，黄河大堤连接太行堤呈东北—西南走向贯穿全境，总面积 1051 平方公里，有 80 多万人。

出长垣，奔东北方向，赴濮阳。沿途基本与黄河走向平行，地势平坦，土壤贫瘠，村庄密度较黄河南岸的黄泛区低许多。

近中午时分，到达濮阳。

濮阳县地处黄河之滨、豫鲁两省交界处，与山东省东明县、鄄城县隔河相望，辖 11 镇 9 乡 993 个行政村，总面积 1382 平方公里，耕地 135 万亩，有 110 多万人。黄河流经县境 61 公里，滩区面积 217 平方公里，涉及 7 个乡镇、18.7 万亩耕地、18.6 万人，是贫困地区。濮阳县属于暖温带大陆性季风气候，年平均气温 13.4℃，年均降水量 626 毫米。濮阳县物产资源丰富，是中原油田开发建设腹地，境内石油和天然气产量分别占中原油田总产量的 70% 以上和 90%。地下盐矿资源丰富，初步探明储量 1400 亿吨，纯度高、易开采。濮阳是国家历史文化名城，有"颛顼遗都""帝舜故里"之称。濮阳县有文物古迹 53 处，现尚存明、清四条古商业街。地方小吃有粉皮、筒子麻花和双麻火烧。

我们没有在这里吃饭，穿过县城左转向西，赴滑县。在濮阳、滑县、长垣的中间地带有个镇，叫万古，因有雾，看得不十分清楚。

滑县辖 10 镇 12 乡 1020 个行政村，有 121 万人。滑县气候湿润，雨量较充沛，年平均气温 13.7℃，降水量 634.3 毫米，日照 2365.5 小时，无霜期 201 天，适宜小麦、玉米、大豆、花生、棉花、红薯等农作物生长。滑县道口镇有一个名吃，叫道口烧鸡，是汉族传统名菜之一，由"义兴张"世家烧鸡店所制，至今已有近 350 年的历史。上大学坐火车路过新乡火车站时，在站台上都能听到叫卖道口烧鸡的喊声。那时我还是学生，没钱，没买过，但味道却闻过，用一个字形容，就是"香"。

（三）牛市屯

滑县和封丘的连线中间，就是我们要勘察的、以牛市屯为中心的朱寨小区。此区域的北边、南边，我们都去实地勘察过了，故没有朝中间深入勘察。

从滑县到汲县，我们沿途考察了油田、工矿企业、黄河，对牛市屯地区的北部地区进行实地考察。后从汲县左转，返回新乡。

全天行程 380 多公里。晚上住九洲宾馆，由机械电子工业部第二十二研究所接待。

八、试问降纬图未来

（一）新乡座谈会

3 月 10 日上午，召开新乡地区座谈会。参加市县有新乡市、濮阳市、封丘县、延津县、长垣县、滑县、汲县。参加座谈的有市政府吴可光副市长、军分区司令员、王建新副参谋长、王鹏运参谋，市水利局李国斌副总工程师，市统计局段结业副局长，市邮电局王继贤副局长，市气象局王焕德高级工程师，市交通局严敬兰副局长，市经济委员会朱希森副主任、张红增科长、王守峰科长，供电局史建庄副局长、杨清海工程师等。

交通局严敬兰副局长说："106 国道、107 国道贯穿此域，省道 14 米宽，乡道 6 米宽，乡村土路通过越野车没有问题。延津、魏邱等地小树居多。为了配合当地开发经济，准备将延津、魏邱、滑县的大沙滩连接起来。"

水利局李国斌副总工程师说："黄河冲积平原河流多，但大都是季节性河流（或称时令河），平时大都没水。主要河道水深 1～2 米，文延渠水深 8～9 米，北部大沙河、柳青河属雨季河道。汲县南部还有沼泽区，属于白天鹅保护区，平常没水。引黄渠河宽约 20 米。"

供电局史建庄副局长说："所选区域内南边角上，有一条 35 千伏线路、一条 11 千伏线路。"

统计局段结业副局长说："市管到县区，县管到乡，公社管到村，我们只管宏观。黄河以北一般人均面积大，人口少，地质属于黄沙土、盐碱地，地势平坦。"

邮电局王继贤副局长说："市到县，县到乡，程控电话都有了，但还入不了国家网，乡以下大都还是手摇式电话。移动通信准备引进美国摩托罗拉公司设备，计划1994年建设，频段900兆赫，辐射半径25~30公里，塔高80米，最多可以有用户4000个，在县基站建成后，可覆盖全部地区。微波通信线路是一级干线，沿京、汉、广铁路走向，拥有2400路，目前正在测试。"

气象局王焕德高级工程师说："每个县都有一个气象观测站，平均来看，各县之间没大的区别。雷暴一般发生在7~8月，但都是小范围的。风主要集中在春季，夏天也有。"

市经济委员会朱希森副主任说："即使有规划，也不会朝你们选的这个区域发展。小浪底工程计划建一大坝，计划1994年开工，既发电，又蓄洪，建成后对黄河下游极为有利，基本不存在泄洪的危险了。新乡—菏泽地区建有铁路，准备上电气化。"

（二）解开谜底

王永志总师在与河南省副省长交谈时，副省长说："河南豫东平原由于是黄河黄泛区，历史上经常泛滥无常，农收无保障，故中华人民共和国成立后国家规定不对该地区的农民收农业税，不交或少交农业税，这种政策使得老百姓都愿意到这来种田谋生，久而久之，这些区域的人口反而开始增加，现在的人口密度与富饶的四川盆地遂宁一样了，两个地方的人口密度均排在全国前列。"

这句话解开了王永志长时间以来没解开的谜底，即他原来认为河南黄泛区应该人少，但实际上人很多，怎么会有这么多人呢？人多，村庄自然就会密集，将来如果在此设着陆场，当任务来临之时，得惊动多少老百姓啊！老百姓房前屋后都是柴火垛，万一被返回舱反推发动机点火时点着了，那不"火烧连营"了？

（三）新乡总结会

3月11日上午，在新乡召开技术总结会。

祁思禹说："本次勘察准备得比较充分，安排得也比较紧张，大家都很认真，包括老同志和新同志，大家不怕辛苦，连续作战。有了主场，副场亦应尽早考察，副场选择条件的制定也得早做准备。"

王汉泉说："房屋、树木对着陆场不太有利，此区域到底行不行不敢拍胸脯。如果现在就定了，心里不踏实。"

刘志逵说："房屋占整个区域的5%，与不安全因素不能画等号。考察期间大家都很认真，每天行程250公里，很辛苦。凡是走过的路，周围都是相对富有的，而没有走过的地方肯定更加平坦、贫穷。至少要有一个结论，即基本可行或基本不可行，因为下步工作要进行，必须要有个大前提，否则下步工作没法开展。"

刘志逵的这些话是说给王汉泉听的，王汉泉只好回应说："那暂按此做工作吧！"从这些对话中可以听出，五院研制飞船的技术人员心里不踏实，开始犹豫，而着陆场系统的技术人员也在纠结，希望有个说法。但不管怎样，形势开始有些微妙的变化。

王永志总师听了大家的意见后，开始谈自己的看法："中国搞载人航天，以前没经验，在这选着陆场，心里没底，飞船落点散布范围30公里以内没村子不可能，但将来飞船落点散布范围如果缩小至10公里了，倒有可能。现在涉及一个关键问题，即轨道倾角问题，能否先打小倾角，后打大倾角，因为大倾角返回机会太少，如果在这选一个着陆场，较长时间段内只有一次返回机会，即只有一条生路！在这选着陆场，基本可行，但不太满意，并且还有几个不放心的地方，为了确保安全可靠，咱需不需要'垫'一步？当然，如果搞小倾角，也得考虑测控付出的代价有多大。"王永志在会上提出能否先打小倾角的问题，从历史角度看，这次会议很重要，具有转折性意义。至于原因，后文再叙。

上午开完技术总结会后，马上召开全体勘察人员开总结会，由赵起增主持，三个小组分别汇报总结情况。

王文宝代表计划保障组发言："大家这次勘察，团结协作，齐心协力。分三个组，计划保障组很是辛苦，不管是大前站、小前站还是会议落实，不管是吃住行还是对外协调，都全力保障各位的工作，既勤俭节约，又搞好工作。"最后表扬了很多工作人员。

夏南银总师代表技术组发言："建议副场的考察要提到日程上来。结论：作为当前倾角的主场基本可行，但不太满意，有几个地方不放心。"

王海代表车队发言："车队是计划保障组的一个分支，15 天里各个司机合作精神好，道路复杂，司机十分辛苦，特别是张天有师傅表现出色，对车辆比较负责任。"

王永志总结时说："通过勘察增加了实感，确认了空勘的印象。有问题、不放心的地方，有待进一步研究。当然，还有副场问题。"

赵起增最后总结时指出："一是计划周密，驻地选择比较好，转移和勘察相结合，节约了时间，前站工作（安排吃、住、开座谈会）做得好，创造了好的条件，编组合理，充分发挥了总师的作用，车队统一编号，提高了效率，充分依靠当地政府和军分区，尽可能安排好大家的生活；二是技术组准备充分，调查和勘察相结合的方法好，效果好，王永志总师亲自参加，这对此次勘察来说很重要，着陆场是个难点，也是一个容易忽略的方面，技术组比较辛苦，摄影、摄像很是劳累；三是车辆，每辆车都行驶了约 4000 公里，加起来 1.8 万多公里，司机驾驶水平高，保障了人员的安全，从出发前的准备工作到目前为止，没有因为车辆故障问题影响行程。综合方面，一是行动统一，纪律性强；二是各单位之间团结一致，大力协同；三是作风保持良好；四是注意劳逸结合；五是身体保持好。不足方面：一是上次空勘与此次考察连贯性稍差，只有 3 个人两次都参加了；二是尽管一路上都是按伙食标准安排的，但伙食结余不多。"

（四）新乡考察

3 月 12 日，在新乡期间，潞王陵、百泉山、云台山是不会不去的。

此次考察，除了骑过马（图 5-7）、泉眼无水、可能使用自来水暗中充当泉水外，其他都记不太清了。

图 5-7　在新乡潞王陵骑马

（五）勘察认识

从 1993 年 2 月 28 日至 3 月 12 日，实地勘察共 13 天，总行程约 4000 公里。

通过实地观察，并结合与邮电局、交通局、气象局、水利局、土地局、供电局、统计局、军分区等有关部门的座谈讨论，我们对勘察区域有了全面的认识：①6 个区域地势均十分平坦，大都是松软的沙质土壤，没有石头，对飞船着陆十分有利。②所勘察区域中无大中型企业，几十年内不可能有大的发展，对飞船着陆没有大的妨碍。③县与县之间都是四级以上公路，村与村之间有乡间土路，越野车可以通过，交通便利；所看区域无 11 千伏以上的输电线，电线杆约 8 米高，有许多村庄都用不上电；通信落后，部分先进县市近年来可能上移动通信。④所看区域有河流经过，但大都是小河，河面窄，水浅，岸坝是土质的，对飞船着陆无危险。气象条件良好，雷暴天气每年约有 25 天，大都集中在 6～8 月；八级大风每年有 6～7 天，大都集中在 4～5 月，无水利设施。⑤村庄相对密集，分布均匀，占全部土地面积 5% 左右，人口密度为每平方公里约 600 人，村内几乎全是砖瓦房，村内、村外、田中有树，小树、中树居多，大树少，树高平均约 6 米。⑥以韩李寨为中心的区域最穷，经济不发达，没有电线，河床不宽，水不多，离铁路、主要交通动脉远（越向北村越富，如崔桥镇）；当地群众条件好，分布均匀，能较快地发现飞船。但在具体划定时，韩李寨小区需做适当调整，以避开杨集镇，该镇附近人口、房屋、树木相对较多，对返回舱可能存在一定程度的不安全因素。

总之，此次勘察结果和上次空勘的结果基本一致。地方政府认为，我们所选择划定的区域正是他们经济最落后的地区，当地实际情况符合着陆场选择要求。

根据上述情况，同时考虑到下述因素：①上升段能够充分利用主场的测控设备；②降轨返回能够充分利用发射场的测控设备；③升轨返回能够充分利用主场的测控设备，同时能有合适的着陆区域；④弹道式返回能够落在国内；⑤副场有合适的选择区域。经过认真分析研究，综合各方面的考虑，勘察小组认为，所看区域，特别是以漯河东南以韩李寨为中心的地区，作为主场是可以的，下步着陆场系统方案可以据此开展进一步的设计。

下步该考虑的主要问题是：①倾角问题，如果飞船轨道倾角选为51°～52°，势必会造成在中国可返回的机会太少，风险大；如果飞船轨道倾角选为42°，则返回机会多，但会给测控带来困难。②副场问题，相对于河南中原的副场只有选在四川盆地，但那里的条件不如河南中原好，有一定的风险。③着陆可能出现的危险，一是没有村庄、房屋、树木、高压线、沟壑是不可能的，需请涉及飞船返回着陆事项的各个有关设计部门充分注意这一点，并采取相应措施加以解决；二是房屋、树木对飞船着陆造成的危险最大，反推火箭可能引起失火，五院宜针对此情况做大量的试验，应在飞船上多下功夫。

第六章　历史性大调整

一、深思

（一）没见过这么大的首长

1993 年 3 月 2 日，我们勘察到驻马店时，王永志总师也来到驻马店，但刚到就感冒了，而且病得很重。61 岁的老人了，还在为载人航天奔波，估计是累病了。他被送到地市级医院时，河南省军区马上从郑州派来高级专家和医生，连夜赶到驻马店，参与诊治。

我们动身勘察走了，王永志总师却仍高烧不退，连续三天病情未见明显好转。

还没等病好，王永志总师就坐车沿着我们曾勘察过的路线在后面追我们，亲自感受中原的真实情况。

看了几天后，特别是看了所到之处，他感觉河南黄泛区并不太落后，人员、村落到处都是，于是他开始犯嘀咕了。在车里，他陷入了深思：黄河两岸黄泛区的经济比想象的要好得多，人多，树多，房多，看来中原作为着陆场并不理想；如果主场选在中原，副场选在哪？朝西，只有四川盆地，但轨迹所经区域的地势、地貌比中原差得远；朝东，全是发达地区，没有荒芜的大地平原，没有可选地区。高倾角带来的另一个问题就是在中国大陆较低纬地区的返回机会太少，这使整个工程承担着一定的风险。

（二）考虑北上

3 月 7 日，王永志总师赶到了开封。3 月 8 日，王永志总师在开封召开勘察小结会，听取大家的意见后，提出了两个问题：一是副场问题，选在哪里？二是轨道倾角问题，到底选多大合适？这两个问题有待解决，但目前考虑得尚不成熟，大家似乎感觉到了什么。

3 月 11 日，王永志总师在新乡技术总结会上提出了一个牵动整个工程的问题：能否先打小倾角后打大倾角？

在河南中原地面勘察期间,王永志总师亲自打电话告诉北京的轨道设计专家组组长周义克:考虑北上,升轨返回!研究探讨降低轨道倾角,令其轨道弧顶经过中国北部地区,然后在北部地区寻找新的着陆场。

深思带来了巨变,工程从此进入了一个新的技术攻坚阶段。

回到北京后,王永志总师马上向丁衡高主任、沈荣骏副主任报告了勘察情况和对改址的思考,丁主任当即表态说:"对,是不行,同意考虑改点!"

二、讨论

(一)赴洛阳集中论证

3月25日,测控通信系统和着陆场系统设计师队伍到洛阳跟踪与通信技术研究所集中办公论证。3月26日上午召开动员启动大会。

洛阳跟踪与通信技术研究所罗海银所长进行动员:"中国在国际上的大国地位与'两弹一星'是分不开的。这次集中办公,计划在6月底完成初步方案设计(着陆场系统可晚半个季度),12月底完成方案设计。各相关系统对测控通信系统和着陆场系统的要求会陆续到达,我们的方案会随之迭代进行,故大家要有一个思想准备,即可能多次修改。第一次集中时间从3月25日至4月16日,第二次集中时间是9月。"

西安中心张殷龙副总师说:"去年在北京干了半年,现在集中论证有了很好的基础。中心的同志抱着一个学习的态度来集中论证,这是一个向洛阳跟踪与通信技术研究所和其他单位学习的好机会。贵所对此次论证十分重视,并创造了良好的工作和生活条件。我们到了洛阳,成了大家庭的一员,望贵所严格管理。"

中国卫星海上测控部杨仁清副总师说:"这次论证任务十分繁重,此次论证是以洛阳跟踪与通信技术研究所为责任单位,我们表示服从贵所的统一管理,向贵所的同志学习。"

从此,两个系统的设计师队伍在洛阳跟踪与通信技术研究所开始了紧张的集中论证工作。

（二）两种意见

摆在着陆场系统面前最大的问题是：如果河南作为着陆场不行，要改点，朝哪改？怎么改？这就自然地提出了重新选择着陆场的任务。

当时主要有两种意见，一是沈荣骏副主任提出的在陆上选着落场的同时也考虑一下近海回收的可能性，在我国近海选择着陆场，进行陆海比较；二是王永志总师指示，工程初期的着陆场最好选在我国北部草原地带。

根据首长的指示精神，着陆场系统在 1993 年 3 月底至 4 月上旬开展了紧张的研究、比较和分析工作。

4 月 3 日，着陆场系统设计师队伍进行了讨论。重点是在陆上选着陆场该怎么办？在海上选溅落区该怎么办？讨论陆上 42°着陆场时，大家的目光集中在三个地方，一是以 100°30′E、40°N 为中心的东风地区，二是以 102°30′E、41°N 为中心的鄂尔多斯地区，三是以 113°E、41°48′N 为中心的四子王旗地区。

夏南银说："倾角定成 42°，变大变小都较困难。能否选出主、副场，并可与河南比较，这是个艰巨的任务。陆上应急救生问题要考虑，海上应急救生问题更要考虑，气象条件要比较，换场的代价有多大，不可返回的等待时间会增加，两种方案对应的经费要比较。"

祁思禹说："根据轨道计算得出的 7 天内返回机会分别是东风降轨 6 圈、升轨 9 圈，河套降轨 5 圈、升轨 5 圈，四子王旗降轨 6 圈、升轨 9 圈，可以看出，河套在第 2 天、第 5 天、第 6 天没有返回机会，有风险，但东风和四子王旗情况较好。"

我说："根据轨道覆盖计算可见，最好的两个着陆场位置在东风东面和四子王旗，从国内能够观测再入点的角度看，放四子王旗好些，但四子王旗正好离国境线和山脉都不远，不知道行不行，另外其对应的弹落点是不是可能在国外也要考虑。从着陆场条件看，东风是硬戈壁，放这是可以的，但要测量黑障内的飞船弹道，则需另外配置反射式雷达，总之，两者各有千秋。42°倾角带来的问题，一是发射场的限制，发射工位既要照顾到 42°，又要照顾到 52°，测量设备的布局也得跟着变；二是测控通信的限制，上升段需在胶东重建新站，需在海上多布一条船，返回段测控只能兼顾一条返回轨道，即使返回机会多了，也不可能每一个返回制动点都布测控船，再入点测控也一样。选择 42°倾角带来的代价，一是选择低倾角的目的是初期做试验，但最终仍然是要打大倾角，如 52°，甚至是 63°，将来还是要改变着陆场地点，需要重新布局，因此带来的代价需要考虑；二是选 42°，连续可返回圈次是增加了，但不可返回圈次的间隔时间也增加了，对应的应急救生也得考虑。"

从大家的发言中可以看出，选择 42°倾角需要研究解决的问题很多。

讨论海上溅落区时，大家的目光主要集中在东海、南海等近海区域。

祁思禹提到："选择条件有四个，一是降轨，二是充分利用东风雷达，三是弹落点在国内，四是再入点能观测。选择的初步结果：一是主溅落区可以选在以 122°30′E、27°N 为中心的海域，离岸边 150 公里，面积 30 公里×18 公里，前置雷达站放在陆地某个地方以观测再入点，弹落点在蔡沟附近；二是副溅落区可以选在以 108°40′E、20°40′N 为中心的北部湾海域，与主溅落区构成连续两圈返回，南宁站可以观测再入点，弹落点在西昌附近；三是海上应急救生区，在台湾海峡和丹山海域；四是陆上应急救生，在东风场区附近。从上升段救生区到主溅落区距离 3500 公里，按 20 节航速计算，测量打捞船要跑 4.6 天，故上升段救生区的船无法短时间内跑到主溅落区去执行回收任务。"

（三）两份报告

通过多次集中讨论，以刘志逮为主，于 4 月 12 日完成了《921 工程在我国近海回收可行性分析》《42°轨道倾角返回着陆场区选择可行性分析》两份报告。《921工程在我国近海回收可行性分析》报告认为，与陆上回收相比，海上溅落场装备建设费用高、任务消耗和训练支持等费用大，海上气象与海况情况复杂、救援作业难度大。如果返回舱落点偏差超差，落在近岸浅滩多礁海区，可能造成危险；如果升力控制发生故障，中途转弹道式返回落点在国内陆上，返回舱着陆依然存在一定的不安全因素。《42°轨道倾角返回着陆场区选择可行性分析》报告认为，主场可在内蒙古自治区大青山北部坡地的高原地带选择，如果将轨道倾角改变为43°左右，则可选在四子王旗的阿木古郎牧场地区，轨道倾角42°～43°对应的主场选择可避免"人多、房多、树多"可能带来的不安全性。

4月20日，着陆场系统设计师队伍赴京汇报。21日，着陆场系统和测控通信系统两个总体方案设计组向沈荣骏副主任、王永志总师汇报了42°轨道倾角初步论证情况以及两份报告的主要内容，建议初期试验飞船轨道倾角由原设计的52°改为42°，并汇报了由此引起的对测控通信的主要变化。国防科工委主管部门领导李元正和赵起增、测控部陈炳忠部长出席了会议。会上，首长的指示精神是：首先要解决主场问题，要千方百计地降低风险；轨道倾角42°要考虑，52°也要考虑，最终要返回到大倾角；先选好着陆场区，再来定轨道倾角；要考虑两个方案，一是轨道倾角在42°左右的陆上场区方案，二是在近海回收的方案。

（四）五大系统联席会

4月27日，王永志总师在北京召集工程五大系统专家召开联席会议，进行着陆场选择大讨论，进一步对52°着陆场、42°着陆场和海上回收进行广泛分析与比较。

会上，王永志总师首先谈了去河南之后的感受和担心："河南中原地质肥沃、松软，人憨厚质朴，但存在以下问题：一是多，即人、树、房子、草垛都多，返回舱降落时撞着农舍墙屋怎么办？飞船返回舱伞绳万一落地前挂在树上怎么办？返回舱落地时缓冲反推发动机点火点着村中草垛怎么办？返回前为了保证落区群众安全必须进行人员疏散，但这样必然造成扰民，将来多次回收必将长期扰民，怎么办？二是大，即落点散布大，工程总体要求飞船落点散布范围为航向±15公里、横向±9公里，总面积540平方公里，河南每平方公里有600～800人，场区内有32.4万～43.2万人，按15人一栋房子算，有2.16万～2.88万栋房子，五院设计的飞船在试验初期散布范围会加倍，即航向±30公里、横向±18公里，飞船返回散布范围就是2160平方公里，场区内有129.6万～172.8万人，有8.64

万～11.52 万栋房子，可见其对返回舱着陆的危险性。三是远，即升轨返回一个落区，降轨返回一个落区，两个落区相聚太远，给搜救带来难度。四是险，即升轨返回和降轨返回要经过西南和西北地区再进中原，人口较为密集，地面安全有风险。另外，如果选中原为主场，则会选四川盆地为副场，但四川省副省长告诉我说，四川盆地人口照样密集。飞船试验初期没经验，不能冒风险。"

刘志逵分析了内蒙古四子王旗草原、巴因毛道沙漠、边境线附近的夫勒格尔、河套内的苏米图等区域的有关情况。

祁思禹分析了近海回收的初步设想："如果在海上选，主场可选在温州以东海域，副场可选在北部湾。"

王宝兴提出："42°以上的轨道倾角都有尾巴在国外的问题。"

张殷龙副总师认为："场区不能靠近国境线，从返回式卫星的经验看，散布范围一般比预计的大，甚至会落在遂宁地区以外。从苏联的经验看，着陆场区域也很大。着陆场设备要有一定的机动能力，故对交通要有一定的要求。人口不能太密，但人口密也有好处：好找。"

飞船系统和航天员系统的专家都认为海上回收有危险。

邸乃庸认为："选择 42°可以每天有 1～2 圈返回主场，对航天员安全有利。选择倾角 42°与 52°的条件要有许多差别，倾角 42°的副场的作用不是圈次上的备份，而是气候上的备份。可先考察东边的两块地方。河套内的场区不太可取，纬度太低，倾角 42°的优点体现不出来，散落点经过狼山。"

显然，无论是哪一种方案，都有好的方面，也都有让人不踏实的地方。

王永志总师最后指出："方案不一定是一个，要比较。陆上着陆场问题，着陆场系统先在图上作业，以呼和浩特为驻地看四子王旗阿木古郎牧场，以银川为驻地看苏米图（鄂尔多斯高原西部）地区，先勘察内蒙古这些区域，如果实在在内蒙古找不到，再回到河南，即使不理想，我们也尽力了。上升段避开日本岛屿的问题，调整轨道倾角时要考虑。飞船系统要研究其他系统提出的问题，例如地势问题，返回舱不能滚动太多圈，到底允许多大的坡度？着陆场区扩大范围问题，需要扩大多少？弹道式返回落点是一条带，离国境线要多远？人口、房屋占面积的百分比应小于多少？计算正常着陆点的散布只考虑了平均风，随机风的影响就不应再考虑了，如果主场的风大，不能落，就转到副场。"

会议决定：调整轨道倾角，上升段避开日本岛屿，着陆场系统对内蒙古上述两个地区准备勘察方案。

三、巨变

（一）调整轨道倾角

大讨论带来的巨变就是：调整轨道倾角。

根据中国国土纬度普遍较低的实际情况，要想获取较多的返回机会，就得考虑降低轨道倾角，轨道倾角最好低于内蒙古中部边界。中国北部的内蒙古地区在43°纬线附近恰好有一些平坦的地域，如额济纳旗南部的戈壁、四子王旗北部的草原、鄂尔多斯的草原、内蒙古东部通辽的科尔沁沙地等。要满足返回机会多、着陆安全、人员稀少的要求，就得考虑这些戈壁、草原、沙地。据此，轨道倾角定在43°±1°。当时选择此倾角的另一个考虑是：如果第一圈出现问题，第二圈可以应急返回至遂宁，而遂宁恰是我国返回式卫星返回的地方，经验多。

（二）十大约束条件与轨道设计

与此同时，轨道设计专家开始调整轨道倾角和轨道高度，结合发射场及各种不同着陆地理位置，试算各种载人飞船飞行轨道和返回轨道。

为了让轨道设计更加有效，更加符合中国国情，更便于测控布局和着陆场的选择，王永志总师组织工程总体和轨道设计复核专家组进行了多次深入研究讨论，在此基础上亲自归纳提出了当时称之为"十大约束条件"的飞行轨道设计要求，交给轨道专家组，请他们进行轨道设计，看有无符合条件的轨道。

轨道设计十大约束条件是：①轨道高度避开地球辐射带；②保证航区安全，包括上升段火箭一级、助推器和整流罩落区安全，火箭航迹避开大城市，以及保证返回着陆区的安全；③在建造空间站工程前的试验阶段，轨道倾角由 50°～52° 改为 42°～44°，主场设在轨迹弧顶的船下点附近，增加飞船正常返回的机会；④2 天或 3 天回归，增加飞船正常返回的机会；⑤同一条返回轨道既可返回主场，也可返回副场，返回机会多；⑥变轨和制动段测控共用同一位置的海上测控船；⑦主返回轨道为升轨返回；⑧飞船返回走廊既不出国，又避开阴山山脉，主场近 1000 公里内基本可安全着陆，以适应飞船故障情况下的弹道式返回；⑨飞船无论返回主场还是副场，制动点位置基本不变，飞船升轨控制参数和返回时的过载控制在规定范围内；⑩飞行轨道要有相似性，确保载人飞行轨道能够通过无人飞行得到充分验证。

上述约束条件是从工程需要出发提出的，特别是从航天员安全角度提出的，十分严苛，需要轨道专家组结合中国实际情况进行精雕细刻，才能完成任务。

上面第 4 条谈到的轨道回归，就是说，今天的轨道，经过几天（例如 2 天或 3 天）后，轨道又回到原来的走廊上，即每隔一定轨道圈次，轨道将会再次重合。具有回归特性的轨道有明显优点：一是便于测控布站和提高测控效率，有利于测控方案设计；二是每隔一定圈次（如 31 圈）都可使用同样的返回走廊返回着陆场，有利于返回方案的设计。

在陈炳忠副总师（资深测控专家）领导下，在邸乃庸、张启平等指导下，轨道专家组进行了艰苦卓绝的努力，对各种情况进行了挖空心思的探索。

轨道专家组成员有国防科工委系统工程研究所（简称系统所）顾问陆镇麟、系统所周义克（研究员，组长）、一院一部余梦伦（研究员，后来当选为中国科学院院士）、五院 501 部张宝荣（研究员）。系统所陈建祥是专家组秘书，五院 508 所的李颐黎研究员等专家也临时参与过轨道设计讨论。

我负责轨道专家组的协调和组织工作，故常跑前跑后。周义克等人每设计出一条轨道，我就去看一次。最后，轨道专家组设计出了 12 条轨道，用一个大厚本订起来，每条轨道都有特色，每条轨道独有千秋，最后大家的兴趣点聚焦在第三条轨道上，设计选择出了既符合十大约束条件，又符合中国国情的轨道。这样的轨道设计既要考虑我国地理条件、测控通信设备布局和现有航天设施地理位置等条件限制，又要最大限度地保障航天员的安全，真是实属不易，具有世界水平。

王永志总师看到设计结果时评价道："轨道专家组尽心尽力完成任务了！"

这个评价极高！因为那么多严苛的条件全满足了。

当然，回过头来看，王永志总师当时为什么能想出那么多看上去近乎不可能完成甚至看上去似乎相互矛盾的条件？最后这样的轨道竟然设计出来了，真是不可思议！可见当时他考虑得有多深刻，想问题有多透彻。

（三）目光移向北方戈壁草原

轨道有了，但这仅是纸上谈兵，说明存在这样的轨道，但对应的着陆场现实情况怎样？43°倾角能否选出一块令人满意的着陆场？运载火箭系统需要研究43°倾角的射向内经过的城市、上升段海上经过的岛屿及相应的安全性；测控通信系统需要考虑43°倾角对应的上升段测控站布局、运行段国内国外测控站布局、海上测控船布局、返回测量链安排，就要对原来的测控网布阵进行大调整，例如原陆上国内测控网东北角布的是长春站，如果倾角改小，需将站址移至青岛；着陆场系统要考虑上升段陆上海上应急救生区的搜救、运行段国外应急救生区域的分布、返回走廊是否安全、着陆段测量设备布局，更重要的是能否在中国北部的内蒙古戈壁、草原、沙地中选出较平坦、适于飞船返回舱降落的区域。

第七章 四子王旗和鄂尔多斯勘察

一、勘察准备

1993 年 4 月 29 日，着陆场系统设计师队伍向赵起增汇报了勘察方案，准备进行第三次勘察。测控部陈炳忠部长、王文宝处长、华仲春，通信部陈晓楠，机关人员姜英参加了会议。赵起增听完汇报后指出："有必要去看一下，空勘和地勘结合进行，先空勘五个架次，然后决定是否地勘。勘察人员按 11～14 人安排，我和王永志总师也参加，主管机关测控部、921 工程办公室工程总体室、五院、着陆场系统等派人参加。"据此，着陆场系统拟制了"轨道倾角 42°左右返回着陆场区勘察（空勘和地勘）计划"。5 月 12 日，赵起增听取了汇报，指示立即筹备场区勘察事宜。

勘察队由 14 人组成：领队赵起增，技术组有夏南银、祁思禹、刘志逵、邸乃庸、我、王汉泉、张健，保障组有王文宝、华仲春、王立军，摄影师是魏珂垒，王永志总师也参加了勘察。另外，还有机组和车组驾驶员。

勘察目的是结合轨道倾角调整，考察在四子王旗阿木古郎牧场地区和鄂尔多斯高原西部地区选择着陆场的可能性。

勘察范围是四子王旗阿木古郎牧场地区 110°10′E～112°55′E，东西宽 227 公里，41°40′N～42°40′N，南北长 148 公里，面积 33 596 平方公里；鄂尔多斯高原西部地区 107°00′E～109°00′E，东西宽 171 公里，38°40′N～40°20′N，南北长 185 公里，面积 31 635 平方公里。总面积 65 231 平方公里。

勘察时间是 6 月 14 日至 7 月 1 日，共 17 天。为了提高效率，本次勘察空勘、地勘结合进行，即空中一支队伍，地面一支队伍，空勘飞行 8 个架次，航程 4684 公里，地面行程约 1990 公里。

二、阿木古郎草原

（一）挺进大草原

6 月 14 日，赵起增、王文宝、王立军乘火车赴呼和浩特。15 日，王永志总师在孙功凌秘书陪同下乘坐火车赴呼和浩特。夏南银、祁思禹、邸乃庸、魏珂垒乘飞机抵达呼和浩特。18 日，到达人员进行了一次地勘。

勘察路线：呼和浩特→武川→四子王旗→布勒太→大庙→四子王旗→返回。

从呼和浩特北上，开始翻过大青山。大青山属阴山山脉，东西长约 240 公里，南北宽 20~60 公里，平均海拔 1800~2000 米，主峰大青山海拔 2338 米。阴山山脉东与冀北山地衔接，西与贺兰山、北大山、马鬃山相通，构成了一条环内亚干旱、半干旱区南缘的生态交错带，维护和保持着山脉北侧荒漠草原生态稳定，涵养水源，保持水土，屏护着山脉南侧河套平原乃至华北平原。

地面车队翻过大青山，刚出山，便来到武川，奔北偏东 50 多公里，便来到四子王旗政府所在地——乌兰花镇。

四子王旗位于内蒙古中部，乌兰察布西北部，110°20′E~113°E、41°10′N~43°22′N，东南高、西北低，海拔 1000~2100 米，相对高差 1100 米，山地占 4.1%，丘陵占 56.1%，高原占 39.8%，北与蒙古国接壤，国境线全长 104 公里。地处中温带大陆性季风气候区，年平均气温 1~6℃，最低气温-39℃，最高气温 35.7℃，年平均降水量 110~350 毫米。旗辖 5 个镇（乌兰花、吉生太、库伦图、供济堂、白音朝克图），4 个苏木（红格尔、江岸、查干补力格、脑木更），2 个乡（东八号、忽鸡图），1 个牧场（乌兰），总面积 25 516 平方公里，7 万户，20 万人，其中蒙古族人口占 8.57%，汉族人口占 90.5%，其他少数民族人口占 0.93%。

从乌兰花向北偏东，在路上，我们就已经感受到地势的开阔，个别地方稍有些起伏，但也不错。车行十几公里，便进入拟勘察范围。映入眼帘的是一片浩瀚无垠的大草原。这片大草原绿绿的，一览无际；天蓝蓝的，浩瀚无边。绿草在地上无拘无束地生长着，白云在天空自由自在地飘着。眼前的景象令人兴奋，其平坦开阔程度更令人称奇（图 7-1）。

勘察队员下车，踏在这片久久向往的草原上，心里有说不出的激动。

赵起增禁不住说道："一看就清楚了，这地方好，这地方很好。"

王永志总师也毫不掩饰自己激动的心情，说道："落在这个地方多让人放心啊，这地方挺好的。"

图 7-1　四子王旗的平坦大草原

有了与河南中原的比较，这时话语的分量就足了。现实让工程总师王永志心中的一块石头落了地，现实让他对在开封会议和新乡会议提出的疑问开始有了答案，现实让人感受到了大方案调整的前瞻性和正确性。

走进大草原，茫茫一片，向导告诉大家，要好好记住走过的路，因为草原上没有明显的路，也没有明显的标志，这就需要记住一些不起眼的地标，如一个小敖包、一片小水域、一个小丘陵、一条小沟壑、一些似曾相识的植物等。提醒归提醒，但真的让我们去记这些地理特征标志很难，因为整个草原平整一片，感觉哪都一样，根本分不出这个地方和那个地方的区别，就像让我们分清楚一个蜂巢里的几万只蜜蜂之间的区别一样，太难了。当然，越分不清越好，因为我们想要的，恰好是整齐划一、没有区别的平坦。

（二）王爷府

乌兰花镇北偏东约 24 公里处，勘察队员到了查干补力格苏木所在地。听说这里有个王爷府，也叫四子王府，大家便想前往观看。

王爷府建在一块宽广的草原上，在这里，我们感受到了久远的历史。

清朝初期，皇帝将这片草原封给元太祖成吉思汗的胞弟哈布图哈萨尔的后裔，其后裔成为主宰这一片草原的王爷，原来住的地方和旗衙门设在朝克德力格尔，当时没有房屋建筑，王爷居住的也是蒙古包。

清光绪三十一年（1905年），哈萨尔第十三代王爷勒旺诺尔布在查干补力格大兴土木、筑厅建府，形成了今日的王府。整座王府为磨砖对缝，简瓦盖顶，砖木结构的殿庑建筑，建筑特点是红柱回廊、雕梁画栋，占地面积共计2800平方米。府内设前后两个厅，前厅是王爷执政办公之处，后厅是王爷和家人居住之处。历史上在王府门口也有卫兵持枪值岗，尽管拿的枪是生锈的。

清光绪三十四年（1908年），王爷在王爷府西侧又建了府庙，这是王爷的家庙，四壁均刷以白粉，墙的上方配有朱边，再加金顶饰褙，的确美观大气。从此，喇嘛、活佛纷纷云集至此，显贵、要人不断前往，王府和府庙渐渐远近闻名。

王府建成后，先后经历了3代王爷在此主理旗务，共计44年。第十五代孙脑音泰是最后一位王爷。他生有四子，长子僧格、次子索纳木、三子鄂木布、四子伊尔扎木在此分牧而居，故将这一带称四子王旗。

勘察队员进去看时，发现当下的王府早已没了往日的风光，许多房屋内设在"文化大革命"期间受损严重，但王爷住的官邸残留下的蛛丝马迹还是让人感受到了威严。王府门口持枪的门卫早已不知去向，现已换成看门的老大爷，手里拿着的也换成了一大串钥匙。府庙的两个独贡因年久失修，自然破坏严重。独贡是藏语，即庙中"殿"的意思。1989年，内蒙古自治区民族事务委员会及旗政府投资20万元，维修了王府前厅及一个独贡。

在王府里，我们听到一个故事。说是王爷的一个儿子结婚，新娘是从两百里外的地方娶来的，脸用布蒙着，在距王府十里的迎亲途中，临时搭起两座蒙古包与一座帐篷。新郎背箭骑马，领近百个随从，黄旗开路，从王府出发至此，迎接新娘。一长者念半天喜令，新郎与新娘交换马骑，由两位武官护送随行，浩浩荡荡，奔赴王府。新娘按礼先围王府转一圈，后入府侧院休息。虽有富丽堂皇的王爷府，但婚礼却在新搭建的一个蒙古包里举行。王爷先进蒙古包，然后新郎再进，此时新娘全身用布包裹严实，由一位女佣相扶引步进入蒙古包，来宾都拥在门口看热闹。在蒙古包内行礼后，大家回到王爷府，新郎拔下身上配箭，把新娘蒙面之布挑开，结婚仪式宣告完成。

因王府房间有限，所以事先搭起五六座蒙古包，招待贺喜的宾客。据说如此规模的蒙古包群实属罕见，集中搭建在一起，甚是壮观！婚礼送的大礼是牲畜，小礼是毡垫、哈达。见面时，大家彼此会把鼻烟壶握在手里对揉，像是握手礼，同时互问："近来可好？牛羊牲口吃得可好？近来发生什么大事了？"

婚礼会邀请多位姑娘，她们都很漂亮。婚礼当晚举行盛大宴会，酒席已多半与汉族差不多，碗筷均自带。每人都在怀里揣有一个木碗，筷子和小刀挂在身边。白天所看到的那几位姑娘，在宴席上大显身手，常常离座跳舞，游走唱歌，乐队演奏，宾客兴奋不已。

故事听完了，勘察队员走出王府。王府四周被破旧的矮小土屋和蒙古包围绕着，与这片历史上曾美丽辉煌的建筑格格不入。王府周围住户的数量让人意识到人的珍贵。羊不少，但人很少。这一带地区系内蒙古少数民族聚居范围，但人口密度小，每平方公里只有几个人，放眼望去，地表除了一般民房（含蒙古包）和偶尔有民用照明电线外，基本上没有任何建筑物，基本没有不利于返回舱安全着陆的人工设施。

从王爷府到布勒太的路上，经常见到的是羊群、牛群和骆驼群，偶尔见到的是有水的洼地。没风，池水平静如镜，天上的蓝天白云倒映在水面，疑是洞天仙境。摄影师魏珂垒在车行进时，不顾车的颠簸，在车内将车外美景一一摄入镜头。

（三）瞭望阿木古郎

中午在布勒太野外吃方便面，之后朝西南方向行进。路上，大片的草原渐渐多了起来。遥望北方，那就是阿木古郎牧场。

阿木古郎地区属于干燥作用下的剥蚀平原地貌，是一个以戈壁针茅草原、丛生矮禾草原、短半灌木草原为主的荒漠草甸草场，是以养羊为主的纯牧区。

在这里，我们才会真正感受到"大草原"的概念，这是大家向往已久的地方。这里草成片，羊成群。有的草高20厘米，有的草高2米，在草高的地方，人进去是看不见的。牧场地势平坦，视野开阔，土质比较松软，越野车时速可达80～

100 公里，对返回舱的着陆安全、航天员返回着陆后的快速救援十分有利。可以用 6 个字形容阿木古郎牧场，那就是"草好羊多平坦"。

王永志最感兴趣的是，这么开阔的草原到底有多大面积？离国境线到底有多远？向导说："这离国界不到 100 公里。"王永志遗憾地说："就这么点啊!"美中总有不足。其实阿木古郎地区东西长可达 120 公里，南北宽近 60 公里，腹地辽阔，满足返回舱着陆的精度要求，特别是在东西方向上有较大的选择余地。在航向 ±170 公里地形较好，能避开浑善达克沙漠，即弹落区地形较为平坦。

车队到达大庙（图 7-2）。大庙也叫红格尔，历史上也曾叫乌尔塔高勒庙，因这有一片闻名于世的庙群，故大家叫惯了，都叫这个地方为"大庙"。大庙原来是四子王旗喇嘛聚集地，庙宇是个群落，有一定的规模，当时很火，"文化大革命"期间被拆，只剩下一个主殿，后来又陆续有喇嘛前往此处聚集念经。只有大庙这个地方地势复杂，周围是石山，有天线塔。

图 7-2 祁思禹（左）和魏珂垒（右）在大庙

车队专程到流经大庙西侧的塔布河，看看所谓的河流是个什么样子。塔布河是该地区最大的一条河，大部分河岸与河床几乎在一个平台上，高程差 1 米左右，不超过 2 米。河床布满细沙，河面在雨季比较宽，无雨季节水面大约宽 1 米，深 0.2 米，清澈见底，有小鱼游动其中。看来这里的河流并不可怕。

从大庙朝南偏东，一路回到四子王旗，路上平坦一片，起伏较小。经四子王旗，跨过大青山，晚上，地面车队返回呼和浩特。

有了第一天的地勘，所有人的心情都变得愉快起来，因为这里的情况比预先想的要好，而且好很多！就像一个猎人看到等了许久的猎物，这种心情是难以形容的，故即使在返程途中有一辆车的轮胎爆了，大家的心情也没有受到一丝影响。

晚上吃饭时，有歌手来敬酒。王永志总师的确感受到了蒙古族人民的习俗：一个歌手来敬酒，你不喝，她不走，一直唱歌，后来没办法，只好喝。王永志总师喝得不多，赵起增喝得更少，没被敬多少酒的年轻人反而喝多了。大家十分高兴，因为白天找到的草原太适合作为着陆场了！

（四）空中领略大草原

6月18日下午，华仲春、刘志逖、王汉泉、张健和我乘坐一架MN-17直升机于14:00从北京通县出发，16:30飞抵呼和浩特以西的毕克齐机场，航程550公里，飞行速度220公里/小时，时间2.5个小时。

6月19日上午8:50，直升机从毕克齐机场起飞，勘察队员对阿木古郎大草原进行全勘。刚飞过大青山，映入眼帘的就是毫无遮拦的一片空旷大地。飞了一会儿，过了武川上空，再朝北飞，便来到大草原上空，映入眼帘的是平平荡荡的一大片草原。

这里的地势实在太令人兴奋了，给人最深刻的印象是这里开阔、平坦，地质主要是沙地，大片大片的，一望无际，没有房子，没有树木，没有人烟，与河南相比，这里辽阔多了，人烟稀疏多了，或者说是基本没有人烟。从空中看，这里有草，但不像原先想象得那么多，个别地方还有些起伏，但坡度很小。

当我们飞到阿木古郎牧场北侧上空时，草原更加平坦、开阔，草变得更绿，密度更大，长得更高，风一吹，从上空望去，草有起伏的感觉，在这一点上，倒是像河南春天的麦田。

草原中的河流还是有的，但很少，且都是季节性河流，从空中看像是草原上一条不长草的细条沙带子，河床、河岸几乎在一个水平面。最大的一条河，就是流经红格尔西侧的塔布河，这在昨天地勘过。

上午 11:40，直升机返回毕克齐机场。通过第一次空勘，我们一下子就从大的范围内确定了主基调——此草原很平、很好！

13:06，直升机起飞，对从四子王旗到大庙之间的地区进行了第二次空勘。总的来说，与阿木古郎牧场相比，这片地域很平坦，只是个别区域略有一些起伏，但坡度不大，对应的危险性比河南黄泛区小多了。

（五）手抓羊肉

6 月 20 日，早上 7:00 出发进行第二次地勘。进行第三次空勘飞行，主要勘察区域的中心地带和东部地带。原来的地勘人员换成了空勘人员，而空勘人员换成了地勘人员，这样大家都能分别从空中和地面全面地感受大草原的地形、地貌（图 7-3）。我原来参加空勘，今天改成了地勘。

图 7-3　空勘直升机上的孙功凌（右）和魏珂垒（左）

地勘路线：呼和浩特→武川→四子王旗→布勒太→大庙→四子王旗→返回。地面车辆从呼和浩特出发，翻越大青山，经武川奔四子王旗，经四子王府到达布勒太，整个途经地带地势比较平坦，虽有部分山地，但都较缓，没有大起大落的地势。地面人员到达布勒太后，又累又渴，便去一牧民家里休息。

牧场主人很热情，准备用手抓羊肉招待我们。我们早就听说手抓羊肉是内蒙古最有特色的饮食，故很兴奋。只见男主人动作麻利，抓羊，宰羊，洗净，连骨带肉大块大块地放在锅里，放凉水，用晒干的牛粪烧火，沸腾后用小火炖40分钟。

就在这个时候，11:00，听到远处有轰鸣声，我们一听就知道，是直升机的声音。原来是空勘人员正在空中勘察，他们从大青山南冀毕克齐机场起飞，跨越大青山，中午时分到达布勒太上空时，像是闻到了手抓羊肉的香味，便在上空盘旋。

"看！看！那是什么？"屋外有牧民在喊。

我们顺着声音走出屋，拿着对讲机朝空中喊："下来吧，吃手抓羊肉。"听到喊话，驾驶员找了块空地准备下降。我们的地面车辆瞬即奔向直升机降落的地方，一字排开，像仪仗队等待首长的到来。

牧民们纷纷跑来观看，有的骑自行车，有的骑摩托车，他们之前从没见过这种飞行物，还没跑到跟前，就见地面卷起一阵狂风，灰尘沙粒顿时满天飞扬，牧民的眼睛被风沙吹得睁不开眼，脚下站不稳了，身体一直晃着，极力寻找平衡，同时还在拼命地睁开眼睛，眯成一条缝，一探究竟。最后风沙还是把牧民的眼睛迷住了，因为他们离直升机太近了。

就在眯了的眼睛还没睁开时，机上的王永志、赵起增等人已经下机了。尽管直升机周围的风力大，但旋涡中心地带的风力还是小的。一旦走到半径20米处开外，人就会站不住了。此时孙功凌的裤子被吹得变了形，像是大喇叭裤。

我们开车带着空勘人员直奔牧民之家。进到屋里还没坐定，主人就端着一盘羊肉上来了。大盘大块的肉，带着骨头，飘着热气，伴着香味。每人桌前放一个小碗，碗里有水，一尝，放盐了。每人发一把小刀，像上小学时削铅笔用的那种，没有其他工具，只有手、刀齐上。我拿起小刀，一刀下去，顺切面朝里望去，肉略带血丝。割一块，蘸一下盐水，放在嘴里，肉细嫩，无膻味，真香，这才是正宗的手抓羊肉。

当地武装部部长是我们的向导，拿起一块像小扇子一样的骨头，从上面一片一片地将肉片下来，递给每个人，说："这是王爷肉，以前是专门贡给王爷吃的。"经他一说，我们每个人仿佛都当了一次"王爷"。

饭后，地勘、空勘人员进行了部分交换，直升机起飞继续勘察。

在边上看热闹的牧民甚是奇怪："它怎么不吃草就又飞走了？"

（六）追猎狐狸

送走空勘人员，地面车队奔向西偏南继续勘察。

在这片草原上开车是种享受，因为地面很平。尽管几乎没有路，但车开到哪，哪就是路。特别开阔的地方，车开起来速度可达 70～80 公里/小时。

途中，就在我们充分享受车速带来的酷爽之际，突然从车队前方蹿出一只动物，远看像是一只狐狸，跳跃的姿势特别好看。

四辆越野车立即由纵队渐变成横队，不约而同地一字排开，然后再变成弧形，像张网扇形地包抄了过去。追到近处才知是一只银狐，它的尾巴高高翘起，身体周边是红褐色，中间是白色，毛发非常漂亮。它一直跑，我们一直在后面追；它拐弯，我们也跟着拐弯。追了一会儿，向导突然说："别追了。"

于是，车队放慢了速度，我们不解地望着向导，我忙问向导原因，他解释说："狐狸很狡猾，它先带你跑一段距离，然后引你走向一条路，这条路前方肯定有陷阱。"听后，大家面面相觑，不仅人类拥有智慧，动物也有。

一路上，没有见到狼。不知道是狼没了还是狼在暗处观察着我们，对此我们浑然不知。听向导说，境内有数量较多的野生动物，如野鸟、野鼠、野兔、狐狸、刺猬等，但狼已很少，都被人打光了。以前，人和动物是共存的，人和动物各有各的生存区域，相互敬畏，相互掣肘。现在，人无限制地扩张，人多了，占据的地盘大了，野生动物数量逐渐减少。

（七）腾格尔诺尔湖

6 月 21 日上午 10:30，从毕克齐机场起飞，进行第四次空勘，主要勘察区域的西部和北部地区。直升机跨过大青山，向西北方向飞至达尔罕茂明安联合旗。

达尔罕茂明安联合旗简称"达茂旗"，隶属包头市，地处中国北疆，是内蒙古 19 个边境旗（市）和 23 个牧业旗之一，距呼和浩特、包头二市分别为 150 公里和 160 公里，西与四子王旗接壤，北与蒙古国临界。全旗总面积 18 177 平方公里，12 万人，其中少数民族 1.83 万人（蒙古族 1.73 万人），辖 7 镇 1 苏木，有一望无际的广袤草原，有长达 88.6 公里的边界线和向北开放的满都拉—杭吉口岸，有 1.66 万平方公里的天然草场和 66.2 万亩的耕地。地下蕴藏着大量铁、稀土、煤炭、石油等矿产资源，已探明的金属、非金属矿产达 33 种之多。有闻名于世的乌兰察布岩画和印证蒙元文化的敖伦苏木城遗址。

从达茂旗继续朝西北飞，到格少庙，右转，再向东飞至乌尔塔扎拉格，北飞至阿木古郎牧场，再向西飞，这是直升机首次直接从阿木古郎牧场上空飞过。地势那叫一个平，草原那叫一个美，简直无法用语言形容，简直太棒了！

飞过阿木古郎牧场，西飞来到塔布河上空。从此处，沿塔布河上游朝东南望去，60 公里处就是大庙。从此处，沿塔布河下游朝北望去，30 公里处有查干淖尔和呼和淖尔两大湖泊，均是塔布河注入的内陆湖。由于此湖地理纬度偏高，离边界线不到 40 公里，西北边就是蒙古国，返回航迹在国外，故着陆场一般不会选择此处。另外直升机如果飞过去，会引起蒙古国边防部队的注意，不知会造成什么影响，故没有飞过去察看。

从此处继续朝西，飞越白音敖包，朝西飞 25 公里，来到四子王旗和达茂旗边界线，刚过边界线，眼前呈现一片水域，这就是腾格尔诺尔湖。腾格尔诺尔湖在达茂旗境内，是艾尔盖河注入的内陆湖，面积比四子王旗北部的两个湖略大些。风吹湖面，碧波荡漾，蓝色湖面衬托着空中的白云，让人感觉犹如身处世外桃源。

勘察途中我们看到，大草原中也有其他一些小水域，人们称之为"水泡子"。草原上的湖很有意思，有水的少，无水的多，但即使无水，地表也是潮湿的。湖心的草是淡黄色的，围绕湖心的草是浅绿的，再往外就变成绿色和深绿色了，地平线演变成了色带，远处一看，像一幅油画，我感觉人间所有的油画用的颜色也没有这里的自然、润滑和美妙。

总的感觉是这片大草原太平坦了，这儿的草原是方圆几百公里内最好的牧场。

（八）直升机赶羊群

下午勘察结束，准备返回机场。飞越大青山时，轻松的心态让人们有心情去欣赏大自然。途中你真能感受到"大青山"名称的由来，山中植被碧绿，这是整个山的基色，偶尔会发现群山脚下有小块平地和居民。

飞着飞着，我们发现直升机前面下方有一羊群，有几百只羊，毛色雪白，在夕阳的照射下泛着银光，甚是好看。放羊的人似乎不是骑马，而是骑摩托车。我对直升机驾驶员说："现在真是进步了，牧民放羊都用摩托车了。"驾驶员没有说话，前推驾驶杆，直升机下降，飞行高度低了一些，直冲羊群而去。

听到直升机的轰鸣声，羊全都耸起了耳朵，眼睛直视着空中的庞然大物，待直升机贴着地面轰然飞越羊群时，羊群这才惊恐失策，四处奔跑躲闪，从直升机朝下望去，羊群已变成一条条白色的射线，从一个原点辐射开来，形成了一幅美妙的图案（图7-4）。

图 7-4　直升机赶羊群

此时我才意识到，驾驶直升机也是可以赶羊群的，这是牧业中的新概念，想起刚才我还在驾驶员面前大谈特谈驾驶摩托车赶羊群的这种先进技术，现在才略有些惭愧。

赶完羊群，直升机继续飞行。直升机升高了一些，我的境界也升华了一些。我开始想，刚才之举，是否会对个别原来就患有神经衰弱的羊造成轻微伤害？

（九）惊马

此景刚过，我们又发现前面远处山间有一匹黑色骏马，毛发黑得发亮，被拴在一个木栓上，驾驶员略微下降了一些飞行高度，这样可以看得更清楚些。

可能从未见到过如此巨大的飞行物，黑马开始惊叫，同时伴随着跳跃。从飞机上看去，马的身体倒立，后蹄腾空，向天空踢踏，其阵势就像要挨着机身一样，甚为惊险。感觉归感觉，其实马踢出的后蹄，距正常飞行的直升机还远着呢，30多匹骏马接力脚踢也够不着。

三、鄂尔多斯高原

（一）初次感受河套

6月22日上午，直升机从毕克齐机场起飞，向西偏南，经土默特左旗、土默特右旗，从包头的南边飞至黄河上空。

黄河河面宽阔，河水浑沌，从颜色看便知，其含沙量很高。跨过黄河，进入河套，首先映入眼帘的是黄河南边的大片流沙。朝西飞，航线南侧就是河套内的达拉特旗（图7-5）。

图7-5　在鄂尔多斯高原空中拍摄

"达拉特"在蒙古语中意为肩胛骨,以表明该旗的地理位置,旧称鄂尔多斯左翼后旗,地处河套内黄河中游南岸中东部,东与准格尔旗接壤,西与杭锦旗搭界,北与包头市隔黄河相望(距34公里),南距鄂尔多斯市67公里,被誉为鄂尔多斯市的"北大门"。达拉特旗地处109°10′E～110°45′E,东西长133公里,40°00′N～40°30′N,南北宽66公里,全旗总面积8200平方公里,总人口34万,辖8个苏木(镇)。东西两侧均匀布列了近10条小河,河水都是从南朝北向黄河流淌,例如该旗东侧的罕台河、虎嘶太河,西侧的黑赖沟等,这些河流几乎恰好是8个苏木(镇)的分界线。地形南高北低,海拔由1500米降至1000米。达拉特分三大自然类区,南部属鄂尔多斯台地北端,占总面积的24%,系丘陵土石山区,土壤属栗钙土类,矿藏丰富,地势起伏较大,水土流失严重;中部为库布齐沙漠,占总面积的49%,土壤属沙壤土,宜林宜牧;北部为黄河冲积平原,占总面积的27%,地势平坦,土壤属灌淤草甸土类。该地带属温带大陆性气候,干燥少雨,昼夜温差大,年均气温6.1～7.1℃,年均降水量240～360毫米。

(二)响沙湾

该旗中部、库布齐沙漠东端有一个特别的地方,叫响沙湾。响沙湾沙高11米,宽400米,坡度为45°,地势呈弯月状,形成一个巨大的沙山回音壁,在干燥的条件下,沙子受到外界触动时就会发出一种像飞机掠顶而过的"嗡嗡嗡"轰鸣声,四季皆响,疑似怪兽出现,现象十分奇妙,堪称天下一绝。听说,人顺坡滑落,能听到"嘭嘭"之声;如果多人同时滑沙,效果更佳。沙鸣多则十多响,少则三五响。

传说以前这里有座寺庙,有一天夜里,疾风卷起沙石,将寺庙埋没,从此寺庙与世隔绝,但庙内喇嘛们仍天天击掌、吟诵、辩经、敲鼓、吹号,所以沙漠下面一直存在着响声,频谱宽阔,声音洪亮,故名"响沙湾"。

到底是什么原因造成发声呢?其实就是沙漠在此处落差大,地势变化快,由于各种气候和地理因素的影响,风大时,造成以石英为主的细沙粒因风吹而震动,沙滑落或相互碰撞时发声,众多沙粒在气流中旋转,风切变也会出声,如果风吹的表面下方有空洞，便会造成笛子、空竹效应，会吹出口哨声。总之，这属于沙漠自然现象。另外，响沙在夜间有荧光显现，格外神奇。不知道荧光是从哪里来的，是不是这里有一种萤火虫的变种，值得动物学家到此考究。

由于地处沙漠东端，沙丘又高大，比肩而立，可谓是大漠龙头，龙身向西，瀚海茫茫，一望无际，故响沙湾被誉为"大漠明珠"，可以说，库布齐沙漠是中国最美的沙漠之一。

响沙湾西4公里，于库布齐沙漠腹地处，有个展旦召大圐圙。圐圙是方言，读音是kū lüè，蒙古语音译词，又译为"库伦"，意思是土围墙。大圐圙东西长4公里，南北长1.5公里，有"沙漠绿洲"之称。

在大圐圙东南3.5公里处有当地最大的敖包——银肯敖包，每年阴历五月十三为敖包祭祀日，活动场面宏大威严。真可惜，今天是阴历五月初三，如果10天后我们在上空盘旋，牧民在敖包周围欢庆，那将是一种怎样的联动场景！

（三）库布齐沙漠

我们刚看到的沙漠，仅是库布齐沙漠的一小部分，真正的主体在达拉特旗和鄂尔多斯市连线的西面。

库布齐沙漠是中国第七大沙漠，在河套平原黄河"几"字弯里面，像一条黄龙横卧在鄂尔多斯高原北部，横跨杭锦旗、达拉特旗和准格尔旗三旗，形态以沙丘链和格状沙丘为主。"库布齐"为蒙语，意思是弓上的弦，黄河河套像弓，沙漠像弦。沙漠总面积约1.39万平方公里，长400公里，宽50公里，沙丘高10～60米，流动沙丘约占61%。

3000年前的西周时期，此处原来是库布齐草原，已出现人类居住的城镇。当时这里水系发达，森林丛生、草原成片、牛羊成群。后来因地球大气候变化、黄河冲积物堆聚、风沙输送增多，外加人为破坏严重，草原开始沉沦，沙漠开始形成，人员开始撤离，这里逐渐退化成了荒漠。

库布齐沙漠地势平坦，多为河漫滩地。气候类型属于中温带干旱、半干旱气候，夏天气温高，冬天气温低，昼夜温差大，气候干燥，年大风天数为25～35天。

库布齐沙漠是距北京最近的沙漠，冬春狂风肆虐，黄沙漫卷，在北京感受到的沙尘暴，大都是从库布齐沙漠输送空运过去的沙子。

（四）昭君城

直升机由达拉特旗朝西偏南飞，库布齐沙漠的一条窄沙带就在航线的下方，宽约 40 公里。沙带的北沿，黄河的南岸，有个地方叫昭君城。昭君城占地 1000 亩，城内有昭君坟，它是一座高 80 米、直径约 210 米的自然山丘。

王昭君，西汉南郡秭归（今湖北省宜昌市兴山县）人，被选入后宫成为宫女。公元前 33 年，南匈奴首领呼韩邪单于来长安拜见天子，元帝将昭君送给他，呼韩邪单于很是喜欢。昭君随夫出塞，来到这片草原。昭君为中国古代四大美女之一，传说昭君出塞途中，遇到南归大雁，大雁没见过如此美貌的女子，惊讶地忘记了飞翔，从空中掉了下来，这就是"沉鱼落雁"中的"落雁"的由来。昭君去世后，其埋葬的具体地点至今尚无法确定，故没有进行考古发掘。大家普遍认为在呼和浩特区南 12 公里，大黑河南岸处有个土坟，是王昭君之墓，因为在土坟周围发现过零星的汉瓦残片，后称那为昭君墓，因坟呈黛色，俗称青冢。"青冢"最早见于唐代李白、杜甫诗中，例如李白的"死留青冢使人嗟"、杜甫的"独留青冢向黄昏"等。经长期战乱，到中华人民共和国成立前夕，青冢只剩下孤单的墓体和几尊石碑。但昭君之墓是不是在呼和浩特，不一定。也可能黄河南岸的这个"昭君坟"才是其真正的墓地。

（五）沙漠绿洲与七星湖

沿着沙带南沿，继续向西偏南飞，飞至恩格贝镇。原来这里全是荒漠化土地，后来当地人搞绿化，逐渐形成了 30 万亩的沙漠绿洲，创造了人间奇迹。

飞至 109°00′E、40°13′N，南面就是塔然高勒。从这朝西望去，库布齐沙漠渐渐浩瀚起来，那就是库布齐的主体沙漠。由此向正西飞至 108°47′E 时，地面变成流沙与草原相间。飞至 108°25′E 时，池塘渐多，可能是从黄河引的水，也可能是下雨积攒的水。飞到 108°07′E，到达库布齐沙漠腹地。

由此向南飞。途中突然发现直升机左前方有一些反光的地方，驾驶员便驾机飞了过去。到近前才看清，这是沙漠中的一块世外绿洲，绿洲中有七个小湖，排列有序，星罗棋布，状如北斗，湖水旖旎，色彩碧绿，水鸟翔集，水草丰美，与沙漠浑然一体。从上空望去，犹如太空七星落凡，起名叫"七星湖"也不是不可以。

继续南飞，至 40°N，基本到达库布齐沙漠的南边缘，然后东飞，时不时看见有水的小池塘。

（六）杭锦旗

途中我们发现直升机南侧有个像乡镇模样的地方，飞过后不久便向南飞，飞近了才知道，那是杭锦旗。杭锦旗，旧称鄂尔多斯右翼后旗，位于鄂尔多斯市西部，西、北两面隔黄河与巴彦淖尔市相望，南邻鄂托克旗、乌审旗，东与鄂尔多斯市、达拉特旗、伊金霍洛旗接壤。地跨鄂尔多斯高原与河套平原，黄河自西向东流经全旗 242 公里，库布齐沙漠横亘东西，将全旗自然划分为北部沿河区和南部梁外区。地势南高北低，北部是黄河南岸的冲积平原，平均宽约 10 公里，地势平坦，海拔 1012～1080 米，毛布拉格孔兑沟入黄河处为杭锦旗地势最低点。中北部是库布齐沙漠，境内东西 180 公里，南北 40～70 公里，面积为 7668 平方公里，占土地总面积的 40%，海拔 1040～1360 米，西高东低，风沙地貌，地貌主要是新月形沙丘链、沙垄和蜂窝状沙丘。中南部地区是波状高平原和丘陵地带，海拔 1068～1619.5 米，乌兰布拉格是最高点。东南部为毛乌素沙漠边缘，海拔 1193～1550 米，以固定和半固定沙丘为主，流动沙丘很少。杭锦旗干旱少雨，十年九旱。全旗降水量由东向西递减，年降水量 245 毫米。风速一般较大，一般春季多见，最大风速达 28.7 米/秒，并伴随沙尘暴天气。全旗辖 7 个苏木（乡、镇），总面积 1.89 万平方公里，有 14 万人，其中汉族 11.4 万人，蒙古族等少数民族 2.6 万人，是一个以蒙古族为主体、汉族占多数的少数民族地区。我们刚才飞过的地域，就是杭锦旗的地盘。

我们从这掉头，向西南方向飞，准备直接飞往银川。

我们在飞行途中突然被告知，银川气象骤变，不能降落，便由此折回毕克齐机场。返回途中，丘少池多，一会儿是育林地带，一会儿是流沙地带。飞行高度是 30 米，故看地面看得特别清楚。

（七）王昭君墓

6 月 23 日，天气仍然不好，无法转场，故勘察队开车到王昭君墓、五塔寺、大昭寺了解一下当地的历史。这一天去的王昭君墓，规模比前一天我们在直升机上看到的昭君坟大。到底哪个是真的，说不清，也可能黄河北面的墓埋葬的是衣物，而黄河南岸的坟埋葬的是饰物。

（八）转场勘察

6 月 24 日上午天气转好，8:40 起飞转场并勘察。

直升机从毕克齐机场起飞，向西南方向飞去，斜穿河套北部，沿 22 日返回路线飞至杭锦旗东南方向，然后沿着 39°45′N 向西飞行。杭锦旗西南边的地带是库布齐沙漠和毛乌素沙漠中间的一块宝地，沙土相间，沙草相间，有流沙，有草地，地势广阔、平坦。流沙多时，路少；流沙少时，有路。牧民明显多了一些，有房屋。

（九）桌子山

飞至接近东经 107°E 时，开始见到有一片山屹立在那里。因刚才飞过来的地域都是平坦的沙漠、草原，突然此处地势上翘，横空出来一片山区，所以我们甚感好奇。从地图上看，原来这就是桌子山。

桌子山位于内蒙古乌海市东部，面积 2368 平方公里。山脉主体呈南北走向，由两条南北向平行的山脉组成，两山相距 10 公里。我们先看到的是东面的阿拉不素山，南北长 90 公里，东西宽 12～14 公里，海拔 1800 米，主峰桌子山海拔 2149 米，为鄂尔多斯的最高峰。后看到的是西面的甘德尔山，长 30 公里，宽 9 公里，海拔 1600 米。桌子山是阿尔巴斯山的组成部分，东与鄂尔多斯高原接壤，西距黄河 2 公里。桌子山山势雄伟，峰峦叠起，巍峨壮观，因其主峰山顶较平坦，远远望去，形状酷似桌子，山顶平如桌面，故得此名。此山被当地人奉为圣山，早在元代就在山顶建敖包，每年四季都有盛大的祭祀活动。

桌子山呈"V"字形的沟谷很多，切割深度多为 150～250 米，其毛尔沟、苏白音沟等大沟谷的谷底较平坦。毛尔沟口悬崖峭壁上刻制着岩画，苏白音沟西北口北部峭壁上也刻制着岩画，凿刻的位置在距离沟底约 15 米的底崖壁上，画面浅黄，站在沟底也能看得非常清楚。山周围还有迪延阿贵庙等名胜古迹。

周围低矮的丘地衬托着桌子山的高大。估计古时雄踞边关的铁将军，会坐在山顶这个桌子东侧，朝西方瞭望，无论刮风下雨，一直守护着内陆。

（十）"狮口逃生"

此处已是河套的最西边，或者说是鄂尔多斯高原的最西边，再朝西，就是黄河。直升机由此飞越黄河，对岸就是乌海市。我们在黄河上空，沿着黄河上游走向飞向南边。

黄河走廊开始变得狭窄，河的两岸陡立，巨石突出，犹如巨兽獠牙，从直升机机头朝南望去，宛如狮口大开，我们的直升机像是在狮子口腔中，正在朝外飞出，可谓"狮口逃生"。

当我们"杀出重围"时才想起，原来我们经过的是石嘴山，俗称"石嘴子"，因黄河两岸"山石突出如嘴"而得名，风光优美。石嘴山地理位置优越，地处宁东、蒙西两个中国千亿吨级煤田之间，是宁蒙陕乌金三角经济区的重要节点城市，西依贺兰山，东傍黄河水，是真正的依山傍水。

不一会儿，直升机飞入宁夏回族自治区。刚进入该地，便见黄河河床逐渐加宽，地势开阔了许多，这是黄河冲积的一块窄带平原。直升机的西侧出现了一座城市，那是石嘴山市。该市位居宁夏最北端，东临鄂尔多斯台地，西踞银川平原北部，为典型的温带大陆性气候，辖 2 个区 1 个县，总面积 5310 平方公里，湿地面积 415 平方公里，人口 80 万。

（十一）贺兰山

贺兰山脉位于宁夏与内蒙古的交界处，近南北走向，南北长 220 公里，东西宽 20～40 公里，山势雄伟，似群马奔腾。蒙语称骏马为"贺兰"，故名贺兰山。唐代韦蟾有诗云："贺兰山下果园成。"此诗句的出现时期比 13 世纪才崛起的蒙古人还早，故山的名字"贺兰"肯定还有其他缘由。

贺兰山南段山势平缓，三关口以北的北段山势较高，海拔 2000～3000 米，主峰敖包疙瘩海拔 3556 米。山体东侧巍峨壮观，峰峦重叠，崖谷险峻，向东可以俯瞰黄河河套和鄂尔多斯高原。山体西侧地势和缓，渐入阿拉善高原，这里有腾格里沙漠，再朝西偏北望去，便是雅布赖山，过了山，便是巴丹吉林沙漠，可见贺兰山是中国一条重要的自然地理分界线，山势的阻挡既削弱了西北高寒气流的东袭，阻止了潮湿的东南季风西进，又遏制了腾格里沙漠的东移。东西两侧的气候差异颇大，它不但是中国河流外流区与内流区的分水岭，还是季风气候和非季风气候的分界线，对银川平原发展成为"塞北江南"有着特殊贡献。

但设想公元前某个年代的某个冬季，西伯利亚吹来的风极大，把巴丹吉林沙漠、腾格里沙漠的沙子吹起一部分，越过贺兰山，跨过黄河，形成了今天河套内的库布齐沙漠和毛乌素沙漠，也不是不可能。

（十二）沙坡头

说起风，让人不由地想起贺兰山西南方向、腾格里沙漠南侧边缘、黄河北岸有一个神奇的地方，叫沙坡头。沙坡头位于宁夏中卫市境内，从字面就能看出，它是个坡，沙丘呈新月形，高 100 余米，山脚下便是滔滔黄河。当古人从百米高的沙山上往下滑落时，便会听到类似敲响钟鼓的沉闷之声。坡下有一眼清泉从沙山下汩汩流出，无论从沙山上滑下多少沙子也不能把它堵住。

相传以前这里是朔阳城，有一年城里闹元宵时，突然沙尘暴骤起，铺天盖地的黄沙将朔阳城埋没，形成了一个巨大的坟头。当坟头周围存在振动时，便会在坟头下的空城中形成反射激荡，引发的声响频率较低，从频谱分析推断，该城的尺度不小。将来有一天，闲来无事之时，来此开采，说不定会挖掘出一座历史古城和珍贵宝藏。如果我发现的是一座像意大利庞贝一样的古城，那该是怎样的一件惊天动地之事。

庞贝是意大利亚平宁半岛的一座古城，距罗马约 240 公里，离意大利南部那不勒斯不远，在维苏威火山东南脚下 10 公里处，西距风光绮丽的那不勒斯湾约 20 公里，是一座面海背山的避暑胜地。古城始建于公元前 4 世纪，公元 79 年毁于维苏威火山大爆发，整座城市被火山灰掩埋。在地下沉寂 1500 多年后，1594 年人们修建饮水渠时发现了一块刻有"庞贝"字样的石头，1707 年，人们在维苏威火山脚下一座花园里打井时，挖掘出三尊衣饰华丽的女性雕像，但没有人意识到，一座古城此刻正完整地密封在他们脚下占地近 65 公顷的火山岩屑中。1748 年，人们挖掘出了被火山灰包裹着的人体遗骸，这才意识到，公元 79 年维苏威火山的爆发掩埋了一座城市，从此庞贝古城展现在世人面前。庞贝城内有神奇的太阳神庙、巨大的斗兽场、恢宏的大剧院、灵验的巫师堂、新奇的蒸气浴室、众多的商铺以及娱乐场馆。我去庞贝时，又想起了中国的朔阳城。

11:15，我们转场至银川，入住贺兰山宾馆。挖掘古城的事，早已忘在脑后。

（十三）鄂托克旗

6 月 24 日 14:40 直升机又起飞，我们赴河套内鄂托克旗西北部勘察。

从银川起飞，沿黄河西岸、贺兰山东边的狭长平原走向飞行，经石嘴山市、乌海市上空，然后斜着跨过黄河，飞至 107°05′E、39°53′N，这是桌子山山脉的最北端，此处是一片戈壁。由此向东飞，进入鄂托克旗西北部。

鄂托克旗位于鄂尔多斯市西部，北靠杭锦旗，南临鄂托克前旗，西隔桌子山与乌海市相邻，东与乌审旗接壤。全旗 106°41′E～108°54′E，东西 188 公里，38°18′N～4011′N，南北 209 公里，总面积 20 064 平方公里，被誉为鄂尔多斯的西大门。地处鄂尔多斯高原西部，地势西北高东南低，海拔 1200～1900 米，总的地貌轮廓为，西北部为桌子山山地，中北部为多尔奔温都尔梁地，东南部是毛乌素沙漠。黄河流经其西北边缘，境内还有都思兔河，大小湖泊 25 个，较大的有查干淖尔、巴彦淖尔、乌日都音淖尔等。经济以牧业为主，各类草牧场面积 2400 多亩，牲畜有牛、马、驴、骡、骆驼、羊。

我们经公卡汉，飞到杭锦旗境界。飞至107°54′E，下方是成片的水草，由此向北飞至40°09′N，小片流沙渐多，但十分开阔，这已渐渐进入库布齐沙漠，由此向西飞，仍是平坦开阔的沙地。飞到107°E，完成勘察任务，便朝回飞。回程东侧再次看见桌子山。由此，沿黄河飞回银川，17:13落地。

一天飞了两个架次，头昏脑涨，浑身散架，以致晚饭都吃不下。

6月25日上午8:45直升机起飞，我们对河套内鄂托克旗西部区域进行了空勘。这块区域内有都思兔河，地平，多牧，沙少。

昨天和今天勘察的区域是河套内最平坦开阔的地方，是库布齐沙漠、毛乌素沙漠和黄河东岸包围着的一块宝地，也是我们最想在此寻找着陆场的地方。

（十四）土城

上午空勘结束后，我们返航，跨过黄河，返回银川途中见有一土城，十分别致，故决定下午驱车去实地考察一下。到后才知道，这是电影《红高粱》的拍摄外景地。

土城墙高八九米，用土一层一层夯成，下层估计有三米厚，高处渐薄，顶部圆突。城墙外表涂以泥巴，现已有脱落迹象。城墙围了一圈，方围有60亩地。有一拱形洞当出入口，从远处看，很有历史感，像是远古的遗迹，很具欺骗性。进入后，发现土城内有羊圈，难道这座城堡是给羊建的？再朝另一角落望去，有一土屋——原来有人。

（十五）沙湖求生存

随后我们驱车到了沙湖。沙湖位于石嘴山市平罗县境内，在塞北大漠之上有沙山，沙山之下有湖，湖心有岛，岛上有鸟。由于湖周沙地广泛分布，因此得名"沙湖"。我们一到这里，以为到了江南水乡，在这荒沙深处，有这么一块水域，实属世间罕见。此湖很有特色，湖上长有芦苇，一片一片的，形成了大小不一的小岛。这里原来根本就没有芦苇，据说这些芦苇是用飞机从南方运来的，从岸上望去，远处深不可测，也不知到了冬天，这些南方来的芦苇还能否存活至次年。湖中心有一孤岛，我们坐船渡水过去。岛上有沙山，沙山很高，气势十足，山的一面很陡，也很光滑，斜度估计有 42°，倾斜到沙子在坡上待不住的程度，至于沙子是从哪里运来的，我们不知道，也可能是自然产生的。从沙山顶部可以坐一滑板滑下来，速度很快，很刺激。

沙山顶有一个小姑娘，12 岁左右，梳一小辫，眉毛细弯，酒窝对称，拿一滑板，在山顶犹豫着，几次想要尝试，均作罢，她的恐惧感不减反升。时间过去了 6 分钟，她终于下定决心：下滑。滑至中间，速度渐快，再滑更快，速度终于达到了她无法掌控的程度，尽管她还在拼命地试图把握方向，但方向仍朝右侧偏了一点，就这一点，致使滑板与她一起滚动起来，待滑板从空中斜着插入沙坡时，姑娘还在快速地滚动，直到坡底，她才停止，最后状态是腹部朝上，两腿顺势落地。此时，她满脸是沙，长睫毛上顶着沙子，单侧酒窝里藏满沙子，口中也是沙子，露出的小肚脐里也包含着沙子。沙山的滋味，她"品尝"了个遍。

看完这幕景象，勘察队员中的个别人，拎着滑板，悄悄溜到一边，在山的另一侧下山了。剩下的我们也"顺利"地滑了下来。说真的，快，真快，真刺激！刚才说的"顺利"，其实是打折扣的，其他人都真的顺利，但我因过于追求快，所以最后失控，如同刚才那个小女孩一般，翻滚了三圈，头发里、脖子上均沾满了沙子。

无奈之下，我潜入湖水，在水下潜游，身上的沙土一洗而净。对水性略好的我来讲，水面太平了，不够刺激。试想，万一航天员应急降落在江河水面，如何求生存？刚才，我们算是提前试验了一次。结论是：危险性不大。但前提是，航天员必须会游泳。王立军是负责航天员选拔训练的，我们通过王立军得知，航天员全会游泳。上岸后，我们坐船从沙岛返回岸边。

航天员野外生存不仅仅是在江河中求生存，还得考虑自谋口粮，特别是在把飞船返回舱自身携带的食物全部吃完之后，搜救人员尚未到达之前。我们见湖边有些小水湾，估计里面有鱼，便模仿航天员，探索如何从大自然中获取补给，于是下竿开钓。参与模拟试验工作的有华仲春、王立军、魏珂垒、我。四个人四根竿、四条线、四个位置，同时垂钓，不一会儿便有了收获。太阳正在下山，夕阳映红了半边天，湖中芦苇成了美丽的剪影，我们准备收工。1 个小时的功夫诞生了众多头衔："最大的鱼""最多的鱼""最小的鱼"。最后，全部头衔均安在我一个人头上，令他人羡慕不已。我笑纳这些头衔之后，还得装得谦虚。王立军只钓了一条重约 0.3 两的鱼。仅凭此成绩，他还不便在航天员面前多次展示。此时，我填词一首：

柳梢青（河套迭沙）

河套迭沙。昭君雁沉，北墓南坟。

贺兰山下，狮口獠牙，土城藏侠。

少女一滑千碎。睁眼处，满腹残沙。

湖苇岸钓，华军魏王，花落谁家？

最后一个问题，答案显然是我。

（十六）百眼井

6 月 26～27 日赴河套内进行了两天地勘。

6 月 26 日从银川出发，经石嘴山市，跨过黄河，沿 109 国道，到达乌珠尔苏木。乌珠尔苏木原名棋盘井，在鄂托克旗西北部，面积 7.85 平方公里，人口 5500人。乌珠尔，蒙语意为"尖子"，因镇北有尖子山而得此名。1970 年后逐渐成煤矿区。

朝东北方向，经阿尔斯朗，到达石炮井，看名字便知这是指井。这一片全是草原，地下水丰富，挖不深，便见水。朝东南方向望去，不远处有个地方，叫百眼井，可想那会有多少井。井多，说明水多，更说明需要水的牛、羊、骆驼多。其实，百眼井里的水主要是供人喝的。经初步考证，百眼井在元、明、清时曾为屯兵和驿站开凿。一种说法是成吉思汗征西夏屯兵时开凿的，另一种说法是北宋大将杨六郎在这里屯兵时使用梅花枪开凿的。百眼井因在方圆一平方公里范围内有 20～100 米深的 108 眼井而得名，井的分布密度堪称世界之最。

到达公卡汉，偶尔会见到"种羊场"。这里的羊高大、雄伟，每天的劳作极其艰辛，劳动强度极其繁重。这里的经济以牧业为主，所见羊群远远超过四子王旗阿木古郎牧场地区，白山羊的羊绒洁白光亮，是生产"开司米"（一种羊绒衫）的最佳高档原料。该区牧民较富裕，曾出现过羊绒价格赛黄金的事，牧民骑摩托车放牧现象较为常见。

由此北上，至达克力，然后奔向东北方向，至伊克乌素。这是一片平坦的大草原，东边还有条河，河水少，流向北方，不久便深入沙漠。站在这朝北看，远处便是库布齐沙漠。这是我们地勘的最北端。

从此向东偏南，一路两侧全是平坦的草原，有点像四子王旗那边的样子。在路北边见一不小的湖，名叫乌兰陶日木，在这见到湖，实属不易。此处除了牧场外，在小湖泊边也有平整的耕地，大都种植莜麦等耐寒作物。

草原上路面大多平整松软，连简易车道都能通过普通汽车，整个草原都可以通行越野车辆。再继续朝东偏南行驶，到杭锦旗。这里是旗所在地，但房子不多，破旧是土基调。

（十七）搓板路

从杭锦旗出来，朝南偏东，到达独贵其日格，之后来到一条大道上。这条大道就是 109 国道，是从鄂尔多斯市过来的一条公路。我们从独贵其日格右转，沿 109 国道，奔向西南方向。我们一般不愿在国道上跑，因为大都是"搓板路"。

所谓"搓板路"，就是路面不平，但不平得很有规则，就跟正弦波浪一样，波峰与波峰相距半米左右，波谷与波谷相距也是半米左右，沿路的方向望去，就如同一块矩形长条搓板。车行走其上，如果速度慢，车轮刚掉至波谷，或者说掉到坑里，马上就会撞在前面的波峰上升沿，车就会被弹起，弹起再落时，正好又是波谷，这样循环往复，颠得人极其难受。如果速度快，车轮几乎都在波峰，即车还没来得及落，又到了第二个波峰，这样车颠的幅度小点，但由于高频撞击轴承，很易毁车。后来有经验了，一看上国道了，就马上离开国道，找路边的路走，有时反而好走，平均时速在 45 公里。

一路两侧全是草原，地势平坦，以沙土为主。路过了巴彦淖尔、察汗淖尔，这些都是小湖，低洼地，周围水草丰满。

（十八）夜宿鄂托克旗

过了察汗淖尔，朝西南方向开去，不久，便来到鄂托克旗。

鄂托克旗的规模不如杭锦旗大。其实，鄂托克旗在古代可是一块引人瞩目的古老土地，具有悠久神秘的历史、灿烂神奇的文化。其位于鄂尔多斯市西部，东邻杭锦旗，西连宁夏，隔黄河与石嘴山市和阿拉善盟相望，南接乌审旗和鄂托克前旗，西北接乌海市。全旗南北长 209 公里，东西宽 188 公里，总面积 2.1 万平方公里，10.3 万人，是以蒙古族为主体、汉族占多数的少数民族聚居区。这里有地质遗迹——恐龙足迹化石群和被誉为"草原石窟"的阿尔寨石窟；这里是成吉思汗留下最后足迹的地方，是成吉思汗圣火传承之地；这里自古以来先后有匈奴、突厥、党项、蒙古等游牧民族繁衍生息，创造了举世闻名的游牧文化、农耕文化、草原文化。

天色已暗，一天的行程已达 520 公里，故在旗上找了一家旅店住下。旅店极其简陋，有点像古时的客栈，感觉深夜随时会有土匪前来劫货。再细一想，不对，现在是和平年代，不该再有土匪了，可能是电影看多了。思想放松了，颠簸了一天也累了，便睡着了。

据说鄂托克人的祖先来自成吉思汗宫廷，传承了蒙古民族的优秀文化，一是宫廷礼仪文化，鄂托克旗是蒙古族传统礼仪保存得较为完整的地区之一，歌舞、服饰、饮食具有元朝宫廷文化的独特色彩，特别是古老的鄂托克婚礼仪式，展示了鄂尔多斯蒙古族婚俗礼仪的神秘和壮美亮丽，该婚礼仪式应该申请国家级非物质文化遗产；二是祭祀文化，成吉思汗祭祀渗透于此，使鄂托克民族民间文化中祭祀文化色彩非常突出；三是草原文化，辽阔的草原使这里的文化具有浓郁的草原风格，那达慕会便是特色之一，小孩从小骑马，在那达慕盛会上一跑就是百十来华里，这在周围旗镇很少见。

夜里，我梦见鄂托克旗人在唱歌跳舞，在骑马。突然，从东面来了一队人马，像是土匪，抢了马背上的小孩就跑。鄂托克人马上端起了猎枪，准备射击，我突然想到，万一打到小孩怎么办，心一急，便吓醒了。原来在做梦。

（十九）毛乌素沙漠

我早上醒来，见周围萧条一片，心想，历史变迁得真快。

从鄂托克旗朝东南部望去，便是著名的毛乌素沙漠。毛乌素沙漠的南部，就是一段从银川、盐池到定边、靖边、榆林、河曲的朝南凸出的长城。因东南方向全是沙漠，我们的目标也不是那里，故没再去勘察，而是沿着毛乌素沙漠的西北边缘，奔向西南方向勘察。

沿途，路的南边是无边的沙漠，路的北边是沙土草原，形成了鲜明的对照。途中遇到一条河，东西走向，这就是著名的都思兔河，也叫都思图河。这条河属黄河支流，位于鄂托克旗西部。都思兔河源于包日浩晓苏木海流图滩，全长 156 公里，宽 50～100 米，流域面积 8300 余平方公里。流域内水草丰美，树木繁多，是良好的放牧场。

奔西，我们来到布隆庙，由此北上，再次跨过都思兔河。果然，河的两岸的确是长势喜人的草原。再朝北偏西，到达赛乌苏，也叫卡拉库尔种羊场。

（二十）古老残遗

从此朝东偏北行进，一路平坦，全是草原，甚是好看。选择这条路线，主要是为了勘察昨天勘察路线包围的区域的中间地带。

来到新召，这里有古老残遗濒危植物、草原向荒漠过渡的植被带和多样的生态系统，至今还保留着第三纪的残遗植物，有许多未曾揭开的谜，是综合性自然保护区。现已查明这里的野生植物有 335 种，分属 65 科、188 属，如国家重点保护植物四合木、半日花、绵刺、沙冬青、革包菊、胡杨。保护区南北长约 105 公里，东西宽约 86 公里，总面积 55.85 万公顷，主要在鄂托克旗阿尔巴斯、新召、公其日嘎、蒙西、棋盘井等地，故我们昨天、今天看的地方，全在保护区内。新召是我们今天勘察的最北边，周围都是残遗珍贵植物的地方。我们开始吃午饭，即泡方便面，辅以榨菜。此时已是 15:15，难怪饿了。饭后，车队从这朝南偏东，来到一条大道上。

这条大道就是 109 国道。从这右转，沿 109 国道奔西，身后不远处，即东边，便是昨天傍晚通过的察汗淖尔。一上国道，颠簸的感觉再次出现，车震得能让人把肠子都吐出来，刚吃的方便面随时可以上升至嗓子眼，实在是不堪忍受。"搓板路"不是让人"刻骨"，而是"刻心"。大家经常说的一句话是："又上国道了!"国道意味着难受。

司机无奈，只好再下国道，在路边重新寻找新路，以便通过。就这样，终于熬回到赛乌苏。

从赛乌苏奔西北，返回至乌珠尔苏木。

109 国道依旧难走。头疼得如炸裂一般，我们坐车的都这样，开车的司机的艰难程度可想而知。路的确难走，故耗费的时间很长。此时已接近黄昏。尽管路难走，但沿途两侧几乎全是草原，十分平缓，偶尔有几处起伏。部分地区是沙草相间，对着陆无妨。摄影师将环境纳入镜头之中（图 7-6）。

图 7-6　魏珂垒在地面拍摄

将来如果选这里作为着陆场，让直升机救援，航天员才会好受一些。如果用车辆救援，也需要用好车，否则需要修路。

（二十一）野兔撞车

到了乌珠尔苏木，就意味着我们的地勘任务完成了，总算是可以放松一下了，但大家依旧感觉很难受。天色已晚，队伍向西南方向奔去。

归途中，骤然风起，短时间内上升至六级以上，沙子越过柏油公路从北吹向南边。车队在行进，我们在考虑：如果载人飞船返回时也遇到这种天气该怎么办？

就在这时，突然从路边蹿出一只野兔，试图穿过公路，刚好撞在2号车前面的保险杠上。车停下来，我们下车观看，发现兔子死了。我们用一纸板将其包住，寻一敖包山头，将其安顿好。

一天下来，司机开车开累了，换王文宝开。他开车离合顺，加速匀，油门均，刹车稳。

6月27日，行程480公里，和26日的行程加起来，总共有1000公里。

四、勘察小结

在勘察过程中，我们对典型的地形地貌都做了记录、录像和摄影，对当地的气候、交通、人口等情况进行了资料收集和了解。

勘察结果表明：在四子王旗阿木古郎牧场地区以北，以纬度42°为分界可划出南北两个区域，即阿木古郎牧场区（东西宽83公里，南北长55公里）和阿木古郎正南区（东西宽150公里，南北长46公里）。鄂尔多斯高原西部地区也可以以纬线39°30′N为分界划出南北两个区域，即公卡汉地区（东西宽98公里，南北长64公里）和南边的地区（东西宽65公里，南北长36公里），在这四个区域内各自选出30公里×18公里的着陆场是不困难的。

第八章 海上回收大讨论

一、苏美陆洋迎天外

苏联载人航天发展最早，其拥有优越的地理条件，国土横跨欧亚大陆，幅员辽阔，地处高纬，经度横跨190°（即使俄罗斯经度跨度也有150°），平原多，草原多，可选面积大，着陆场可在轨道的弧顶处选择——有广阔的哈萨克斯坦草原。同时，以往的战略导弹试验靶场和卫星回收区也在内陆，载人飞船的回收具有良好的继承性，其回收方式也采用陆上回收，着陆场选在拜科努尔航天发射场东北方向500～1100公里的一片草原上（卡拉干达地区），即66°E～74°E，东西约600公里，46°N～52°N，南北约700公里，总面积42万平方公里，飞船可以连续3圈在此区域降落，返回机会多，适应效果好。同时，苏联空军力量强，预警能力强，搜救力量强。"东方"系列后期飞船、"上升"系列飞船及"联盟"系列飞船均在此区域着陆。

美国大部分地处低纬地区，无法像苏联那样在陆地上十分方便地选择着陆场，但全球海洋面积却要大得多，低纬、高纬都有，且美国在全球各地都有军事基地可以依托，海军和空军力量雄厚，机动性好。美国从20世纪60年代至70年代，先后发射了"水星""双子星座""阿波罗"三种系列的载人飞船，它们都在肯尼迪航天中心发射，均选择在海上回收（美国返回式卫星也选在海上溅落，有时直升机在其溅落前便在空中将其回收）。着陆场有三处海域：一是大西洋海域，位于64°15′W～68°37′W、19°30′N～21°26′N，范围约210公里×460公里，"水星"系列初期飞船、"双子星座"系列飞船、"阿波罗"系列初期飞船均在此海域溅落；二是北太平洋海域，位于174°29′W～176°35′W、27°23′N～32°6′N，范围约520公里×200公里，"水星"系列后期飞船在此海域溅落；三是南太平洋海域，位于175°W28°S附近，即新西兰和萨摩亚群岛之间的海域，"阿波罗"系列后期飞船在此海域溅落。

同样是载人飞船回收，为什么美国与苏联的做法截然不同？美国为什么选择了海上回收？除了上面谈到的原因外，是否还有其他原因？美国密歇根大学的一位教授曾经对水上着陆和陆上着陆的优缺点进行了专门的分析研究：①航天器只有很少一部分航迹投影经过美国陆地，若使航天器在陆上着陆，就要采用大升阻比航天器，使其具有较大的偏航能力，离开原轨道面较大距离，在陆上着陆场着陆。当时中、小升阻比的航天器，虽具有一定的偏航能力，但这就要增加陆上着陆场的数量，相比之下，水上着陆具有更多的返回机会。②水上着陆可以减少航天员的工作负荷。水上着陆对着陆点精度的要求相对于陆上的要求来说较低，飞行器上的导航和计算设备可以相应简化；陆上着陆飞行器比水上着陆飞行器更加复杂，而且要求航天员在再入阶段进行较多的操作控制，为此，航天员必须进行更多的操作训练。③如何解决飞船舱口临水（而不是临空气）的难题，是水上着陆必须面对的。美国设计了一种飞船溅落时打开的飞船扶正装置，为水上着陆铺平了道路。④美国在大西洋和太平洋上以及海外军事基地派驻了强大的海军力量，可直接服务于飞船的海上回收，因此，美国有条件选择海上回收。这就是美国选择海上溅落的原因。

中国纬度低，大陆经度跨度仅 60°，且大部分地区是山区、高原、丘陵，而不是平原，在这些方面，中国与美国相似，故中国在陆上选着陆场很难。应该承认，即使牺牲了科学应用对地观测需求、与国际合作的需求，降低了轨道倾角，在我国北部可供选择的地域仍然很少，因为中国大片的平坦土地实在太少，勘察过程就是体会选择艰难的过程，国外载人航天的经验启发我们去进一步思考：中国能否在中国海域设立溅落区，让飞船返回舱溅落在海上？鉴于此，提出能否在我国近海回收的命题，就好理解了。

二、海上回收话由来

早在 1993 年 3 月于河南地勘结束，发现河南作为着陆场有问题准备改轨道倾角时，国防科工委沈荣骏副主任就提出了一些设想："看起来是只改变了轨道倾角，但实际上是涉及方方面面。重点是保证主场，副场不一定非得相邻圈次，但场地要好，42°和 52°应联系起来搞。可以先选着陆场，后选轨道倾角。能否介于苏美之间，即在近海回收，以陆上测量为主、陆上直升机搜索为主，用小船打捞？"

7月6日，勘察队向国防科工委首长汇报内蒙古四子王旗和河套的勘察情况。沈荣骏副主任、王永志总师、李元正、赵起增、921工程办公室王盛涛主任、外事局吴代明副局长、陈炳忠副总师等领导听取了汇报。

与会领导首先观看了8.5分钟的勘察录像片，之后由着陆场系统祁思禹副总师汇报了着陆场勘察情况，邸乃庸、我、王立军等进行了补充汇报。

王永志总师指出："着陆场选择是个最综合的问题，考虑会有个过程。尽最大的可能来考虑航天员的安全是选择着陆场的标准；关键是要尽快回来，怕的是主动段和第一圈出问题。落的地点很重要，落的安全性很重要，如果选52°的河南，选到了人口最密集的地方，落的安全性就不算好。在内蒙古北部找一块大范围的场区是可能的。说实在的，着陆场如果只有±15公里不保险，俄罗斯载人航天多年后还有散布大的情况，故选场的余地要大。航天员只要活着回来，就是成功。"

王永志总师提到"航天员只要活着回来，就是成功"，这是有深刻含义的，也是载人航天最难完成的事。记得在1992年9月21日中央政治局常委会听取载人航天工程技术经济可行性论证结果，在被问到苏联和美国分别于哪年将人送入太空，以及相关情况时，王永志总师当时回答说："是1961年，美国晚一年，苏、美载人航天发射返回分别殉难了4名和7名宇航员。"

王永志总师提到的苏联殉难的4名宇航员分别是：1967年4月23日弗拉基米尔·科马罗夫乘坐未完全建造好的联盟号飞船升空，24小时后返回地球着陆时主伞没有如期弹出，返回舱硬着陆，他遇难身亡；1971年6月29日，苏联联盟号飞船与礼炮号空间站对接飞行24天后，宇航员格奥尔基·科马罗夫、弗拉基米尔·沃尔科夫和维克托·帕沙耶夫返回地面，在归途中因密封舱漏气，同时又没穿宇航服，结果3名宇航员在舱内丧生。1986年1月28日在挑战者号航天飞机起飞后73秒，在16.6公里高度因低温造成固体助推器密封圈失效，火焰外泄引发外挂燃料箱凌空爆炸，美国的7名宇航员全部殉难。从1961年苏联宇航员加加林首次进入太空到1986年美国挑战者号航天飞机失事，共进行了116次载人飞行，发生事故13起，其中发射上升段4起，占30.77%，运行段3起，占

23.08%，返回段 6 起，占 46.15%。在 13 次故障中，宇航员殉难的有 3 次，共牺牲 11 人，占 116 次载人人数的 3.3%，比乘坐飞机殉难的比例高 157～314 倍。

另外，在这次汇报会 10 年半之后，即 2003 年 2 月 1 日，美国哥伦比亚号航天飞机又出现重大事故，航天飞机在起飞时由于外部燃料箱脱落的泡沫材料击中了航天飞机左翼，致使左翼隔热瓦受到损伤并形成了孔洞，航天飞机在返航途中解体坠毁，7 名宇航员全部遇难。

除了上述 18 名宇航员以外，地面试验时也有 4 名宇航员牺牲。1961 年 3 月 23 日，被确定为苏联第一个上太空的宇航员邦达连科在用酒精擦完身上固定过传感器的部位后，顺手将它扔到一块电极板上，结果引起舱内燃起大火，他被严重烧伤，10 小时后死亡。1967 年 1 月 27 日，3 位美国宇航员在阿波罗 1 号飞船登月任务训练时，因电路火花引起舱内失火，宇航员格斯·格里索姆、爱德华·怀特和罗格·查菲全部被烧死。

这样算起来，载人航天史上共有 22 名宇航员殉难，其中苏联 5 名、美国 17 名。这说明在载人航天事业中，宇航员是高危职业，如果设计不好、考虑不周，宇航员就会有生命危险。所以说，安全是第一位的，也是最关键的。中央专委 4 号文件专门提到："经技术经济可行性论证，要求在确保航天员安全的前提下，体现中国特色。"即特别强调安全！这与王永志总师一贯强调的观点不谋而合，"安全"这两个字曾在王永志总师 1992 年 2 月 20 日的笔记本上以这种方式出现过："加一条指导思想：在安全可靠基础上体现技术进步和中国特色，最终从总体上体现技术进步和中国特色。一抓紧，二质量，进度服从质量！"

李元正认为："选着陆场得先定原则，赞同以优先考虑航天员安全为重要因素，勘察工作暂告一段落，应尽快召开大总体协调会，以确定大的方案。"

沈荣骏副主任最后指出："在中国的北方地区（即内蒙古）可以选到一个着陆场，要距离国境线远点，倾向于四子王旗。考虑问题的出发点，不仅仅是在选着陆场，而是在考虑整个工程大系统的问题。选择着陆场的标准，首先是要完成任务，完成任务的首要标志就是航天员的安全，在此基础上再考虑工程应用。选择着陆场的原则，是给航天员更多的返回机会。轨道倾角是大系统的主要问题，要从总体和全局上综合考虑，要作为一个专题研究，尽早确定下来。着陆场设备要机动，不宜搞大型地面建筑。初期飞行试验要立足在陆海测控网。近海回收要研究一下，希望陆上、海上都做一下方案，进行一下比较。"

三、百家争鸣惜弃海

（一）胸怀

西安中心论证人员返回西安后于 7 月 14 日向西安中心领导汇报了测控网设计变化和着陆场选择存在的问题。听取汇报的有西安中心郝岩主任、薛菊荣书记、李恒星副主任、巫致中副总工程师、陈严彬、许四林、贾金玉等。

杨开忠汇报了测控网布局情况："52°倾角对应的测控网是 6 个测控站、5 艘测量船、3 个返回测量活动站，测控覆盖率 12%，通信覆盖率 14.9%；如果改为 42°倾角，对应的陆上 6 个测控站要有变化，需要上胶东站，下长春站。"

西安中心技术部设备室姜家持汇报了上升段测控方案："52°对应的上升段测控站是渭南和厦门，需要上有限电扫反射雷达；如果改为 42°，测控站则是渭南站和胶东站，洛阳跟踪与通信技术研究所建议胶东站设在青岛。"

张殷龙副总工程师谈了测控网中的中心建设情况、测控通信存在的主要问题。

祁思禹汇报了着陆场的勘察情况，谈到了存在的问题："一是陆上应急救生问题，二是应急救生大队问题，三是近海回收问题。"

郝岩主任听完大家的汇报后，提出了自己的看法："一是不要只从中心发展需要出发考虑问题，更要从整个工程如何最优考虑问题；二是从完成任务的角度出发，在原方案基础上进行技术衔接，胶东站倾向于放在青岛；三是选择着陆场要考虑航天员和搜救人员怎样生存的问题；四是应急救生大队可以和主、副场统一考虑；五是近海回收是有眼光的，因为将来开展空间应用不是小倾角，是要回归到大倾角的，但海上的关键是要能把飞船尽快找到并能捞起来，这是很难的。"从郝岩主任的讲话中可以看出，他的胸怀是大的，他的认识是前瞻的。

另外，从大家意见的交互来看，着陆场是选在陆上还是选在海上，不同的领导、不同的专家，意见是不一样的。

（二）百家争鸣

7月6日勘察汇报后，工程总体和各有关系统根据沈荣骏副主任的意见，对着陆场的陆上、海上选择展开了大讨论，各方的思想极为活跃。

着陆场选择需要考虑火箭射面、上升段救生、海上救生、第一圈出故障后能否及时返回、运行段返回机会的多少、测控网布局等。如果选择倾角50°～60°，则选河南中原，而中原人多，房多，树多，故此方案不行；如降低倾角至42°左右，则会影响应用系统的对地观测范围，又会改变测控网布局，将来工程成熟了，到了应用阶段，还需要再调回到高倾角；而如果选在中国近海，中国海岸线长，轨迹穿过的机会多，返回机会多，同时海上灵活，正常和应急情况都可在海上落，另外，高、低倾角都可适应，但溅落海里后能否快速找到并捞起返回舱、保证航天员的安全？这又是个问题。

如果真选42°倾角，中国北方的东风地区、通辽地区也都较平，选哪里？倾角如果低于42°，上升段航迹将穿过日本岛，另外发射场纬度在41°，倾角也没有多少下降空间了，而倾角大于43°，其轨道弧顶又过了中国北部边界，使返回舱返回轨迹落在蒙古国。

所有这些问题一股脑压在航天专家头上，让人一时难以理出头绪，每个人都感觉到了难。不同的领导和专家有不同的看法，真是百家争鸣。

选在海上的理由也是很充分的，沈荣骏副主任认为："苏联地盘大，但沿海少，故选了陆上着陆场。美国有大西洋、太平洋，海军力量强大，故选了海上着陆场。我国海岸线长，可落的区域多，灵活性强，适应面广，正常和应急都可以朝海上落。如果选大倾角，内陆没有好的场地，凡内陆平的地方，都是人多的地方，人少的地方都是山区。试验初期可选小倾角，也可在中国北方选出着陆场，但工程将来进入应用阶段，还得打大倾角，有可能逼着你朝海上去落。如果海上不行，那么海上应急救生就等于零。"从此可以看出，这些思考是相当严谨的，逻辑上是相当严密的，是从宏观大局考虑的，是从历史长远打算的，是从载人航天未来的必然发展谋划的。

但飞船系统、航天员系统、着陆场系统的专家均认为，海上回收较陆上回收危险性大，特别是在载人航天初期，对航天员的安全是不利的。

着陆场系统专家认为："海况复杂，我国海上搜救力量弱，陆上飞机救援受限，陆上直升机增援航程短，搜救时间短，故海上回收风险大、困难多。"

飞船回收专家王汉泉认为："在海上回收的话，海上作业相当困难，有航天员呛水、返回舱进水等问题。中国陆地这么大，最好不要选在海上。"

飞船副总师王壮提到："海上做过试验，海上危险性大，海况复杂，浪大，咱的海军能力、空军能力不强。通过某次型号任务在海上的经历来看，海上打捞和现场处置都很困难。从直升机上看，海水染色不明显，烟也不明显，反光镜和海水同时反射，直升机分辨不清，返回舱吃水深，容易灌水，海情比陆上变化大，故能否不将海上回收作为重点？陆上，咱有返回式卫星的回收经验，好办些。"

航天员系统专家解大青认为："海上打捞困难，危险性大，返回舱落在海上，航天员得从舱里出来，航天员出舱时怕舱体灌水。航天员需要在 $16 \sim 17℃$ 的海水中浸泡 $6 \sim 7$ 个小时，海上抗浸防寒服很复杂，原来的舱内航天服没有考虑这么复杂。美国甚至还训练宇航员在舱体沉水后如何逃生。"

航天员系统副总师孙金镖也认为："航天员的抗浸、抗寒能力比较差，海上回收危险性大。"

从以上各系统专家的发言中可以看出，如果在海上回收，在具体实施时，各系统有很多困难，大家对航天员将会面临的安全性心里没底。同时我们也可以感觉到，尽管大家的意见不一致，但整个工程的技术民主是处处存在的。

（三）放弃海上回收

面对如此错综复杂的着陆场选择方案，大家依据王永志总师提出的选择着陆场"尽最大可能来考虑航天员的安全"标准，以及沈荣骏副主任提出的"首先要确保航天员安全，这是完成任务的最重要标志"，通过分析、论证和比较，排除了河南中原地区，初期试验放弃了在海上溅落返回的设想。

四、调至内蒙古专委裁

（一）第二次大总体协调会

7月26日，921工程第二次大总体协调会在北京召开，重点研究、协调和解决涉及测控通信和着陆场系统总体技术方案相关重大问题，王永志总师、陈炳忠副总师主持会议，丁衡高主任、沈荣骏副主任、刘纪原总经理等出席，参会人员120多人。会议明确了飞船正常返回方式、轨道倾角范围、主场选址范围、副场选址原则等问题。通过这次会议，大家认可了1993年6月的勘察结论。这些意见在7月29日召开的921工程第二次总指挥总师联席会上审议通过。会议明确：一是初期试验以陆上返回作为正常返回方式，轨道倾角范围为$43° \pm 1°$；二是载人飞船万一采用弹道式返回，着陆场区仍要与升力控制返回的着陆场区一致；三是主场区在内蒙古自治区阿木古郎地区、鄂尔多斯高原西部地区选择；四是副场为主场的气象备用着陆场，为保证返回的跟踪测控，应尽可能在主场区同一返回轨迹上选择。

（二）第三次大总体协调会

1993年10月5日，921工程第三次大总体协调会在北京召开，重点围绕载人飞船系统，协调其与航天员系统、空间应用系统和运载火箭系统之间的技术要求与接口关系。王永志总师、陈炳忠副总师主持会议，丁衡高主任、沈荣骏副主任、刘纪原总经理、中国科学院严义埙副院长等出席，参会人员140多人。

王永志总师在会上说："飞船方案定为三舱、两翼、圆伞，飞船要有中国特色。飞行试验方案，三发无人、一发有人、一发备份，第三发要向有人靠拢。着陆场定在阿木古郎一带。海上救生区扩大了，应急救生时间放宽至24小时。方案周到细致，不宜轻易反复，进度要'争8保9'。"

刘纪原说："中央很重视，921 工程来之不易，进度、要求、经费不能变。方案基本合理，总体工作很重要，重大问题不能老拖，方案明年完成。要顾全大局，要考虑到政治，技术问题要全力以赴。"

沈荣骏指出："一个国家要维持一定的实力才有发言权，两弹一星、载人航天均如此。下步要坚持五个原则，即局部服从大局、质量服从进度、需要服从可能、当前服从长远、科学求是大力协同。体现中国特色，体现技术进步，要扩大影响，'争 8 保 9'不能变，要千方百计把时间抢回来，发射场的建设是短线，要做到'三不'，即不突破时间、不突破经费、不突破指标。安全可靠是工作的前提，苏联、美国是打可靠性，因为它们打的次数多，我们中国是打检验性。已向中央专委做了方案报告，大家要重视，总体方案不能再变了，该定了。此次大会难度大，收获也大，大家相互理解就好办。关键技术要落实，计划要落实，基建要落实。"

会议明确以阿木古郎地区作为主场开展各项工作，东风地区是否可以作为主场的问题，待对返回舱跟踪测控等条件进行分析研究后再议。

（三）着陆场论证方案评审

1994 年 1 月 30 日，着陆场系统完成方案论证报告评审稿。2 月 16～17 日，国防科工委主管部门组织召开了着陆场系统论证方案评审会。评审委员会主任由陈芳允院士担任，副主任由杨震明、刘蕴才（洛阳跟踪与通信技术研究所）担任，成员有何向起、陈福阳、余梦伦、张健、邢春圃（酒泉中心副总师）、杨仁清、张凤翔（西安中心总师）、张殷龙、边居廉（洛阳跟踪与通信技术研究所）、许鼎阜（洛阳跟踪与通信技术研究所）、魏金河、王方德（北京指控中心）、陈来兴、施平超。会上谈到了着陆场选择问题。

五院张健提出："如果副场选在鄂尔多斯，就要考虑副场返回测控与主场返回测控的交融问题。"

陈炳忠提出："主场和副场在一条线上好些，但这还需要深入研究。"

邸乃庸认为："副场与应急救生有区别，副场应以正常返回为准则和要求来对待。如果主场、副场同一圈返回，同一条线上的测控条件好保障。"

何向起在发言中提出了许多对我们有启发的观点："着陆场的关键问题是通信保障，即知道落点的位置。你们在论证中有点封闭，实际上载人航天工程是全国、全军、全党的大事，本来你们在本系统中认为是困难的问题，但放在中央军委、总部来办，可能是很好解决的问题。我军有许多快速反应部队，可以用于返回搜救，海上也有搜救中心，发动全国人民的力量参与搜救，是中国特色，有可能一个电话就能解决问题。"

夏南银说："正常返回应是按计划的、有制动返回测量条件下的返回。"

最后，刘蕴才代表评审委员会宣读了评审意见，认为：着陆场系统综合性强，设计指导思想正确。分析论证全面，副场与主场的关系尚需进一步厘清。建议尽量使用我国通信卫星。上升段应急救生区的划分是合适的，设备应适当减少。上升段海上的应急救生，飞机、舰船是必需的。第二圈选遂宁作为应急区是适宜的。着陆场指挥关系基本是明确的，但与北京中心的关系尚需明确。建议工程总体加强对外协调，充分利用全国、全军的力量。方案是可行的，需对方案进行进一步修改完善。

沈荣骏在会上做了讲话："完全同意评审委员会的意见，认为方案基本可行。着陆场有两大块，一是正常返回（主场、副场），二是应急回收（上升段应急、运行段应急，很复杂）。关于应急问题，最重要的是压缩应急回收力量。海况在应急情况下不必考虑太复杂，因为我们飞行次数不多，可以选好天。要千方百计地在国内陆上回收，应急问题大都有个过程，这就可能使我们有充足的处理时间。关于通信问题，未来的通信终端会越来越小，自定位是最重要的。仅靠布设的有限电扫反射雷达，没有测量覆盖的空隙很大，故需要考虑自定位和通信。如果能实现上述办法，心里就更踏实。关于组织指挥关系问题，思路是对的，但考虑得过于复杂，可能由国家机构来统一指挥更好，故指挥层次要简化，多了会误事。将来以军队为主（大军区、军分区、民兵），在地方政府的支持下来办，由陆海空协同来办。着陆场系统是靠命令来解决问题的，这与技术有关，但不是技术问题。本次评审会完了以后，要组织向党中央、国务院、总部、外交部汇报。"

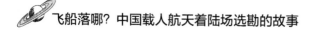

本次会议把着陆场系统的大事基本定下来了，遗留问题主要是厘清副场与主场的关系。1994 年 3 月 20 日，着陆场系统形成《921 工程着陆场系统方案论证报告》报批版本并上报。

（四）中央专委同意调整

1994 年 4 月 13 日，中央专委召开会议，听取国防科工委关于 921 工程进展情况的汇报。国防科工委主任丁衡高、副主任沈荣骏、工程总师王永志汇报了着陆场的选择情况，提出的建议是：载人航天工程初期阶段着陆场由河南中原调整到内蒙古，轨道倾角由 51.6°改为 42°～43°。

中央专委原则上同意这种调整。从此，大家集中精力投身于 42°轨道倾角的陆上着陆场勘察选择中。

第九章 东风地区勘察

一、勘察起因

各系统论证报告陆续上报，921工程办公室汇总后发现，大家报的方案盘子很大，需要进行一轮方案的调整和简化。首先是飞船系统和航天员系统做出了状态调整与设备简化，从1994年8月起，着陆场系统也开始研究自身方案的简化问题。9月9日，国防科工委领导在工程方案汇报会上指示，要对着陆场系统方案进行补充论证，简化方案，简化的重点之一就是副场。

根据副场方案要简化的要求，有人提出了副场到底要不要的问题，如果不要，应急着陆场区怎么定？在载人航天初期，不确定因素比较多，没有副场，大家心里不踏实，国外载人航天初期都有备份场。如果要副场，那么选在哪里？是在相邻圈进行备份好还是在同一圈备份好？针对倾角42°～43°、主场暂选四子王旗，那么副场的可选地区主要集中在与四子王旗纬度相近的地区，如其东侧通辽地区、西南侧鄂尔多斯地区、西侧东风地区。通辽可在前一圈备份，鄂尔多斯可在第二圈备份，东风可在同一圈备份，同时也可为返回鄂尔多斯做同一圈备份，另外，东风是上升段第一救生区所在地。如果强调同一圈备份，那么只有东风地区符合条件。如此看来，要想回答副场问题及部分应急救生问题，东风地区成为焦点。

为了解发射上升段陆上第一救生区及返回主场（如四子王旗）和副场（如鄂尔多斯）两条轨道交叉点应急着陆区（雅干南部地区）的地形、地貌、交通状况，同时考察东风附近能否作为着陆场，为进一步制订方案提供依据，国防科工委决定对东风地区进行方案性勘察，即第四次勘察。

勘察目的：一是上升段陆上应急搜救1号责任区，重点了解火箭飞行4个特征点应急救生着陆点附近的地形、地貌和交通条件；二是东风东北雅干南部地区，选择适当区域用作运行段应急返回着陆区，并考察其是否满足副场选场条件。勘察时间：1994 年 10 月 6～15 日共 10 天。勘察方式：地面车辆勘察。勘察范围：
10 400 平方公里，地面行程 1300 公里。

由于各方面对副场的看法不一，对副场的理解也不一，为了让工程各方能够
更好地沟通，本次勘察专门邀请了五院和航天医学工程研究所的设计人员参加。
勘察队有 19 名成员：勘察队长梁建国（酒泉中心副总师），副队长华仲春（测控
部处长），技术组有祁思禹、刘志逵、梁琦（洛阳跟踪与通信技术研究所）、我、
李鹰（五院）、王汉泉、解大青、侯树林（酒泉中心）、王永贵（酒泉中心）、罗
峰（洛阳跟踪与通信技术研究所），保障组有酒泉中心的孙志忠、崔如晓、王练
红、朱亚斌等。另外还有酒泉中心 4 名司机，国家物探局秦瑞海、翟文雪 2 名司机。

1994 年 10 月 4 日我们赴东风勘察，5 日到达酒泉中心，住在东风第一招
待所。这个招待所很特别，大门口比较庄严，门朝东，楼层不高，共四层。进
入后正对着的是礼堂，可放电影，右侧是接待处。进入后朝左、朝右均是长长
的走廊，给人一种深邃感。帮我拿行李的工作人员带我朝右走，走廊的左侧是
餐厅的入口，走到走廊尽头，左右又出现两条长长的走廊，这条走廊的垂直
方向，又连着三栋楼。我被带着左转，走到走廊的最西端，右转上三层，我
的房间就在那——311。进屋后，只见地板全是木质的，除洗手间、床、沙发
外，与其他宾馆不一样的是这里还有个阳台，阳台面积很大，有半间房那么
大，可以放写字台，让人一眼就能感受到豪华。很难想象在这么偏僻的硬戈
壁上，会有这么现代化的招待所。

10 月 6 日下午，酒泉中心李凤洲主任、薛守唐副主任、机关领导张长文、范
兆东、李克义、孙二喜等会见了全体勘察队员。

华仲春在会上介绍了勘察的初衷："当下需要对着陆场系统的方案进行压缩，
涉及最多的就是副场问题。副场在纸面上和思想上的设计工作可以做，但设备不
急于定，故本次勘察仅限于方案性勘察。初步的考虑是勘察一周，总结和制作汇
报片一周，总的时间不超过 15 天。"

祁思禹发言道："关于应急救生区的问题，1993 年的方案中考虑了主场（四
子王旗）、副场（鄂尔多斯）及东风应急返回着陆区，形成了三个应急区，考

虑原因是返回机会要大、纬度靠近轨道倾角。本次勘察重点是东风应急着陆区和主动段应急扇形区。副场问题是个极为复杂的问题，涉及面广，需专题讨论，本次勘察时仅将此作为一个思考的方面。人员安排：地形地貌由李鹰、王汉泉、罗峰负责，摄影录像由王朋、梁琦、侯树林负责，人文社情由王永贵负责，综合由祁思禹、刘志逵、解大青负责。"

梁建国宣读了设备保障、技术组和保障组人员名单，并做出了相应安排。

薛守唐强调了几点："一是要尊重当地政府；二是人员安全特别重要，不带医生，但带好药品，要关心大家，组织纪律很重要，单人单车不要随意外出。"

李凤洲最后指出："一是顺利出征，安全返回；二是我们与额济纳旗的关系很好，必要时可以寻求他们的帮助；三是边防地界很复杂，资料要弄全、弄细；四是边界纪律很重要，不要脚踏两国。"

晚上，我随祁思禹到李凤洲家叙旧。李凤洲主任住的是一个独门独院，他俩的谈话内容我已不记得了，但我记得阿姨端上来的葡萄很好吃，这葡萄是自家种的，很珍贵。

二、射面弹下戈壁滩

（一）会有哪些故障发生？

CZ-2F 运载火箭发射起飞后，有最大动压①区，有抛逃逸塔、助推器分离、一二级分离、抛整流罩、二级主机关机、游动发机动关机、船箭分离等动作。从航程看，在 100 公里范围内火箭有四个特征点：最大动压，抛逃逸塔，助推器分离，一二级分离。万一这些节骨眼出事，散落点离发射工位分别约 14 公里、259 公里、549 公里、721 公里，可见最大动压区以及抛逃逸塔前后救生的返回舱会落在第一救生区（300 公里）内。在出现最大动压时，火箭箭体结构受到的考验最严酷，出事概率也最大，故成为火箭发射特征点之一。

---

① 这里提到的"动压"是指气动压力，与空气密度成正比，与风速的平方成正比。"最大动压"是指火箭发射穿越大气层时遭遇到的最大气动压力阶段。

按飞船系统的设计方案，上升段分 0-0 高度（即发射台上）、大气层内（低空）和大气层外（高空）三种应急救生模式。针对不同模式，设计有不同的逃逸应急救生程序和逃逸救生轨道。发射台应急救生是指船箭位于发射台上，下达点火指令后，如果发动机工作不正常，火箭有可能爆炸，会让逃逸塔点火，将整流罩上半部及飞船返回舱与轨道舱组合体迅速带离火箭，逃离危险区，进入救生轨道，飞离 1 公里（高度约 1.4 公里）附近，返回舱分离，像下蛋一样从整流罩内掉下来，返回舱开伞、抛大底、缓冲发动机点火，实现着陆，根据开伞及当时风向情况，返回舱会落在离发射台 500～3000 米、射向 ±45° 的扇环地面区域内。大气层内应急救生分两段两种工作状态，第一段为从起飞至抛逃逸塔，此段救生与发射台应急救生相同，都由逃逸塔带离危险的火箭，返回舱最远的落点离发射工位259 公里。第二段为从抛逃逸塔至整流罩分离，此段救生由装在整流罩上半部的高空发动机点火，带飞船两舱逃离，返回舱分离，开伞落地，最远的落点离发射工位 889 公里。大气层外应急救生是指 110 公里高度抛整流罩后至飞船入轨前的应急救生，救生动力由飞船变轨发动机提供，首先火箭关机，飞船整船与火箭分离，飞船变轨发动机工作 5 秒，使飞船逃离危险区；然后飞船启动救生控制程序，整船调姿、制动（或加速）、返回舱分离；分离后的返回舱调姿、返回舱制导导航与控制系统工作、成配平攻角飞行，实现再入升力控制，在预定高度启动回收着陆系统、开伞、缓冲发动机工作、着陆。根据火箭抛整流罩后故障出现的不同阶段，返回舱应急着陆区有四段：火箭发射 351 秒前，返回舱落在陆地；火箭发射 351 秒之后，在不同时段分别落在海上 A 区、B 区、C 区。从航程看，发射台应急救生、大气层内（低空）应急救生的一部分会落在第一救生区内。

说起海上三个救生区，我想起一个故事：一天，北京空间机电研究所李颐黎研究员搭王永志总师的车去上班，路上谈到海上搜救工作的难处时说："搜救船在海上去找人可以说是大海捞针，太难了，飞船总体正在研究计算，看可否利用飞船逃逸动力系统，控制飞船就近飞向预先设定的海上应急搜救区，在附近等候的舰船可能很快就会找到目标。"王永志总师一听，感觉这可能是海上救生的出路，便决定把力量集中在完善和落实这一方案上。经过反复核算证明，飞船系统提出的"利用飞船动力选点再入"的海上救生方案完全可行，而且飞船可能降落的海上落区缩小为三个预先设定的海区（即上面提到的 A 区、B 区、C 区），这就一下子从 5200 多公里海域减小到 2000 公里左右（三区总长度），既减少了搜救力量配置，节省了大量经费，又提高了搜救效率和航天员海上救生的可靠性。该方案是充分考虑国情的产物，在国际上属首次采用，是中国航天人的创举，是具有鲜明中国特色的技术创新。

10 月 7 日上午 8:44，勘察队从酒泉中心东风第一招待所出发，李凤洲主任等酒泉中心领导特地前来送行。勘察车辆是两台北京吉普车 213、两台奔驰越野卡车。车队经向阳桥向东偏南，沿射面进军，奔古日乃，然后看务桃亥，对主动段第一救生区进行了地面勘察，行程 140 公里。奔驰车具有牵引能力，当预感勘察区域行车困难时，213 吉普车停用，勘察人员全部集中到两台奔驰车上前进。当预感两台奔驰车也有可能抛锚时，奔驰车停用，人员徒步前进。人员随车携带电台、对讲机、摄影机。

（二）发射井工地

过了弱水河向东几公里，到达一工地，工地旁边插了一个木牌，上面写着"载人航天发射场"，牌子背后已挖出一个大坑，坑几乎是圆形的，直径很大，估计有 200 米，从地面往下看，很深，几台挖土机在坑底，看着像小孩的玩具那么大。这是在挖发射塔的地基，底下将建设巨大的导流槽。

将来 CZ-2F 运载火箭就是要从这个地方点火起飞。火箭起飞时，8 台发动机会同时点火，起飞总推力为 600 吨，你可以想象当时发射的气势与感受到的震撼。届时，火焰会像喷发的火山，大地会像山崩地裂般颤抖。承受这种"火焰喷发"和"地裂"的地下，应该建成什么样？围观的人们敢站在这么近的地方吗？一想到这，我的心里就开始发怵！

趁火箭还没点火，我站在坑边记录下它的位置。记下的这组数字是珍贵的。此刻，这些发射场人员正在这里施工；此刻，这些着陆场人员正在这里勘察；将来，这里将发射一枚枚火箭，承载着中国人到太空去探索。不知为什么，此时我心中有一种沉重感、历史感、神圣感。看着历史秒针走动的人，这种感觉会更加强烈。

（三）硬戈壁

沿射向偏南 25°，我们跑到一个点，这里是第一特征救生点对应的扇面，地势平坦，是硬戈壁。来这勘察的目的是想了解一下万一火箭朝南打偏了，飞船逃逸至此，这里的地貌如何？看来是平坦一片，全是戈壁，没有问题。沿射向偏南 25°，跑到另一个点，这里是射向 15 公里对应的扇面，平坦如水。

硬戈壁的地面全是小石子，而且极其均匀，似乎是通过 7 毫米的筛子筛过一般。偶尔能在这里找到一些贝壳，表明这里很久以前是海洋，不知什么原因，现在海水没了，海底变成了戈壁，海拔慢慢升高到了 1000 多米。如果当时这个地方地处海洋，那么北京、上海等大城市，是不是更是深陷海底？看来地质上需要研究的东西太多了。

（四）一身冷汗

戈壁特别平整，行车速度平均可达 70 公里/小时，但个别地方有骆驼刺，遇到时车会减速。在这种地方开车很危险，虽然地平、开阔，哪里都是路，车速容易提上去，但谁也说不准前方何时会突然出现不好的路面，稍有不慎，便会翻车。时间长了我们也积累了不少经验，即万一前进方向突然遇到不好的小凸包，宁愿硬着头皮开上去，也不要猛打方向盘躲避。高速行驶时，猛打方向盘，极易翻车。

在硬戈壁上行驶，车后面定是一股尘烟，车速越快，尘烟越大。开始时，车队呈"一"字形纵向行驶，第二辆车"吃"第一辆车扬起的尘土，第三辆车"吃"前两辆的，最后一辆最惨。一会儿，四辆车就变成了四条平行线。朝后望去，滚滚尘土高高飞扬，地平线上升起四条移动着的"黄龙"，十分壮观（图 9-1）。

图 9-1 勘察车辆在硬戈壁上扬起滚滚烟尘

两辆 213 吉普车的司机眼睛专注地看着前方，飞驰着的两条直线同时奔向了一个点，数学知识告诉我们，既然有交点，说明这两条线不是平行线，而两位司机却浑然不觉。眼看两辆车就要"拼"在一起时，我才意识到，猛喊一声"躲开！"司机这才醒觉，猛地向另一侧打轮。

车分开了，人的汗也下来了。汗，凉的。

（五）沙疙瘩地

沿射向偏南 25°跑到一个地方，我们已到达灌木丛边缘，这是勘察最远的位置。

从这朝北，车队向射向正下方行进，地形逐渐开始变化，由硬戈壁渐变成了沙疙瘩地，同时伴有灌木丛，是红柳，柳条高约 1 米，最高 3 米。我们深入灌木丛，想感受一下此种地貌的车辆通行情况（图 9-2）。在灌木丛中可通行车辆，时速 30～40 公里。此处仍是灌木丛中部地带。

图 9-2　本书作者在软戈壁勘察

（六）苁蓉

我们这些从外地过来的人，一看到这种地带，马上就问酒泉中心的人这里的沙土下面有没有苁蓉，因为很早以前就听人说过苁蓉的事。

苁蓉是一种寄生在沙漠植物梭梭根部的寄生植物，对土壤、水分要求不高。其寄生方式独特，一年中大部分时间都生活在地下，只在 5 月前后才将穗状花序伸出地面，开花结果，从出土到种子成熟仅需 30 多天。苁蓉是极其名贵的中药材，素有"沙漠人参"之美誉，历史上就被西域各国作为上贡朝廷的珍品。苁蓉入药由来已久，它可以壮阳滋阴，正因为补性和缓，才有"苁蓉"（音同"从容"）之称。听说，全国最好的苁蓉就在这一带，其富含多糖、氨基酸和苁蓉碱。我们尝试着找了一下，事先准备的铁锹也用上了，终于在一处找到了很小的一根，只有一尺长。听说苁蓉还没露出地面时才有药效，如果开花了就不值钱了。我们找到的这根苁蓉看上去像是开过花了。

通过挖苁蓉，我们发现这些地方危险性不大，看来这一片作为第一救生责任区没有太大问题。

（七）扇形区概貌

从这继续朝北，去看看射向正下方的情况。不一会儿，我们开车到达一个地方，此处正是射向正下方，离发射工位 50 公里，这一片全是平坦的戈壁。

在广阔的戈壁上开车，要想长时间地把握好方向是很难的。经常有司机早上开车出去，开了 3 个小时，目的地没找到，再抬头一看，前方正是出发地——又绕回来了。原因就是硬戈壁上没有参照物，在没有太阳的日子，这种现象非常常见。如果晚上开车出去，更容易出现这种情况。此时的人类不得不敬佩信鸽、大雁等动物，它们有天然的导航系统，但人类自身没有。

继续北上，目的是看看射向北边的地形地貌。车队行进在硬戈壁滩上，一会儿来到扇面最北边，这里也是一片戈壁，在射向 50 公里、±45°的扇面内，几乎全是平坦的硬戈壁。

我们从这左转，向西行进，途经一地，附近有一山，叫青山，周围全是平坦的戈壁，青山在此处拔地而起。看了一下位置，在射向±45°扇形区以外。幸亏在外面，对飞船没危害，放心了！

（八）胡杨树

继续向西，走不远便到了一条河，这就是上午我们经过的弱水河下游。在此处，河流已分成两条，一条东河，一条西河，桥叫向阳桥，过了第一座桥，在两条河中间，见到一片原始古树丛林，一片金黄，甚是好看，特别是恰逢夕阳下山之时，更是美不胜收！此树树粗、皮皱、纹曲、叶茂、色黄、金子般闪亮，时值十月，浓浓秋意，风景别致，甚是漂亮。当时只知好看，便与之合影，拍的照片十分独特。

我们问酒泉中心的人这是何树，回答是：胡杨树。我们这才知道，这就是著名的胡杨树。这个季节恰好是胡杨树最美的时候，我们来的时机正对，在这茫茫戈壁滩上，有这么一片胡杨森林，实属罕见。当地老乡对胡杨树有种说法：生长一千年不死，死后一千年不倒，倒后一千年不朽。估计因为靠着河，有水，所以古代的树保留了下来。回到驻地，胡杨树的美仍然在我心中挥之不去（图 9-3）。

图 9-3　干枯的胡杨树

三、绿园怪林胡杨川

（一）绿园

10 月 8 日上午 8:37，勘察队从东风驻地出发，准备察看东风东北部戈壁的情况，再到额济纳旗，从那去勘察雅干南部地区。

车队沿弱水河西河西岸，向北行进 18 公里，来到一个丁字路口，如果继续朝北直行，则会沿着弱水河西河，去一个发射场，那是我国发射第一颗东方红卫星的地方；再继续沿着西河朝北走，会一直走到一个湖，那个湖叫"嘎顺淖尔"，湖很大，估计很漂亮；如果朝右转，则过西河，来到一个叫"绿园"的地方，"绿园"这个名字好听，位于昨天我们路过的向阳桥以北 3 公里处，也是地处两条河的中间地带，有点像橘子洲头，可见是块宝地。

从绿园朝北偏东，沿着两条河的中间地带行进 7 公里，便来到一个地方，叫"喇嘛庙"。说是喇嘛庙，其实只是一间小房子，像庙，但庙前有个蒙古包，有一位长者出来，十分和善热情，看上去不像是住在蒙古包里。

沿东河西岸行进 12 公里，便来到一个农场，地名叫王家。此处土地肥沃，与周围的荒芜戈壁格格不入。从整理过的土地看，种地的人也是个勤快之人。据说，此农场隶属于酒泉中心。但此地前不着村后不着店，谁来种地呢？这让我想起了历史上那些隐居的人，这些人往往身怀绝技，深不可测，住的都是草棚，用树枝围起一院，门口站个书童。想到这，我不由地又回头望了一下，似乎想找出那个书童来。

　　过于天真，让我们的车落在了后面，于是我们赶快追赶。

（二）怪林

　　跨过农场，继续朝北偏东，一路平坦开阔，浩瀚无垠，全是水平大地，没有任何起伏。看来，这片戈壁倒是很适合当着陆场。

　　说是沿着东河西岸走，其实，人们根本见不到河在哪里，估计水早就没了。当上游发大水时，这里可能还会出现水的痕迹。但上游的水，在甘肃境内被截流得厉害，河水流淌的过程是不断瓜分的过程，等到了这里，水早已无影无踪。

　　就在车队行进之时，我们突然发现路东不远处有一片树木，十分古怪，故下车视察一番，以探究竟。这些树开始很稀疏，随着我们不断深入，树木开始多了起来。说其"古"，是因为这些树全是死去的树木，像历史留下的遗物；说其"怪"，是因为这些树干各式各样，千奇百怪，形态迥异，造型奇葩，艺术感极强（图 9-4）。从树的躯干、树纹可以判断，这片树全是胡杨树。从树的状态看，可能已经死亡上千年了。屹立在那里的每棵树，似乎都会向你陈述一段自己的历史。如果你想听，那就站在这棵树的前面，仔细聆听风的声音。如果你能从风的载波上解调出藏在里面的讯息，你定是高人一个。如果你真这么做，别人可能觉得你很傻。但在历史面前，当一次"傻子"，感受一下大千世界变迁的诡异，也是值得的。面对古树的沧桑，不免让人有种独特的历史凝重感。

图 9-4　怪林

　　整个戈壁几乎看不到水源，估计这片树林是在历史上曾经有水的时候长出来并茁壮成林的，但宇宙的影响、地球内部的变动、大地板块的迁移，让人感到世间的不定，让人感到自己的渺小，让人感到生灵的无奈，让人感到历史的变幻莫测。当养育胡杨的水渐渐没了的时候，你能够想象当时的胡杨树是一种怎样的绝望，是经历了多长时间的煎熬吗？但当胡杨树还活着的时候，它们可能也没去想象，几亿年前，这里曾经是海洋一片，那些海洋中的生灵在海水消退时，又是一种怎样的绝望？又是经历了多长时间的煎熬？

　　当然，现在海洋没了，树也死了。如果到了伸手不见五指的晚上，你一个人在这荒无人烟的茫茫戈壁，身处这片毫无生气的死寂树木之间，西北吹来凛冽寒风，树梢鬼声啸叫，星光月色全无，你会是一种怎样的感觉？

　　上车后，才听酒泉中心的人讲，这个地方叫"怪林"，从怪林退出后，我们沿公路继续赶路。

（三）水中胡杨和骆驼

　　途中，戈壁平坦如镜，再次印证这个地方是作着陆场的好地方。

我们在路边常常发现一些骆驼，散落戈壁之间，不知它们能吃到什么。在这样的环境下，树有神奇的生命力，骆驼更是。

快到额济纳旗时，我们又发现了一片巨大无比的胡杨林，而且这里的景色更美：树的下面有水，水面形成了一面明镜，金黄色的胡杨树映入水中，产生了一种绝佳的视觉效果，简直让人感觉到了仙境。

突然，水面泛起了涟漪，顺着波源方向扭头望去，原来有一群野骆驼前来散步，脚印已踏入水中。惊喜之余，我马上把镜头对了过去，一幅美图由此诞生。

几年后，一些摄影师把这种美从戈壁带到了城市，人们才慢慢知道了胡杨树。现在这里每年举办一次胡杨节，定的时间就是我们勘察的季节。不知是他们学我们还是我们引导了他们，对此有着不同的答案。

（四）德德玛故乡

12:40，勘察车队到达额济纳旗。额济纳旗是我国女歌唱家德德玛的故乡，她是蒙古族女中音歌唱家，1947 年出生于此。1978 年，德德玛以《美丽的草原我的家》受到歌唱界的极大关注。1982 年调入中央民族歌舞团担任独唱演员。1989 年曾在"全国十大女歌唱家"大赛中获第一名，1991 年随少数民族艺术团赴蒙古国演出，获蒙古国国家文化艺术最高奖。

旗领导、各局局长、办公室主任在路口迎接我们。吃饭时，额济纳旗旗长向我们做了介绍："额济纳旗 97°10′E～103°7′E、39°52′N～42°47′N，11.46 万平方公里，1.65 万人，边境线有 507 公里。在内蒙古 100 多个旗中，额济纳旗占地最大，人口最少。以农牧业为主，农场有 3 个，1993 年产羊肉 202 万公斤。每人年收入 1428 元，属前 12 名。矿点 175 个，有黄金、铁矿、煤等，其中黄金年产量约 80 千克。1993 年财政收入 452 万元，今年（1994 年）财政收入估计 550 万～600 万元。这离边境已很近，额济纳旗离边境 70 公里，雅干离边境 9～11 公里。"

他的一席话差点惊掉我的下巴，这时我们才知道额济纳旗的与众不同之处。全旗边境线长 507 公里，经度横跨 6°，什么概念？整个中国的经度跨度才 61.5°，即额济纳旗的经度跨度是全国的 1/10，是地球一周的 1/60。全旗总面积 11.46 万平方公里，什么概念？是内陆一个省的地盘，比湖南、陕西、河北、山东等25个省（自治区）的每一个地盘都大，但人口却只有1.65万人，即0.144人/公里^2。

旗长发完言，又有一个人站起来接着发言。此人看起来与旗领导很熟。他身高约1.72米，体形敦实、粗壮，虎背熊腰，肌肉如同铁疙瘩，说的是普通话，但口音很独特，说话方式很美妙，认真中带着一丝幽默。他说："你们要去看的地区，北高南低，西高东低，范围83公里×130公里，丘陵占1/3，戈壁占1/3，沙滩占1/3，车辆时速10～30公里。"看来，他非常熟悉这个地方。出于好奇，我们问了几个人此人是谁，后来才知道，此人以前是边防团团长，姓张，是个标准的内蒙古汉子，由于能说汉语、蒙语以及其他几种少数民族语言，故边境谈判、国事交涉等都请他当翻译，属行伍中的文人。他见多识广，很受各界欢迎，包括很受蒙古国的喜爱。因为这次我们要到边境勘察，故请他出面当我们的向导，协助处理边境事务，万一有意外，他能妥善处理。

梁建国副总师向地方政府表示了感谢。离边境线这么近了，想看看蒙古国的念头吃饭时就有了。

全天行程160公里。晚上我们住在额济纳旗一个招待所里。

四、雅干频爆边境愧

（一）边境线

10月9日从额济纳旗出发，跨过东河。

如果沿东河流向朝北，约36公里处便有一湖，叫"索果淖尔"，该湖是东河的最终归宿。该湖西侧20公里处就是嘎顺淖尔，那是西河的最终归宿。索果淖尔面积约40平方公里，嘎顺淖尔要大得多，约360平方公里，是索果淖尔的9倍左右。这两个湖都在额济纳旗的北面，这说明那里的地势最低，同时也说明额济纳旗不太缺水。两个湖的北面二十几公里处就是边境线。

边境线越朝东延伸，越朝南靠。从额济纳旗出来的公路，越朝东延伸，越朝北靠。公路线和边境线渐渐地靠近了起来。随着靠近边境线，我们也慢慢进入划定的应急着陆区。到了这里，公路和边境线几乎平行了。

雅干南部地区面积 11 290 平方公里，这里是中国北部边陲，一个边防哨所驻扎此地。张向导坐在我们车里，一路上都在给我们介绍当地的各种知识。刚进入勘察区域，便见路北是丘陵，再往北便是国境线。这里距离国境线 13 公里。路南也有些小丘陵，前方有一山。

从这下公路，朝东南方向勘察。走了 10 公里，9:30，来到一空旷处，南面是缓缓起伏的丘陵，东部却极为平坦，平得有些出奇，感觉不用修整，可以直接用作机场。又行进 10 公里，只见北面是丘陵，可以登高望远，脚下已是沙土，已有沙浪波纹，显然渐有沙漠的感觉。

没走 3 公里，车队已进入山区中间地带，风景很好。但风景再好，也不是我们想看到的，我们希望的是地势平坦，希望航天员安全。10:54，车队才从山区中走了出来。

从山里出来后，顿时感觉视野开阔了许多，放眼望去，朝南、朝东，地势平了很多，不用开车去看，心里也是踏实的，故将此点作为今天上午勘察线路的最南端，决定折回，奔东，遇到一条南北向的路，上路奔北。

11:51，遇到了东西向的一条公路，这是个丁字路口，这个地方就是雅干。东西向的公路就是雅干通往傲干奥日布格、哈日奥日布格气象站的公路。路的北面比较平，离边境线有 11 公里。

路北有一座孤零零的院子，朝南，一看整齐程度就知道是个部队大院——这就是边防团边防连连部。战士们在此守护着周围这一带的边境线，他们十分朴实。由于下午还有勘察任务，故中午我们只是简单吃了一点，就又出发了。

（二）爆胎

下午从雅干往北行进，道路很难走，路边像是河床，河中无水，干枯露沙，估计下雨时才会有水，洪流疾下，雨停后一会儿又恢复原样。周围是丘陵。山是黑色的，显然是矿山。河床边有牧民，有狗、骆驼、骡子和羊，没有见到马和驴。没马，也没见到驴，哪来的骡子？这让我们感到十分纳闷，也可能是我们的视野受限导致的。

继续朝纵深行进，道路愈发难走，没走 4 公里，1 号吉普车就爆胎了。下车一看，路上都是尖尖的石子，锋利如刃，直冲蓝天，潜伏已久，难怪爆胎。司机下车，其他车的司机也过来帮忙，5 分钟换胎完毕，然后继续沿河床走。

（三）拓展疆土

历经艰难，终于到达雅干地区最北边。朝北望去，能看见蒙古国地域，地形跟我国这边没有多大差别，一眼望去，没有看到牧民，也没有看到巡逻的军人。

张向导对我们说，蒙古国士兵在对面巡逻时，一旦看见中国战士在边境巡逻，马上就会警觉起来，他们一般会找个地方休息一下，一直等着中国的士兵昂着头、挺着胸走过去，人影消失了，他们才会继续巡逻，一般不会与我们迎面对视。

我仔细研究了国界的特征，并没有发现什么特殊之处。望着北方，脑海里回忆着中国历史的变迁。在元朝、明朝甚至清朝，这些地方都还是中国的。

刘志遽站在我旁边，问我："你知道祖国的定义吗？"我一听便知，这个简单的问题，只要他问，就不那么简单了，故没敢轻易回答，只是望着他，希望他说出答案。他说道："祖国的定义中有很多条，其中有一条是：拓展疆土！"

最后四个字，把我震撼了。

原来只知道祖国就是自己的国家，没往深处思考，原来老祖宗们拓展疆土是为了后代的。我完全能够理解刘志遽此时说此话是什么含义。

从这里沿着边境线朝东，巡视着祖国现在的边疆。原来这个地方在历史上根本就不是边疆，而是内地。边境线的道路是坎坷的，祖国一路走来也是坎坷的。现在我们先做一件事，就是发射载人飞船，先让航天员在太空中看看祖上曾经留下的印迹。

艰难中，我们来到一个特殊的地方，是中国的国门，我们在此拍照留影。再向东走了 4 公里，见到"234"分界碑，朝北放眼望去，蒙古国的山里也有敖包。

离开边境后，我们继续朝南偏东行进 7 公里。

（四）狩猎

突然，不远处传来枪响，我们一下子警觉了起来，难道是边境线有问题？但定神一想，不对，这里的边境一向安全，不会是边境线那边传来的枪声。顺着枪声望去，看到远处有一只兔子在跑。只见朱亚斌手端冲锋枪通过车窗在瞄准，车停下后他跳了下来，5发子弹射出，兔子应声倒下，倒下的位置周围全是丘陵山区。

巴伐利亚的伊丽莎白公主茜茜在她爸爸打猎时，曾在爸爸身后故意做动作惊动了动物，让鹿逃掉了。可惜刚才我没有打个喷嚏，把这个兔子吓跑。当然，这也不可能，一是人家开枪时我还不知道兔子的存在；二是开枪前我还没有那个觉悟。

沿着另一条河床朝南继续行进约6公里，遇到一条公路，我们知道这是又回到大路上来了。纵跨公路，继续朝南，沿河床走，此处周围全是丘陵。继续向南4公里，地貌没变。看来这片地区不太好。这是我们勘察的最南端。从这折回，朝西北，赶回雅干。

全天行程224公里。

（五）边防连吃晚饭

刚进雅干边防连，便感觉与中午来的时候不一样，原来边防团团长来了。团长知道勘察队要来，带着一辆吉普车和一辆卡车，以及团部最好的炊事员、饮具、菜和肉，下午赶到边防哨所做准备。吃的一种菜是战士在营区院内大棚里种的。饭还没做好，我们十分好奇，因为这里的天气很冷，怎么可能会长出菜来呢？为了一探究竟，我就跟着一名战士进了大棚。进去之后才知道，其温度是靠埋在地下的电阻丝加热保持的，眼前看到的都是菠菜，但这里的菠菜价值和意义与内地是不一样的。当时吃的除了菠菜，其他都不记得了。

团长是北京人，四十几岁，很帅气，个子很高，估计有1.83米，在边境已干了二十几年，担任正团职务已有8年，交谈的时间长了，大家也就熟了，团长也会说出一些怨言。这可以理解，在这罕无人烟的地方，光团长就干了

8年，着实不容易。

饭后集体拍照留念，战士们可高兴了，那阵势就像过年。

晚上，我与张向导一起出院散步。他跟我说，当地牧民迎接客人，你人还在马上，迎接你的主人就已给你端上马奶酒，一碗下肚，有些人是撑不住的。客人走时也要敬马奶酒。我原来一直认为，"下马威"是下马后喝的，现在看来，时间提前了。我也以为，"下马威"是下马者给别人耍威风，现在看来，不是你给别人威风，而是马下的亲人给你的祝福，这不是"正话反着说"吗？"下马威"不是光说着玩的，是要凭实力"喝"出来的。你下马时能站稳，就不错了。我一直在琢磨，如果像上面这么定义，那么，到底是"下马威"还是"下马稳"？如果是"下马稳"，这不又是"正话反着说"吗？

指导员从院里走了出来，身后跟着一个战士。他俩走到路边电线杆下，战士爬上去，将两个钩挂在两条线上，便打起了电话。我现在都还不明白，电话这种打法是怎么回事。

晚上，我们的司机把白天爆了的轮胎补好了。晚上住在连部。

（六）地图不符

10月10日，对雅干地区的南部地区进行勘察。

上午，从雅干出发，沿着大路，向南偏西，一路两侧地势平坦。行至40公里处，开始能看到远处的丘陵。

酒泉中心和西安中心两个单位的勘察队员都带了GPS接收机，但同一个地点测出的数据不一样，经过多次比对，发现是设备有些问题。这样，后面的测量数据主要以我带的设备为准。

从这下公路，沿着没路的地方，朝正南勘察。一路行进直线距离24公里，所经地区基本平坦无奇。到达一处，这一带属于雅干到温图高勒苏木两地中间，十分平坦，看来雅干地区中部的这一块对飞船返回着陆没有危险。但站在高处，朝四周望去，远处有丘陵的痕迹。东5公里处，是当地的制高点。

我们没有朝东走，而是朝东南方向走，走了不到3公里，便已进入丘陵地带，车队行走速度缓了下来，摄影师在车内，边行进边拍摄。有时，摄影师的半个脑袋露在外面，车一晃，要么脑壳碰到上面车窗上沿，要么耳朵碰到车柱。碰得轻重，取决于路况、车速、人的自控能力等多种因素，是一个多变量输入、复杂函数输出的结果。最后碰得人头晕眼花，完全是各种不同遭遇"积分"的结果。

从地图上看，这一片似乎十分平坦，但实地一看，却全是丘陵，不知是画地图的人没有来过这，还是画地图的人偷懒没画出来，反正地图与现实有很大的差别。看来，实地勘察是十分必要的。

从这奔向南走了4公里，才走出丘陵地带。跨越丘陵后，眼前突然开阔起来，南边一片全是戈壁，沙质稍软，地势平坦。而背后，即北边，全是丘陵。我们站的位置似乎成了南北分水岭。再次看了一下地图，从地图上根本看不出这种分水岭的概念。

（七）追赶黄羊

我们沿着戈壁的北沿或者说丘陵的南沿奔向东，笔直地走了30公里，路两侧都是沙质软戈壁。

突然，在车的左前方远处，我们发现一群黄羊，共有6只。黄羊看见车队后，掉头便跑。为了近距离察看，四辆车马上形成横队，一字排开，扇面般行进，车后翻起滚滚尘土，时速达90公里。我们在车里，眼睛一眨不眨，盯着前面的黄羊，从后面看，黄羊尾巴上有个区域是雪白毛，周围是金黄色，随着黄羊飞奔，金黄毛围着的雪白毛上下飞舞，从后面看，其臀部十分肥硕。一会儿，黄羊群便跑进了丘陵。

失去优势的车队，只能眼睁睁地看着黄羊跑掉。既然羊群消失在东北方向，我们不愿再被勾起刚才"失落"的感觉，便决定右转，朝东南方向行进，这样也避免再次打搅黄羊的午休。

（八）野炊

沿着软戈壁行进3公里多，来到一个地方，感觉这一片与刚才路过的沙质戈壁基本一样，再朝东望去，离勘察区域东边界还有22公里，但基本全是茫茫一片，肯定全是沙质软戈壁，不去也知道情况，故决定"脚下"便是今天勘察的最东边，开始朝西南方向进行勘察。行进 14 公里，一路全是多沙戈壁，平坦如水，由此判断返回舱着陆没有危险。

当来到另一个地方时，地形稍有起伏，有隆起的沙丘，但坡度不大，环境很幽静，风景也很漂亮。此时恰值中午时分，大家饿了，便停下车，各自拿出方便面、香肠、榨菜准备吃饭。

为了感受野炊的滋味，勘察队员特意在奔驰越野车后车厢带了一口大铁锅，直径 1.2 米，在沙地上挖一坑，用三个大木块架了起来，用一细树枝浇些柴油，点火助燃，慢慢再朝上添加树枝，生起篝火。在大铁锅内注入携带的桶装水，烧水做汤。为了这顿饭，我们专门带了一个厨师，他带了菜板、刀具、调料等，但是没见他往锅中放油和葱姜爆炒，只是见他往水里面放菜叶、紫菜和盐，当水烧开时，我发现水面上漂浮着一些物质，像是树枝表层燃烧透彻之后形成的灰烬。灰烬顺着火焰热浪，升腾至空中，随着上升气流的托举力的减弱，它会借助地球重力作用，再慢慢朝下降落，部分中、大片的灰烬会落在锅中，因质轻，不会沉底，便漂浮在水面上，以示自己的存在。厨师用余光扫射一下，判断周围是否有人注意到，当感知大家均没注意之时，迅疾抄起汤勺，将水面浮游之物捞起，泼向锅外（图 9-5）。

图 9-5　在雅干戈壁滩野炊（中间坐着的人为本书作者）

烧汤之柴就地拾取。其实大家捡的都是枯朽的胡杨木，形状奇特、千姿百怪。朽木点着后像木炭，无烟，火猛，持久。几年后，我发现高档鱼缸中的装饰沉木还不如我们当年烧火用的胡杨木漂亮，有些根雕造型还不如我们支撑铁锅的胡杨木桩造型美丽。当时我们根本不知其珍贵，当柴给烧了，现在回想起来，深感可惜与遗憾。水开了，厨师朝锅里打了鸡蛋。汤用来泡方便面，吃大饼就咸菜——饿了吃什么食物都觉得香。

饭后斜躺在沙丘上，稍加休息，皮大衣是垫子。摄影师为我拍了一张，拍的像是现代人在远古（图 9-6）。

图 9-6　胡杨木与软戈壁

（九）"风水宝地"

饭后，继续出发，向西南行进 5 公里，见到戈壁滩上罕见的一块地方，这是一片草原，有丛林，有湖泊，有湿地，围着湖泊的都是成群的骆驼和羊。草有人高，树有碗粗。草绿，树黄，水清，天蓝，羊肥，驼壮，风景极为优美，仿佛到了仙境一般。

这就是永红大队。从高程看，这里的海拔是 1004 米，我们吃饭的地方海拔才 826 米，怎么这个地方反而存了这么多水？长了这么多草？养了这么多牲畜？这简直就是个奇迹。

永红大队南边，地势开始高了起来，沙的含量也越来越高，渐渐变成沙漠。

（十）巴丹吉林沙漠北端

沿着沙漠边缘，走在一条东西方向的公路上，朝西行进。17公里后，车队来到温图高勒苏木，或者叫大扎干敖包。我们从这向南，到沙漠深处探索一下。

开车不到5公里，我们便来到沙漠边缘。这个沙漠就是巴丹吉林沙漠，此地就是沙漠最北端。

我们给两辆奔驰越野车车胎放气，车胎的着地面积加大，进入沙漠。两辆吉普留下接应。这里的沙漠，地形相对好些，起伏不是很大，车辆时速为30公里。不一会儿，我们便来到沙漠纵深处。我们走了500米，高程变化59米，看来沙漠的增高速度还是挺快的。换句话讲，我们一直在爬沙山。站在这里朝南望去，只见浩瀚沙海一望无际，不知边缘在何处，让人顿生敬畏之心。

巴丹吉林沙漠，美冠中国五大沙漠。

巴丹吉林沙漠，美在烈日阳光的金辉万丈。

那随着日光斜影变幻出的色彩，体现着沙漠的深深浅浅，雕刻着美轮美奂的跌宕起伏，彰显着如波浪般的纹理（图9-7）。从这朝南再深入沙漠36公里，才是勘察区域的最南界限。沙漠深处再美，我们也不敢再继续深入，车辆性能不行，我们决定折回至温图高勒苏木。

图9-7　巴丹吉林沙漠

（十一）拐子湖

奔西，经那仁希尔格，下公路，奔西北，行 8 公里。因这一段戈壁很平，故车速可达 60 公里/小时。土地多沙，质软。从这朝西，经过一个点号，行进 7 公里，车队好不容易才来到拐子湖。说是湖，但没见水，可能早已干涸。

（十二）越野车"跳舞"

穿过拐子湖，跨过一条南北向公路（此公路就是刚才我们下路的那条公路的延长线，只是拐了个弯，从向西变成向北，奔雅干），继续沿无路之路朝西挺进。路况愈发艰难起来，到后来吉普车根本无法行进，故只好停下。

两辆奔驰越野车继续西行，渐渐进入一块非常特殊的地域，地势是一个小丘连着一个小丘，每个小丘高 1.5～3 米。越野车在此处行进，开始是避开小丘蛇行，到后来根本就躲不开了，整个车开始"跳起舞"来。四个轮子完全不在一个水平面上，有时右侧两个轮子在小丘上，左侧两个轮子在地面上，整个车斜着；有时左前轮和右后轮在小丘上，而另两个轮子在尝试着寻找地面在哪儿。你完全可以想象，坐在车里的人就像锅里的饺子，一会儿被晃到左边，一会儿被晃到右边，再猛然撞向上面。五脏六腑在经受着剧烈的煎熬，时间在累加着这种痛苦，我们的面部开始抽搐，滋味非常不好受。我们只好喊停车，勘察队员都下了车，宁愿自己步行，也不愿意再忍受这种"酷刑"。

当勘察队员下车后，两位司机似乎并不在意刚才的这种感受，反而越发来劲了。但见两辆车左一辆，右一辆，在小丘堆里上蹿下跳，左闪右挪，忽高忽低，前仰后合，弹起落下，横冲直撞，既展示了他俩高超的车技，也表现出了越野车的绝佳性能，让人拍案叫绝。

勘察结束后，我们上车往回返，同时不忘告诉司机，请他开慢些，以便尽量让腹中之物不要喷口而出。好不容易，我们挪出了这块区域，与在外面等候的两辆吉普车会合。四辆车重新"团结"起来，上公路，沿着雅干—拐子湖的公路奔北，返回边防连队驻地。路上，几乎全是无际的平坦戈壁。

全天行程 265 公里。

（十三）连续爆胎

10 月 11 日赴雅干地区中部考察。

从雅干出发，沿雅干—拐子湖公路奔南行进 33 公里处，发现地形开始由平坦转为丘陵，我们决定下公路，到丘陵山区中勘探一番。刚下公路不久，便发现路极其难走，两边全是丘陵，地面上有很多尖石，显然这个地方从没有车辆出没过。我们开始担心车胎能否经受住考验。

刚想到这，突然，1 号吉普车爆胎了。我们下车查看，发现右前轮没气了。我捡起一块石头，发现棱角锋利，不用加工，就和古人制作的石刀或石匕没有区别了，埋在地面以下的部分是凶器坚实的底盘，露出地面以上的匕首部分随时等待碾压它的任何轮胎和胶鞋。估计它已经在这等了 1530 年！看来这个地方不欢迎航天员的到来，故我们在地图上标出，等回去告诉他们。

换上备胎，朝南慢慢行进，十分担心地面再有"地雷"。

再朝南走，我们发现东侧地形更加复杂，大有深不可测之感，便决定左转，深入虎穴，一探究竟。刚钻入山区不久，行路不超过 150 米，2 号吉普车轮胎就爆了。下车一看，地面的岩石像刀子。今天出师不利，上午勘察刚开始，就已经有两辆车爆胎了。

换上备胎。假如再爆，就没有备胎了，怎么办？当下决定：两辆吉普越野车原地不动，另外两辆奔驰越野车深入勘察。

（十四）碾压大石头

路上都是高度在半米以上的大石头，大石头的边上还有众多小山丘，奔驰越野车就是在这种环境下行进的。实在躲不开的石头，那就直接碾压过去。

压一米以上的大块石头很有意思，左前轮就像牙齿一样，先咬上，再利用轮胎凹凸胎纹的摩擦力和发动机强有力的扭动力朝上攀爬，再借助后两个轮子向前的推力渐渐滚动到大石头的上方，而左前轮的弹簧会压缩半米有余，故整个车身并没有倾斜得太厉害。有时，左侧轮还没从大石头上下来，右前轮又要翻越另一块大石头，真是让司机忙得不亦乐乎。远远望去，车的行进就如同两名舞蹈艺术家在石头阵上空跳舞。

假如航天员降落此地，人走路是没事的，但救援车辆要想过来，实在是艰难，使用直升机救援比较好。

因前方实在无法通行，故两辆奔驰越野车退出岩石区。两辆吉普车乖乖地等候在原处，看见我们出来了，像是见到了久违的亲人，顿时有了主心骨，司机的精神也上来了，大家又聚在了一起。四辆车彻底退出岩石区后，又朝西挺进，想查看一下西侧的情况。

西行 5 公里，所经区域地势起伏小了一些。这里离雅干——拐子湖公路仅 3 公里，这些丘陵就是昨天我们在公路上看到的远处的丘陵。昨天是远看山像山，今天是近看山不像山，这就是"只缘身在此山中"而得出的不同感受，更是我们通过勘察而得到的精神境界的升华。我们在这一带花的时间比较多，目的是把最复杂的地方看清楚，侦察透，现在算是达到目的了。

从这里折回，朝东南方向继续勘察。这一片已经属于戈壁了，地势平缓，车的速度也明显快了起来。

（十五）再追黄羊

从这里向正东，沙质戈壁，地势平缓。但不一会儿，我们又渐渐进入丘陵地带，进入山口，山中间是一片戈壁。不知不觉，走了 15 公里。

刚进入丘陵不多一会儿，突然，眼前一亮，远处又见一群黄羊。追！四辆车，像是事先约定好的一样，立刻由纵队变成一个扇面，排山倒海般地追了过去。

朱亚斌坐在第一辆奔驰越野车的副驾驶位置，在奔驰车高速追赶的同时，左手拿着枪，右手撬动车门把手，打开副驾驶车门，臀部离开座椅，身体悬空，先使臀部探出车外，然后右脚移至奔驰车外踏车板上，最后再把整个身体全部移出车外，把车门关上，开始换手，用左手把着车窗窗框，右手举起冲锋枪，用十分没有把握的方式瞄准着前方。从动作看，他像是受过专业训练；从操作模式看，他更像是在演电影，因为这种模式，在车体晃动、人体不稳、枪体沉重、手臂没劲、随机因素过多的情况下，根本无法保证，枪筒是对着移动中的羊群的。当然，朱亚斌知道黄羊是野生动物，他是不会真的对准开枪的，只是找一下感觉。黄羊跑了，我们对其操枪的方法大加赞扬，而且不绝于耳，直至他的脸上出现极不自然的红色。

又向东偏南走了 8 公里，才好不容易从山里出来。

刚出山区，不一会儿又进入新的一片山区，但这片山区十分神奇，因为山区中间竟是一片平坦的戈壁，像个隐藏的巨大机场，转弯，朝北偏东行驶 22 公里才出了山区，再次进入戈壁平坦地段。

（十六）野驴?

从这里朝东偏南走，北侧基本是平坦开阔的，但南侧还会时不时地出现一些小山包。所以，我们的精力主要放在右侧，即南侧。突然，在车队右前方很远的地方，见一小山包的半山坡上卧一动物，估计是野驴。

车队马上停了下来，车辆熄火，大家都安静下来。华仲春、朱亚斌和我三人下车，手持冲锋枪，轻轻地从山的另外一侧爬了上去，从山后面蹑手蹑脚慢慢地绕了过去。就在我们看见它的一瞬间，这只动物突然伸开两只翅膀。

哇，原来是一只鹰，而且是一只巨大的雄鹰！翼展近 3 米，矫健无比，挥动的羽毛似乎能够刮起五级旋风。雄鹰相当聪明，它意识到我们在这一侧，故它起飞后，向山的另一侧飞去。我们紧跑几步，等到再次看见它时，它已飞在空中，且越飞越高，越飞越快。朱亚斌朝着空中，对着鹰的下方 6 米处瞄准，但始终没有扣动扳机。我看鹰飞翔的姿态的确优美。

回到车里，担任向导的张团长说："鹰在草原人民心中是'神'，受草原人民的敬仰。"我们庆幸刚才没有扣动扳机。

待在车里，我还一直在纳闷，怎么一只活生生的雄鹰，我们会将其看成野驴了呢? 原因之一是，这只雄鹰太大了，它卧在那里，从远处看，很容易看错;另一个原因是，我们的知识面不够广，才会产生这种可笑的误判。

从此以后，每当看到内蒙古歌舞中有张臂的动作时，我就有一种神圣的感觉。经过这次"狩猎"，我内心深处受到了不小的震撼。

从猎鹰的地方朝东北方向行驶 20 公里，遇到一条公路，这是雅干—傲干奥日布格公路，我们上路的位置正好在雅干和傲干奥日布格的中间，也恰好是勘察区域的最东边，离国境线 10 公里。从这里沿着公路朝西偏北，与国境线平行行驶 40 公里，经雅干，又行驶了 125 公里，返回额济纳旗。

全天行程 306 公里。

五、黑城遗址居延涟

（一）几被掩埋

10 月 12 日，从额济纳旗出发，赴黑城考察其所在区域的地貌，同时了解弱水河西河流域附近的地貌。

黑城遗址位于额济纳旗正南偏东 22.5 公里处，或达来呼布镇东南 25 公里处，处于居延地区，是古丝绸之路上现存最完整、规模最宏大的一座古城遗址。该城始建于西夏时期，现存城墙为元代扩建而成。

车队到达城墙西侧，发现整个古城静卧于此，没有一丝生机，似乎连向来客诉说自己历史的气力都荡然无存。城墙外面几乎全被沙子掩盖着，只从下面看，会误以为这就是一座坡度约 40°的沙山，只有朝上看，看到沙山上露出城墙头来，特别是露出的整个轮廓过于整齐，人才会意识到，这下面埋着的是座城市（图 9-8）！

图 9-8　勘察队员在黑城

（右起：本书作者、华仲春、梁琦、罗峰）

我们沿着坡度约 40°的沙山爬了上去，感觉气喘。站在城墙西南角，朝西南方向看，城外不远处有一座孤零零的建筑，巍然耸立于地表，穹坊庐式顶，壁龛样式，即顶圆、下方，四面有窗，窗上方是半圆弧，从整体上看，像是个哨所，估计是打仗时作为一个策应的碉堡。问了一下向导，请教该猜测是否正确。答曰：非也，此乃伊斯兰教礼拜堂，是一座清真寺——又长知识了。当然，敢于联想，也是值得肯定的。

在西城墙上朝北走，至中间，到达该城西门上方，发现西门十分奇特：门外在北面和西面又筑起一面城墙，像个"┑"形，挡住出门人的视线，然后再在南面筑起一面城墙，人要出门，必须出门后先左转，再右转，才能见到外面。于是我马上问张向导，他说：这既是防御，也是个"瓮城"。这种类型的瓮城，我之前没有见过。

继续在城墙上朝北走，走到西北角，只见城墙上有座高约 13 米的覆钵式喇嘛塔（图 9-9），样式像北海公园中的白塔，只是更小一些，还有一座与之差不多的塔，另有两座中型塔和一座小塔。城墙上可以走人，打仗时可以作为转移阵地和战台。

图 9-9 黑城覆钵式喇嘛塔

站在城墙角朝西北方向看，见不远处有土砖垒砌的房屋痕迹，已废弃。周围裸露的夯土证实着它的历史，像远古的遗迹。再朝外看，从四周古河道和农田的残貌仍能隐约看出其轮廓。朝脚下看，沙漠已蔓延至城墙之上。估计古代守城的士兵会经常趁敌人不在时到城外挖沙、移沙，否则敌军很容易借助沙梯攀爬上来，哪还有防御之效？

朝东北方向望去，39公里的距离外或者说额济纳旗正东40公里处，有个湖叫"居延海"。居延海汉时称"居延泽"，唐时称"居延海"，现在仍然叫此名，是我国第二大内陆河黑河的尾闾湖，流经青海、甘肃、内蒙古三省（自治区）800余公里后，汇入巴丹吉林沙漠西北边缘的两块戈壁洼地，形成东、西两大湖泊，统称居延海。居延海是一个奇特的湖，其位置忽东忽西，忽南忽北，漂移不定，湖面时大时小，湖形时胖时瘦，时时变化。"居延文化"与该湖有密切联系。匈奴曾把居延海称为"天池"，汉时称"居延泽"，魏晋时称"西海"，唐代以后称"居延海"。据科学工作者考证，史前居延海是西北最大的湖泊之一，水面曾达2600平方公里，碧波荡漾，一望无际，水中多鱼，飞鸟戏水，岸边密生芦苇，近代干枯，现又还生。

（二）藏宝之井

从这里回过身来朝城内看，"城市"着实不大，城墙接近于正方形，实际为长方形，东西长434米，南北宽384米，周长约1600米，最高达10米，城墙用黄土夯筑而成，除西面有城门外，东面还有一个城门。内城西北角沿北墙有一个坡度为30°的阶梯，我们沿阶梯从城墙下至城内。

刚下到城内，便见西北角城墙上有一个洞口，大小可容一个人骑着骆驼通过，据说是当年守城的黑将军突围时使用的洞口。城内偏西北有个大坑，相传是口深井，原有水，后因被敌军从外面切断水路而干枯，黑将军临突围前，将全城的财宝以及自己的一儿一女埋藏在这里。如果仔细观看，可以发现城内有官署、府第、仓廪、佛寺、民居和街道的遗迹（图9-10）。

1226年，成吉思汗蒙古军的第四次南征攻破黑城，1286年元世祖在此设"亦集乃路总管府"，使这里成为中原到漠北的交通枢纽，马可·波罗就是沿着这条古道走进了"东方天堂"。1372年，明朝征西将军冯胜攻破黑城后，不久便放弃了这一地区，从此，黑城渐渐变成了沙海中的孤城残址。

图 9-10 远古遗迹

没了人烟，沙漠也将这里吞噬，但城内却埋藏着丰富的西夏和元代等朝代的珍贵文物，至于黑城里面埋藏有多少珍宝，一直是一个未解之谜。

（三）抢掠文物

1886 年，也就是该城沉睡了 500 多年后，俄国学者波塔宁在额济纳旗考察时发现了黑城。1908 年 4 月，俄国探险家科兹洛夫在此处掘得大量西夏文物，有佛经 345 种，政治、法律、军事、语文学、医卜、历法等书籍 60 多种，合计 405 种，其中包括珍贵的汉文、夏文对照的《番汉合时掌中珠》及《音同》《文海》等古籍，这一重大考古发现轰动了考古界和史学界，其掠夺行径也引起众怒。1914 年，英国印度之教育部及考古学调查所派斯坦因率中亚探险队至此，雇人发掘，在黑城内外大加搜索，收获颇丰。1927 年，瑞典人斯文·赫定与北平古物保管委员会在此发掘，亦收获不少。后来，法、日等都来过这里进行发掘。黑城附近还分布着许多与它同时代的文化遗物，有成规模的村落遗址、独立的农舍、佛教建筑。由于沙化，有不少房舍还深埋沙中。

对于外国人的抢掠，我们十分气愤，十分恼怒。但中国人自己当时为什么对这些文物没有足够重视？值得思考。

我捡了一块小瓦片和一片小竹片，不知这上面记载着怎样的历史，可能珍藏价值不菲。

当日完成了勘察任务，返回地方驻地。

六、勘察总结

（一）撰写稿子

10月13～14日两天时间，勘察队员忙于撰写勘察报告和制作录像片，就在招待所现场办公。主笔一般是我，但定调子是领导的事。写累了，我就到招待所的院里散散步。招待所正门外是个方形院子，中间围着的是个小花园，花园里种有许多植物。

（二）招待所是为招待苏联专家建的

站在花园中，望着环抱花园的这座古朴建筑，我内心一直在想，该招待所为什么建设得这么洋气？了解后才知道原因。原来，20世纪60年代初，中国邀请苏联专家来此帮助中国建设发射场发射导弹。当时，我国十分重视请来的这些专家，故按照苏联的标准建设了一个像样的地方，以让他们能安心地住在这。当时建设的代价很大，标准很高，听说不仅住的地方高档，吃的也不含糊，牛奶、面包、香肠等应有尽有。苏联专家对我国航天的起步和发展起了很重要的作用，我们对他们的这些照顾也是应该的。

现在好了，中国变强大了，可以平等地对待外国专家了，最好的东西不用只给外国专家享用了，最好的娱乐不用只让外国专家感受了。这也是为什么中国必须强大，要想强大，还得从一点一滴做起。

回去接着写报告。

（三）英语考试

10月15日上午，酒泉中心李凤洲主任等领导听取了勘察队的汇报。下午，考英语。为什么要在这里考英语？原来国家有规定，凡是参加高工评定的人，必须进行英语考试，勘察队员中有一位队员和我属于这种情况。全国的统一考试时间是 10 月 15 日，但考场应在考生所在单位驻地。为了不影响本次勘察，也为了照顾我们，经组织协商，决定让我们两个在酒泉中心考场考试。

但考试前需要复习，我们整天在野外勘察，晚上回来需要整理资料，还得准备第二天的勘察路线，哪有时间复习啊？看来，要想通过此次考试，只能依仗之前的功底了。这位队员终日不安，我经常安慰他。当他知道我俩可在一个教室一起考试时，非常高兴，而且强烈要求和我坐在一起。最后，我俩的英语考试都通过了。勘察没影响我们考试，他不仅通过了考试，而且超过了他的预期，这让他记忆深刻。

10 月 16 日，勘察队离开基地。

（四）勘察结论

通过勘察，我们认为上升段第一救生区 100 公里（含前 4 个特征救生点及其散布）范围内的地势平坦，对飞船返回舱着陆无危险，通行方便，有利于搜索救援。雅干南部地区不符合副场选场的地形条件，但作为运行段的一个应急返回着陆区基本可行，返回四子王旗和鄂尔多斯两个轨道交叉点的地形基本没有太大的危险。最大的收获是发现发射场东部 100 公里以内、南北 200 公里范围内是块平坦开阔的戈壁滩，适合作着陆场。

七、补充论证

（一）印发通知

10 月 13 日我们还在勘察时，921 工程办公室印发通知，要求做好着陆场系统总体技术方案补充论证工作。论证原则有四条：一是确保航天员的生命安全是着陆场的首要任务；二是重点做好主场方案，确保安全，可靠完成任务，副场从简；三是应急救生是小概率，要依靠空、海军，利用现有装备，军民融合；四是搜救手段应机动、灵活、精干。其中谈到副场时，专门提出要按第二次大总体协调会精神，进一步考虑选址问题，并对主场、副场的气象条件进行专题论证，待对气象条件进行专题论证和综合分析后选出副场。

11月17日，各单位领导赴北京开会，西安中心李恒星主任、张殿龙副总师、祁思禹等都去了，是沈荣骏副主任组织召集开的，921工程办公室汪永肃主任也参加了。会上，陈炳忠副总师宣读了通知精神。沈荣骏副主任提出：副场可以介乎于主场和应急救生之间。

李恒星回西安后，召开会议，贯彻通知精神，落实补充论证工作。会上，祁思禹报告了前期论证时国防科工委领导和五院的一些观点及存在的问题，认为："沈荣骏副主任说的副场介乎于主场和应急救生之间，言下之意是要对副场进行简化。五院希望副场与主场放在同一圈内，主要起气象备份的作用。五院的想法带来测控问题，因为制动点会放一条测控船，其测控弧段共有5分钟左右，飞船调姿、制动的测控就占去4分钟，这样之后只剩1分钟的测控弧段，不可能兼顾两个落区的制动观测，因为主场、副场不可能离得太近。"张殿龙副总师说："由于着陆场系统方案没批，故大家的讨论也多了起来。我理解的设立副场的理由应该有两个，一是增加返回机会，二是起备份作用。"李恒星主任在会议结束时谈到副场时指出："要从完成任务的角度来论证方案。"

（二）集中办公

11月28日，各单位联合论证人员再次赴洛阳，与洛阳跟踪与通信技术研究所人员一起开始集中办公讨论。夏南银总师提出："本次方案简化，不准备全部改变，仅对车辆、着陆场指挥所、副场、气象等进行简化论证，其他以前的论证还有效。"12月29日，着陆场系统完成新的《921工程着陆场系统方案论证报告》。

1995年1月10～15日，着陆场系统设计人员又在洛阳集中办公，对补充论证报告进行了修改完善。

（三）赴京汇报

1月16日赴京，17日着陆场系统设计人员向国防科工委领导汇报着陆场补充论证情况。沈荣骏副主任、沈椿年副主任、王永志总师、赵起增、921工程办公室舒昌廉副主任等出席了会议。

夏南银总师汇报了补充论证和方案简化情况。

赵起增指出："由于要求副场和主场气象不相关，用到的概率不会很高，故副场方案应大大简化。中国气象局有时报的气象预报比有些发射基地自己现场报得还准。"沈荣骏副主任插了一句话："突然来阵风，谁也报不准。"言下之意是气象不能搞得太复杂了，即使配置的设备很全，也不一定管用。

陈炳忠副总师认为："着陆场系统做了大量的工作，方案是简化了。数据处理系统已与远程指挥控制系统结合了，方案也简化了。目前看，方案还需设法再简化。"

施平超副部长认为："通信方案几经反复，特种车辆减到了无法再减的程度了，需明确对通信的要求。卫通、超短波等通信，测控通信系统和着陆场系统需综合考虑。"

张建启部长认为："搜救工作应主要依靠空军和海军，要提前两年打招呼。气象预报工作应主要靠中国气象局和总参气象局，可以减少一些直接的测量设备，增加联网的功能。"

921工程办公室工程总体室邸乃庸副主任认为："气象应进一步进行论证简化。"

921工程办公室工程总体室周晓东高工认为："车辆设备已大大减少了，气象准备在2~3月份进行专题研究，天地间的协调准备在2月中旬研究，副场应再做一些简化。"

王永志总师指出："着陆场系统的简化是有前提的，是有要求的，根据这些前提和要求，看一看配置的设备是否搭配了，需再落实。如果落在主场附近好办，就怕落在其他地方，如果应急救生，可能落的地方较多，这就要考虑特种车辆放在哪合适的问题。海上24小时后也得捞，海况差也得有办法，捞的方法是用挂网？是否还得需要考虑防撞？副场问题，是升轨还是降轨返回？今年（1995年）

3～4月份要研究出结果。"王永志总师在讲话时，总是在提问题，目的是启发大家更加深入地思考问题。

沈荣骏副主任说："特种车辆放哪？我看机动空运是个好办法。着陆场问题的关键是要找到返回舱落在哪里，不管你用'洋办法'还是'土办法'。水陆两用吊车能否使用水陆两用装甲车代替？海况可以通过选择发射时间选好的，能否用简单办法，首先得先救人，挂条绳子拖过来，应找此方面的专家，多考虑专用设备，如专用救生艇。关于通信问题，移动通信是个方向，海事手段要用上，反对使用散射通信，我已跟通信部说几遍了，估计没讲通，现在我再说一遍，不能干。现在的VSAT（甚小天线地球站）是分布式的，没有网管中心的卫星通信，价格也便宜，通信应该使用制式化设备。通信直升机卫星通信，如果能传电视就传，不能传，就不要电视。"

沈椿年副主任说："主场和副场要搞好。应急救生要搞机动性的，要靠空军，靠地面是不可能的。通信电视花钱太多，就不弄。"

赵起增汇总了一下大家的意见："特种车辆要考虑水陆两用，通信要考虑移动通信，副场的气象设备要比主场的再减一些。"

最后，沈荣骏说："今年（1995年）3月份以前，能否就把着陆场系统的大事定下来？"

会议研究确定：回收任务由北京直接指挥，气象预报由北京负责，简化副场设备和海上救生设施要充分利用移动通信等。会议尽管提及了副场的简化问题，但副场选在哪，尚未涉及。

2月10日，着陆场系统重新上报《921工程着陆场系统方案论证报告》，但国防科工委的批复迟迟未下，为什么呢？后叙。

第十章　通辽及浑善达克勘察

一、勘察起因

根据第二次和第三次大总体协调会讨论协调的结果，结合对内蒙古四子王旗阿木古郎、鄂尔多斯和东风等地区的地形勘察结论，主场基本确定在四子王旗阿木古郎地区，倾角基本定在 43°±1°范围内，副场作为主场气象备用，尽可能在与主场同一返回轨道上选择。

921 工程办公室发文明确，至于副场的选址，待对气象条件进行专题论证和对科尔沁沙地进行勘察后，综合分析比较，在东风、鄂尔多斯、科尔沁沙地中选定其一。三个副场备选区，前两个已勘察过，只有科尔沁沙地没有进行实地勘察。着陆场设计师队伍根据多方分析和图上作业，于 1995 年 2 月提出对内蒙古通辽市南部科尔沁沙地进行可行性勘察的意见。另外，主场尽管基本选定四子王旗地区，但在未来使用时，设计落点可能会有多个，每个落点又要考虑散布扩大问题，王永志总师提出："看通辽时再到四子王旗东面看看，看这里是否也可用作着陆场。如果可以，主场位置可再朝东移一下。"2 月 24 日，921 工程办公室明确，对四子王旗阿木古郎地区的周边地带，特别是集二（集宁—二连浩特）铁路东侧的浑善达克沙漠地区是否能用于主场进行可行性勘察。

1995 年 5 月 11 日，着陆场系统向赵起增和王永志就勘察方案进行了汇报，并确定了勘察目的：一是完成通辽地区作为副场的可行性勘察；二是对通辽用作运行段应急返回着陆区的可行性进行勘察；三是对浑善达克沙漠地区用于主场的可行性进行勘察。勘察范围：通辽地区 200 公里×110 公里，集二铁路线东 160 公里×110 公里，覆盖范围共 39 600 平方公里，空勘 3 个架次，地面行程 8000 余公里。

6 月 14 日至 7 月 12 日，国防科工委主管部门统一组织，测控部王文宝副部长领队，组成联合勘察队，由国防科工委主管机关、921 工程办公室工程总体室、洛阳跟踪与通信技术研究所、西安中心、五院等单位的 16 名人员参加，对内蒙古两个地区进行了为期 29 天的勘察，即第五次勘察。整个勘察得到了赵起增和王永志的密切关心与关注，重点勘察期间，两位首长均亲临现场指导和参加勘察工作。

勘察队成员包括赵起增、王永志、王文宝、邸乃庸、周晓东、夏南银、祁思禹、刘志逵、我、王汉泉、沈平山、王建坤、王爱新、龙继友、孙功凌、霍文军（摄影），另有机组、车组等人员。

二、通辽一水穿两山

（一）勘察准备

1995 年 6 月 14 日至 30 日，勘察了通辽地区。

通辽地区地处内蒙古和辽宁的交界地带，包括通辽市、库伦旗、奈曼旗和科尔沁左翼后旗（简称科左后旗）。此区域在内蒙古通辽市南部的两山夹一水地带，北边为大兴安岭山脉南端，南边为燕山余脉，中部横贯西辽河，地形与地物较阿木古郎、鄂尔多斯和东风等地区更加复杂，有必要先进行大范围的空勘普查，选出可能符合着陆场条件的区域，然后有重点地进行地勘。所要勘察地域以京通（北京—通辽）铁路为界，将东西划分成了 A 和 B 两个区。

A 区东西宽 110 公里，南北长 110 公里，总面积 12 100 平方公里，人口密度为 35～50 人/公里^2。地势是西南高，东北低，养畜牧河横穿本区，河的南部是黄土丘沟壑区，属燕山余脉，丘陵海拔 300～800 米，河流密布，多为养畜牧河、厚很河支脉，有 20 余条。河的北部属坨甸地，在西辽河冲积平原边缘，大部分地区为沙垄，间有沼泽、水泡子、水库、森林、果园，海拔 200～300 米。

B 区东西宽 80 公里，南北长 110 公里，总面积 8800 平方公里，人口密度为 32 人/公里^2。地势由西向东倾斜，海拔 80～300 米。南部属辽宁省彰武、法库和康平等县，仍为丘陵区，养畜牧河和厚很河汇合后的柳河、养息牧河、秀水河等流经此地，有西泡子水库、花古水库和尖山子水库等数个水库和一些常有水的水泡子。北部属科左后旗，属松辽平原西端，为堆积平原，由垄状沙丘、平坦沙地、丘间洼地和带状河谷构成。较大的西辽河从本区外的东部流过，但汇入西辽河的一些小支脉和常年有水的水泡子比较多。

A 区、B 区属温带大陆性季风气候，昼夜温差大，年平均温带为 6.2～14℃，年降水量 400～463 毫米，年平均风速为 4 米/秒，大风日数为 31～34 天，雨季在 6 月下旬至 8 月上旬，春秋两季风沙较大。

6 月 9 日，我从西安坐火车出发，10 日到达北京，住在华戎城宾馆。那时候，我们与机关打交道最多的就是测控部门，为了工作方便，经常住在这里。11 日，我开始帮机关人员做勘察准备工作。准备的物品有 GPS 接收机、手持对讲机、摄像机、照相机、地图等。12 日，我去车站接祁思禹、夏南银和刘志逮。13 日，勘察队技术人员讨论、制订行动计划。

6 月 14 日晚，勘察队由王文宝带队，夏南银、刘志逮、祁思禹、周晓东、王汉泉、我、沈平山等于 22:07 从北京乘坐特快火车，次日 7:30 到达沈阳。邸乃庸、王建坤、王爱新、龙继友、霍文军乘坐其他交通工具前往通辽。

6 月 15 日，国防科工委驻沈阳办事处魏主任、办公室刘主任前往车站迎接，仕翔云楼。办事处领导对勘察之事极其重视，专派物资处人员安排吃住行。王处长和张助理负责从始至终的联络和协调，为勘察提供了便利。

（二）两位皇帝之墓

下午赴北陵公园，见到了皇太极之墓，也称清昭陵。

清太宗爱新觉罗·皇太极（1592—1643）是清太祖爱新觉罗·努尔哈赤第八子，清初杰出军事家、政治家，清朝开国皇帝。皇太极因劳累过度而猝死，死后后人为其建北陵，即清昭陵，是清初"关外三陵"中规模最大、气势最宏伟的一座。门前有下马碑，正门叫"正红门"，朝南。进门后，道路两侧有华表、石狮、石马、大望柱、石牌坊。走在最里面，是方城、月牙城和宝城，这是陵寝主体。宝城后面是隆业山，登山俯视，陵园风光可尽收眼底。

6 月 16 日，空勘直升机还没到，勘察队员虽然着急，但没有办法，只好趁这个机会赴东陵，见识一下努尔哈赤之墓。

清太祖爱新觉罗·努尔哈赤（1559—1626），清朝奠基者。25 岁时起兵统一女真各部，1616 年称汗，建立后金，67 岁时去世。为其建造的清福陵背倚天柱山，面朝浑河，从空中望去，陵嵌深山老林，山环水绕，十分清幽。陵墓建在山坡上，朝里走，实际是在爬山。先爬 72 台阶，寓意孙悟空的"地煞七十二变"，再爬 36 台阶，象征着猪八戒的"天罡三十六变"，加起来总共"108 磴"。经"西天取经"之路后，便是一个牌楼。牌楼北面就是方城，这是福陵的主体建筑。再朝里走，便是月牙形宝城，地宫埋葬着清太祖和其皇后。

昨今两日，拜见了两位皇帝的陵墓。他们的辉煌已随风而去，他们留下的地盘也有所变化，不知他们在天之灵会是怎样的心情。

（三）万户

历史让人想起了比努尔哈赤去世早 226 年的元末明初的万户。

万户，原名陶广义，浙江金华人，1390 年去世。他熟读诗书，但不去投考元季功名，因为他不爱官位，而是爱科学。他原是浙江婺城陶家书院山长，喜好炼丹。一次炼丹爆炸，引发了他研究火器的兴趣，最终试制出火神器。元末，吴王朱元璋下婺州，陶广义率一干弟子相投，献火神器，在历次战事中屡建奇功，朱元璋赐名"成道"，并封赏"万户"。明初，他突发奇想，想利用火神器将人送上蓝天，像飞鸟一样飞入空中，去亲眼观察高空的景象。他把 47 个自制的火神器绑在飞车椅子上，自己坐在上面，双手举着两只大风筝，让人点火发射。整个设想事先没用假人做试验，上来直接用真人做试验，而且是自己亲自做第一人。现在看，这不符合研制规矩和研制流程，安全性和可靠性工作更没做到位。但那个年代，这么决定，实属不易。

万户命令手下点燃第一排火器。手下手举火把，心里害怕，未敢轻易动手。

万户问："怕什么？"

手下说："万一炸了怎么办？主人会有危险。"

万户道："飞天，乃我自古以来的夙愿。今天，我即使粉身碎骨，也要为后世闯出一条探天的道路来。你等不必害怕，快来点火！"

手下只好遵命，开始用火把点燃引信。

只听"轰"的一声，飞车周围烈焰翻腾，浓烟滚滚，随着热浪，飞车猛地离开地面，被抛向空中。正当围观人群欢呼时，第二排火箭自行点燃了，凌空一声爆响，只见空中的飞车立刻变成一团火球，万户从飞车上跌落下来，重重地摔在地上，手中还握着着了火的风筝。火器爆炸，万户牺牲。

后来，他创始的火神器——火箭的前身——就此结束。明朝以后，特别是到了近代，中国科技日趋落后，国人备受列强欺凌。但是，万户开创的飞天事业，得到了世界的公认。美国火箭专家詹姆斯·麦克唐纳称万户为青年火箭专家，是人类第一位进行载人火箭飞行尝试的先驱，他研制的飞车，也是人类有史以来了不起的发明。苏联两位火箭专家费奥多西耶夫和西亚列夫也在其《火箭技术导论》中，说中国人不仅是火箭的发明者，而且是"首先企图利用固体燃料火箭将人运至空中去的幻想者"。

万户的努力虽然失败了，但他却是第一个提出借助火箭推力升空的人，因此他被世界公认为"真正的航天始祖"。这个"始祖"第一次尝试实践中华民族的飞天梦想。为纪念万户，国际天文学联合会将月球上的一座环形山用这位古代中国人的名字命名。他研制的火器可称为第一代"火箭"，假设非得有名字，不知是否可叫长征-零号火箭，代号"CZ-0"。

元末明初的科技先驱、清朝初期的辉煌，证明着中华民族无可争辩的能力。

清朝末年的政坛衰败、中国近代的没落，证明着中华民族挥之不去的耻辱。

历史让当代中国人思考：如何使祖国复兴？如何让祖国再次成为一个科技强国，成为一个航天大国？

（四）连日阴雨

当天，一架 M-17 直升机飞至沈阳东塔机场。

下午，为了任务的顺利实施，勘察队与沈阳军区空军、机场的领导和具体工作人员进行了座谈。与机场关系搞好了，但此时天气却作起难来。6月17~20日连续四天都预报沈阳及周边地区有雨，每日的气象预报时刻牵动着每个队员的心，每次看到气象预报时，勘察队员的心情都比天色还要灰暗。

6 月 17 日勘察不成，只好跑到沈阳的辽宁广播电视塔，登塔俯视周围的环境，查看天气是否有好转的可能。该电视塔塔高 305.5 米，曾被誉为亚洲同类结构第一高塔，所以是看地形、地貌较理想的地方。

辽宁广播电视塔建成于 1989 年，位于沈阳市沈河区南运河畔，是东北地区最高的建筑。在 187～215.3 米有 6 层塔楼，最大直径 43.9 米，"空中乐园"设在塔楼的 193～205 米处。登上露天观览平台极目远眺，由于天气不好，能见度低，故我们也看不远，方圆百里的沈城风貌淹没在茫茫水汽之中。由于塔太高，我们连地面也看不到，故也没有理由恐高。

（五）调研出笑话

6 月 18 日依然有雨，空勘不成，听说铁岭有一家企业生产方舱，我们便决定去铁岭调研一下，看能否将方舱用于着陆场系统的野外工作和宿营。到了工厂，厂长和销售部主任很重视，带着厂子里一帮人，与我们在会议室座谈起来。厂长是位男士，看上去很专业。销售部主任是位女士，看上去很机灵。

在问了方舱的野外展开时间、使用次数、工作寿命、密封防雨等问题后，就转入讨论更细致的技术问题。夏南银总师问："方舱接地电阻能否做到 10 欧姆？"

话音刚落，销售部主任马上抢先回答说："完全可以。不用说 10 欧姆，就是 20 欧姆，我们也能做到！"

她刚说完，我们这边的人全都愣在那了，眼睛瞪得大大的，看着她，以示怀疑。她一看我们的表情，似乎感到我们在质疑他们做不到，马上再次强调："真的，我们绝对可以做到 20 欧姆！"这话一说，我们终于憋不住了，大家不约而同地哄堂大笑起来。

原来，接地电阻做小难。电阻小了，容易将方舱表层的电荷、舱内仪器壳体的电荷导至地下或传至避雷针，保证人和设备都时刻处于安全状态，特别是雷雨天气，不至于出现雷电炸劈的现象。销售部主任不懂业务，但敢揽业务，职业使她养成了勇于答应任何指标的习惯，故不知水深水浅，这次她依然敢于承诺指标，却把指标理解反了，故闹了个笑话。

估计厂长是搞专业的，懂行的，但嘴上功夫不及销售部主任，故听到她的话，没来得及阻挡，所以整个人僵在那里，半天没回过神来。我们到车间看了一下，了解了舱壁中间填充隔热发泡工艺、方舱门窗密封工艺等，学到了不少东西。此时，我们注意到，销售部主任不再说话，而是远远地跟在整个参观队伍的后面，眼睛朝地面看的时间更多些。

（六）怪坡

从铁岭回沈阳的路上，路过一段公路，有上坡和下坡，上、下坡共长百余米。我们路过时，感觉特别奇怪，因为看到有些人似乎不是在赶路，而是在做试验。停车一问，原来此处称为"怪坡"。他们说，如果汽车在上坡途中停车熄火，汽车不但不后滑，反而会朝上走。还有这事？我们决定也试一下。

我们让车头冲着高处，主动熄火，看朝后溜不溜车，别说，还真怪，竟然真的不仅不溜车，车反而还朝上走。等滑到高处，我们再掉头，冲着山下低处，再熄火，试验一下滑不滑，一试，车不仅不朝下滑，反而开始倒着走，于是赶紧刹车！

有一些年轻人在使用自行车做试验。可以明显看到，下坡时，自行车需使劲蹬踏才能行动；上坡时，不用蹬，自行车自己就能滑行。如此看来，这真是个"怪坡"。

"怪坡"发现于1990年4月。当时，有两个人开一辆吉普车，顺着进山路驶进该地段，可能驾驶员是个新手，车至此时莫名其妙地突然熄火，只好摘挡停车，但还没打火时，突然感到车自动向坡上滑行，他们感到惊愕，以为遇到"鬼"了，于是赶紧刹车。眼睛使劲朝坡上看，判断是否有怪物在牵引他们。观察了半天，没发现什么异常，故又壮着胆子试了几次。没想到，仍然如此。两人百思不得其解，带着恐惧，带着迷惘，惶然而逃。后来，这地方就出名了，有人不远千里到这里一探究竟。后来人们发现，质量越大的物体，越容易发生自行上坡的奇异现象。如此"怪坡"效应，自然引起了探险家和科学工作者的浓厚兴趣，有人解释是磁场作用，有人解释是地下有重矿，有人则说是视觉误差，还有人说是暗物质的强大引力……各种解释，众说纷纭，却难以令人信服。

在"怪坡"附近，还有一座"响山"。每当人用石块敲打（或脚踏）其特定部位时，它都会发出一种特殊的声响，故名"响山"。

载人航天面临的奇异和特殊将会很多，需要我们不断地探索、细究。例如，工程研制中会出现许多"奇特"的质量问题，需要我们"归零"。航天器研制过程中发生的质量问题"技术归零"有五条标准：定位准确、机理清楚、问题复现、措施有效、举一反三。定位准确是指针对质量问题，要精准确定问题的部位；机理清楚是指质量问题一旦定位后，要通过地面试验和理论分析等各种手段，弄清问题的根本原因；问题复现是指在定位准确、机理清楚后，通过地面模拟试验、仿真试验或其他试验方法，复现问题的现象，从而验证定位准确性和机理分析的正确性；措施有效是指制定有针对性的、具体可行的纠正措施及实施计划，并且措施要经过评审和验证；举一反三是指把发生质量问题的信息反馈给相关单位、系统和其他型号，从而防止同类问题的再次发生。除技术归零外，还有管理归零五条标准：过程清楚、责任明确、措施落实、严肃处理、完善规章。谁摊上质量问题，谁就得被"剥两层皮"。"怪坡"这样的奇异现象，如果放在载人航天人面前，估计早就摸清症结和机理了。

6 月 19～20 日，有雨，待在招待所。

晚上躺下，睡不着，这些天连绵风雨，不禁让人联想起宋代女词人李清照的《如梦令·昨夜雨疏风骤》：

> 昨夜雨疏风骤，浓睡不消残酒。
>
> 试问卷帘人，却道海棠依旧。
>
> 知否，知否？应是绿肥红瘦。

当下情景与词中描写的景致有雷同的地方，但巨大的区别是：没喝美酒，无卷帘人，更没浓睡。细思，区别大于雷同。

三、沟沙原湖形多变

（一）地形多变

6月21日上午，天气依然不好，只好再等。一直等到中午，所勘空域和沈阳上空天气见晴。勘察队员草草地吃了点饭，11:30乘车直奔东塔机场。在机场困了5天的M-17直升机终于在13:00离开了地面，此时机上的每个人心情都是激动的，为航天员选择降落地点的使命就要开始了。

只见祁思禹头戴耳机，手持地图，随时在跟机长和领航员联系着，庞大的黄色副油机箱仍然时常被他暂时用作办公桌。摄影师霍文军在舱门边捆好机器，挂好摄影机，自己腰系保险带，只待猎取"猎物"了（图10-1）。

图10-1　通辽空中拍摄
（左霍文军、右本书作者）

直升机从沈阳东北角绕过城市，直接朝正北飞行，飞越辽河水系，11:37飞抵法库，进入通辽勘察区。今天要勘察的是A、B区的南部，去时向西，东西横跨207公里，再朝北飞，右转向东飞回。

法库及以东地带属丘陵地，但看上去起伏较缓。航线下方有个别水泡子，纵横有树，3~4 米高。村里的房子为平瓦房。到二道河子，地势平坦。不久，便见一条河，河水较少。

飞行中，航线左下方出现一座大型城市，这就是彰武。

彰武县属辽宁阜新市，地处辽宁西北部，是东北入关的"咽喉"，素有"全辽管钥"之称。彰武县地处科尔沁沙地南部，东连康平、法库两县，南接新民市，西隔绕阳河与阜新蒙古族自治县相邻，北靠内蒙古通辽市的库伦旗和科左后旗。全境呈枫叶形，东西长 87.5 公里，南北宽 79 公里，总面积 3641 平方公里，辖 22 个镇、2 个乡，40 多万人，有汉、满、回、苗等 15 个民族。地势北高南低，海拔 58~313 米。境内无高山，446 座山中最高的八棵树山海拔 313 米。东西部为丘陵，北部为科尔沁沙地的延伸地带，中部和南部为松辽平原坡水地。丘陵占地 30%，沙漠占地 29%，平洼占地 41%。地貌特征是东西两侧为堆积剥蚀低山丘陵，海拔 200 米。西部多呈浑圆缓坡状，冲沟很多，切割较深，坡角 20°~30°。东部地势平缓略呈波浪状，冲沟也很多，坡角 10°~30°。北部由风积沙组成沙丘、沙垄，多为固定沙丘，沙丘间为狭长的河谷冲积平原和洪积平原，呈西北至东南方向分布，地势比较平坦，是松辽平原的一部分。地形是东低山，西丘陵，北沙荒，中南平洼，地貌总趋势为一山二丘三沙四平洼。

刚飞过彰武不久，便见一条大河，是柳河。柳河是辽河流域的一条支流，含沙多、洪水泛滥频繁，发源于通辽奈曼旗南部双山子东坡，上游有两大支流，一条是养畜牧河，一条是厚很河，两条支流汇流于库伦旗三家子镇乌兰胡硕，汇流后称柳河，流经库伦旗、辽宁阜新县、彰武县，在新民县城南边汇入辽河。全长 271.6 公里，流域面积 5791 平方公里，年均水流量 2.18 亿立方米。

一过柳河，便进入丘陵地带，山脉绵绵。飞过青龙山不久，到 121°E，这是我们空勘的最西边。从东朝西，一路飞来，总体看是缓起伏的丘陵，有沟区。

从此转弯北飞。航线右侧全是山区。飞行 18 公里，右转东飞，发现有冲沟，就像树根一样深深地紧固着地面。看到山沟不断，我们的心情是低沉的，感觉航天员在这里降落不太安全。

长时间的颠簸飞行，导致大家感受不良，肚子里的食物总想往上涌，嘴里的酸水不断增加。我时不时地将口中积攒的酸水小心翼翼地咽下去，生怕咽快了，会触发哪根神经，引起连锁反应，总感觉稍有不慎，腹中之物就有夺口而出之危。我早就注意到王汉泉也处于这种状态，估计他比我严重些，故将两个塑料袋递给他，请他到舱后面坐下，让他不要看外面晃动的景物，以使他能够扛过去。他努力地照做了，但几经努力，终于控制无效，手中早已备好的塑料袋，立马充满了呕吐物。吐后的他，精神慢慢缓和了些，与他人言谈了几句，尴尬渐散。

经过长时间的飞行，人们除了有呕吐的感觉外，还有另一种窘迫，那就是体内储存液体"容器"的内压开始增大，有人已经把腰带松了两个扣。

空勘终于结束了，直升机从法库朝南飞，回返。

（二）蘑菇云

突然，领航员说："不对，指示有些不对！"原来，此时导航系统出了故障，飞行顿时失去了方向。凭经验开了一会儿，驾驶员心里开始不踏实起来。此时只能知道，直升机是在飞着，但不知道朝哪飞，这叫盲飞。唯一让人心里踏实的是：距离地面的高度是知道的。幸亏是在平原，如果是在山区，万一前方突然出现一座山，躲闪都不一定来得及。我一直站在领航员的座椅后面，暗自替领航员着急，眼睛一直没闲着，一会儿看驾驶舱内的状况，一会儿看窗外的情形，心里盘算着，如果我自己开飞机，遇到这种情况，该如何处理？

突然，我看到右侧远处上空有一个类似蘑菇云的东西，像一顶巨大的灰色帽子悬浮在空中。我想起城市的空气污染，于是断然猜测，那就是沈阳。

我忙指向那个方向说："可能在那里！"驾驶员注意到了，开始转向右侧，控制直升机飞向"蘑菇云"。飞近后发现，果然就是沈阳。

人类在探索着科学，科学推进了科技进步，科技给人类带来了便利，同时也加速了对地球资源的消耗，更加速了对这个地球的污染。但谁也没有想到，污染这次反而给了我们指引，这简直是个讽刺。

16:15，历时 3 小时 15 分钟，航程 683 公里，直升机终于飞回沈阳东塔机场。

下机后，人们争先恐后，在直升机不远处任选一方土地，迫不及待地释放体内液体。此时耳膜仍在轰鸣，人们只想赶快找个安静地静坐一会儿，满脸的倦意已不再掩饰，连晚餐吃得都不香。

（三）倾盆大雨

6月22日计划飞第二个架次，但每个勘察人员都还没从昨日的疲惫和不适中摆脱出来。

上午，勘察队和机组人员乘坐一辆大客车赴东塔机场。路上开始电闪雷鸣，车到机场，便下起大雨，而且特别大。我们跑到机场气象室了解天气，结果让我们十分沮丧。走到楼门口，雨越下越大。突然，一个战士从楼里冲了出来，刚跑出楼，就被大雨硬生生逼了回来，他低头、收腹，急退，待退至遮雨处，才将头抬起，衬衫早已被浇透。他望着倾泻下来的大雨，急切地大声喊着："你看这下了个瓢盆大泼泼，瓢泼大盆瓢，盆……瓢……瓢……盆……下大雨了！"他本来想说"瓢泼大雨"，因急躁，刚说了个开头，就意识到说错了，马上在喊的过程中，迅速提取脑海中这个词语的其他字眼，并且及时地补救了回来。因着急，还将"泼"说了两遍。但马上发现补救得不对，问题应该出现在前半段，故赶忙纠错；再说一遍时，词组的前三个字眼对了，但眼中闯进的雨水进一步造成了他思维的慌乱，突然又想起"盆"和"瓢"应该是关键字眼，瞬间叠字输出，但马上又意识到不对，只能加一个字，故又加了一个"盆"，感觉不对，又加了一个"瓢"。此时他已乱了方寸，所以，最后终于放弃了说"成语"，干脆说了句大白话："下大雨了！"这次，没错。他的口音有点像河北和河南交界处的口音，极具磁性，由于他输出的词汇错误百出，再加上他的急促，伴随着他的语音的跌宕起伏，故说出的效果极佳。我被他的话彻底地征服了，根据其音频，一个拼音、一个拼音地记下来，再转换成文字，才知他说的是什么，故我记住了他说的每个字。

（四）本溪湖

勘察队和飞行员被迫转场。如果回驻地，非常浪费时间，经协商决定去本溪。

雨在飘泼下，车在雨中移。大客车前挡风玻璃上全是雨水，就像前方有十几个大汉，每人拿一个水缸同时朝车窗上浇灌，雨刷在拼命地摇头，但雨刷刚划过，身后立刻铺满雨水，而且是厚厚的水帘，司机要想看清道路，实属艰难，看清 5 米，已算不错，故车开得极慢，生怕前方突然出现一辆大卡车。如靠近前方一辆车，其车灯在我们看来，如同一圈一圈发散且不聚焦的红色或黄色光环，似乎整个光线没有了力量，大部分光子被水汽无情地吞噬掉，光谱也在没有规律地扩散着。

车内之人切实地认识到了车外"倾盆大雨"之含义，同时也感受到了这辆大客车防水功能之低下。夏南银总师被车内不断下坠的雨滴挤到了座位最里面 1/3 处的角落。

到达本溪市，全市都在下雨。本溪得名于"本溪湖"，湖面 15 平方米，是世界最袖珍之湖。由于今天下大雨，湖水猛涨，面积大了 0.32 平方米。我见过小的湖，但没见过这么小的。但别看湖小，它的名气可不小，是"关东十景"之一。清代有一处士（古时称有德才而隐居不愿做官的人）高升先，书"辽东本溪湖"，刻石于湖口，湖旁有慈航古寺，梵音香火盛极一时。此湖峰峦围抱，外阔内隘，极似犀牛角酒杯，故称"杯犀湖"，谐音"本溪湖"。

将来在我们的空间站里，是不是也可以建一个这么大的湖？初算了一下，有些奢侈，估计会占不少空间，另不便维持其水平面。如果建一个再小一点的呢？又担心"本溪湖"创始人笑话。想到这，决定还是在建月球基地时再考虑吧！

（五）遮雨水洞

既然下雨，那么选择考察的地方必须具有防水功能，附近有个水洞可以避雨。

该水洞是数百万年前形成的大型石灰岩充水溶洞。其水不是纯净水，水中含有二氧化碳，当水在裂隙中流动遇到石灰岩时，就会发生碳酸化反应，生成碳酸氢钙，因其溶解于水，故可被水带走，久而久之，裂隙被溶蚀成洞穴。据说，水洞之水为优质饮用水，不用担心饮之而将身体溶蚀成各种窟窿。

进洞向右，有一瀑布从两丈多高的仙人洞口喷泻下来，倾入深不可测的水洞。向左进入旱洞，隧道两侧已见钟乳石，曲折迷离，半阴半明。走 300 米，见一码头，船系岸边，人少船静，宛如幽静别致的港湾。上船，渐进暗河。洞内深邃宽阔，洞壁钟乳石状千姿百态，石笋与石柱从裂隙簇拥而出，洞顶垂柱彩光倒映水面，让人错觉身处道家仙境，头顶滴水灌入脑后衣领内，让人不但不觉其怀坏意，产生车内漏雨之烦恼，反倒愿意体会这种饱含历史沧桑的神秘湿润和通透凉爽。泛舟河面，悠闲自得，手触水下，划出一道弯曲有度、美轮美奂的绝佳风景线。如果跃入水中，畅游暗河，水面如镜，蛙泳伸臂，手指所至，宛如破镜，那将会爽快至极，同时也将洞外淋雨后残留的尴尬稀释得干干净净。突然联想，如果水下恰有多嘴水怪，猛吞手指，会是何等恐怖？思至此，瞬间将手缩回船内。暗河长 2800 米，河道曲折蜿蜒，河水清澈见底，水流终年不竭，偶见飞瀑，预示着还有其他水源。洞内九弯，称"九曲银河"。船行五里银河，最后被巨石拦住。可弃船涉水而进，至于是否遇险，是否能平安而归，全凭胆量而为。听说此水最终排泄于太子河。

　　出洞后，雨还在下，但夏南银总师的心情已变好，原来在车内被淋的不适被洞中之水冲洗得荡然无存。我们就近找了一家饭馆吃午饭，饭馆老板不在，但老板娘在。老板娘 32 岁，双眼皮，眼角略朝上翘，很漂亮，说话伶牙俐齿，大有王熙凤之韵，尽管对个别同志有调侃之词，也没引起我们的反感，大家反倒找了些词汇，多说了一些话，即使饭后出门时看门的狗狂呼猛叫，也没有消退大家的兴致。饭罢，雨也停了，但如果再返回机场飞行，时间就来不及了。

（六）批准先地勘

　　6 月 23 日仍在下雨，眼看着计划一天天地拖下去，领队王文宝更是心急如焚。晚上，赵起增坐火车从北京赶来，批准了我们提出的先地勘再空勘的勘察想法。

　　6 月 24 日凌晨 6:00 起床，此时沈阳军区长途车队的 5 名司机在于队长的带领下早已开车赶到翔云楼，5 辆北京 213 吉普车整齐地一字排开，十分壮观。

　　7:36 准时出发，准备对科尔沁左翼后旗（简称科左后旗）的东南方向进行勘察。勘察路线是：沈阳→彰武→康平→散都→常胜镇→科左后旗。

　　10:00，行进 110 公里，到达彰武县，进入 B 区。本想沿东北方向赴兴隆堡，

但因修路，只好先奔正北，到达冯家，然后绕回原路。

（七）阴沟翻"船"

在穿越一个村庄时，有一丁字路口，中间低洼，充满了污水，形成一个不小的池塘，猪和鸭子在里面欢快地洗澡。

0号车、1号车、2号车沿着路边，右侧轮子在地面上，左侧轮子在污水中，"摸黑"开了过去。3号车跟在后面，准备如法炮制，不料进入深水区不久，左前轮陷进泥坑，车子前后动弹不得。由于在浑水下面，不知道轮子是陷在石头缝里还是卡在坑中。我们从路边老乡家借来绳子，然后呼叫1号车掉头回来救援。两辆车车头对车头，一拉，绳子断了。3号车的人只好一个个从右侧车门下来，以减轻车重。众人齐推，3号车仍纹丝不动。

猪、鸭子停止洗澡，昂起头泰然观之，没有丝毫帮忙之意。

有一位曾当过兵的老人非常热情，他从家里拿来钢丝绳，司机站在污水中，鞋中灌满泥浆，艰难地系好钢丝绳。这时，好几个老乡也跑来帮忙推车。两个司机再次发动车辆，钢丝绳可承受的拉力巨大，1号车这才将3号车拖出来。参与推车者衣服上均布满了不规则的泥点，鞋中充满了透明度接近于零的污水，如果检测，其中定有猪、鸭子的排泄物。

我们用10元钱赔了老乡的绳子，并将一包香烟塞到帮忙的老乡手中。

11:41，终于找到公路（彰武—后新秋），成功绕过兴隆堡。

有时真的是计划赶不上变化。绕这一圈，尽管遭遇陷车，但却感受了这一带的地势，结论是：平坦。

（八）3号车趴窝

去后新秋的路上，整个地带平坦，远处有缓山。后新秋镇西北方向有一座水库，叫巨龙湖。1959年以混沌河改修建成水库，水域面积27.5平方公里，主坝长1825米，坝高55米，顶宽4.5米，容量1440万立方米。因开挖两条引水渠道，形如龙须，故取名为"巨龙湖"。湖岸有沙底浅滩，可当天然浴场。

12：18，到达张家窑林场。路边树直径约 20 厘米，高从 3 米到 10 米不等。

13：00，到达张强。张强镇属康平县，距县城 35 公里。区域面积 146.42 平方公里，耕地 10.5 万亩，辖 14 个村、83 个居民组、204 个自然屯，有 2.4 万人。张强镇多处为丘陵地带，西南高东北低，西南部为丘陵漫岗，多沟壑，中部为低丘平原，多良田，东北部低洼易涝，并与内蒙古戈壁沙海相连。北部沿边自西向东有马莲河，西北有天然四道号水库，面积达 555 公顷。农业主产玉米、高粱，盛产鱼、虾，有砖厂、酒厂、养殖场等。

经张强，到二牛所口路上，13：13，3 号车熄火。之后经常熄火，在接近康平时，熄火后再也无法启动，可能是 3 号车在污水中"受到了惊吓"，现在还没"缓过神来"。于队长拿了几袋方便面和几根火腿肠主动留下，和司机一起查找原因，其他人在 14：00 到达康平，这是勘察区域 B 区的最东边。

大家吃饭时，龙继友找到县城里的修车师傅，准备返回抢修 3 号车，此时 3 号车自己就赶到了。熄火原因是线路接触不良，启动高压加不上电。

康平县属沈阳，距沈阳 120 公里，地处辽河流域，西邻阜新市彰武县，南接法库县，北与科左后旗毗邻，面积 2175 平方公里，有 35 万人。康平县西南为兴安岭—医巫闾山余脉，北部为科尔沁沙地东南缘，东部为辽河冲积平原，形成西高东洼、南丘北沙、地形起伏、高低不平的特点，可概括为"一水二草三林四分田"。县城西 1 公里处有一湖，叫"卧龙湖"，是辽宁第一大平原淡水湖，东西长 16.5 公里，南北宽 6 公里，周边长 60 公里，水域面积 67 平方公里，最大蓄水量为 1.3 亿立方米。此区地势平坦，土地肥沃，腐殖质堆积较厚，生长着蒲草、芦苇、三棱草、莲藕等 70 余种植物，栖息着野鸭、大雁、丹顶鹤、天鹅、鱼鹰等 142 种野鸟类，湖水中生长着草、鲢、鲤、黑、嘎、鲶、鲫等 39 种鱼类、3 种虾类、4 种蚌类。

（九）辽河东岸有个小村

康平县城东隔辽河，辽河东岸是铁岭市昌图县。昌图县四面城镇老房村在中华人民共和国成立前是一个只有六七户人家的小村，位置比较偏僻。就是在这个地方，1932 年 11 月 17 日，出生了一个小孩，长大后成了中国运载火箭技术研究院院长，先后参加或领导了 6 种地地导弹型号、2 种运载火箭型号和 1 项载人航天工程的设计研制，干了研制战略导弹、研发运载火箭、送中国人上太空三件事，是我国首种自行设计导弹——东风-2 中近程导弹研制的参与者，是东风-3 中程导弹定型飞行试验全部成功的试验队长，是第一代液体洲际战略导弹东风-5 的副总师，是第二代液体远程机动导弹东风-22 总师，是固体远程机动战略导弹系列首任总师总指挥（制定东风-31 基本型方案，经局部改进发展成巨浪-2 远程潜地导弹和东风-41 洲际导弹），是东风-15 固体战术导弹首任总师总指挥（该导弹后续系列已成军中利器）。2015 年在纪念中国人民抗日战争暨世界反法西斯战争胜利 70 周年阅兵式时，由他设计的 3 种导弹都在受阅方阵中，均是国防重器，他是大推力捆绑式火箭长征-2E 捆绑式火箭总指挥，后来成了中国载人航天工程首任总设计师，他就是王永志。王永志总师的出生地，与我们吃饭的地方，相距 56 公里。

14:25 吃完饭，我们继续朝西北方向出发，行驶道路大都是土路。

（十）帮忙推车

15:57，到达公河来公社。从这开始，我们进入内蒙古境内。接近散都（即 B 区中间地带）时，开始进入沙质地带，地势起伏较小。17:18，到达散都，北边全是沙丘地。

奔西南，经胡博营子，再朝西北驶去，17:45，来到了一个不起眼的地方，叫爱力国营子，见一地方的车上坡费劲，眼看着就要朝下出溜，我们赶快下车帮着推，终于，车停止了后退，改为朝上慢爬，最后终于登顶。成功后，得到老乡司机的表扬。

我一直纳闷，这个地方应该是他们常来常往的，应熟悉得很，怎么会发生溜车的事情呢？可能是今天装货装多了？不管怎样，百思不得其解。当然，帮忙成功，得到老乡点赞，心情还是好的。趁着心情好，下路跑到沟边，抓到一只青蛙，观察 5 秒，从漂亮程度看，判断其是雄性的。"研究"完毕，将其放生。

（十一）油没了

再向西走，看到了一个石油油田，抽油机并不高，像吊车大小，没有看到打井架，只看到一些车辆和方舱。看到油田了，大家才意识到，此时大部分勘察车辆都快没油了，必须停车加油，司机们因此外出找油。

到了 18:04，找油的司机仍没有回来。油田就在脚下，但地面上的车却没有能"喝"的油。王文宝无望地走进一家小酒馆，与一位工人闲聊，得知他的一个朋友是个司机，前段时间路过时留下一桶油，再没来取。真是"踏破铁鞋无觅处，得来全不费功夫"。工人领路，赶到宿舍，取桶抬运，用嘴吸管，喝两口后才将"救命油"导引进我们的车辆油箱中。

工人师傅合理地收了些钱，司机们的心情如同"喝"饱了油的车，心花怒放。

（十二）找打狼棍

趁司机们在找油，勘察队员下车了解石油工人的居住地。工人都住在类似方舱一样的房子里，方舱是辽宁某厂生产的，不知道是不是 18 日我们考察的那家。每个方舱可住 6～8 人，有过渡间、办公桌、壁柜、台灯和洗漱间，空间高度 2.5 米以上，居住舒适。伙房间设备齐全，蔬菜皆从外地运来，桌上摆着炸鱼，独有的炸香诱发着我们口中的液体，伙房边有淋浴间。着陆场搜索部队将来也要在野外宿营，这些方舱是可供参考的。

参观完出来，赵起增让司机到附近找木头棍子，因为他听说此地晚上有狼出没，咬人甚至还吃人，故有木棍会有备无患。听说这里有野狼，我们参观方舱的人既惊恐又好奇，感受有些复杂。我们看见远处几个司机回来了，一人拖着两根木棍。

有油了，又有了打狼棍，车队再次出发时，大家的心情就轻松多了。

（十三）推运猪车

心情轻松，不等于路就好走了。18:28，到达常胜镇，路经铁牛乡时，已是

19:06。路上全是沙子，因为刚下过雨，沙子变得湿漉漉的。

一辆运猪的卡车陷进公路的沙子里。曾被老乡帮助才将车推出水坑的赵起增，此时精神异常好，招呼大家都下车，齐力推车。赵起增、祁思禹两位都加入了推车的行列。车被推出水坑，老乡感动地说："甭说让这么大的领导推车，以前就是见都没见过！"

地势依然平坦，但随着天色越来越晚，树木越来越多，车队几次因树多、路有岔口而走错。走错路倒不怕，怕的是路边出来狼群。大家都十分担心，而且天色越来越黑，恐惧感也越来越强烈。这是常胜镇西边，森林覆盖面积达25.9%，现在给人的感受是"阴森"。

（十四）夜幕中爆胎

事不凑巧，19:52，2号车轮胎爆了。这里是野外，又是漆黑的夜晚，狼随时可能出现，还遇到爆胎，同时也不知这些乡间小道哪里是尽头，人非常恐惧、焦虑、郁闷。

司机开着手电在换轮胎，我们在警惕地望着四周，看看远处有没有反光的地方。如果有狼，而且它已在注意你，那么它的两只眼睛会像一个抛物面反射器一样反射光线，夜幕会把微弱的光聚集给你，由此可判断是否有狼。狼、狗、狮子、老虎、野猫在夜间观察你时，你会正好感受到这种强光。如果是一片聚光灯射向你，说明你被兽群包围了。当然，你的一双眼睛也会将光线聚集给它，它照样也会因此而发现你。观察许久，突然发现远处有一亮光，心头一紧，但从数目看，不是成双成对的，是个单点；从运动轨迹看，不是在地面移动，而是在空中。因此综合判断是萤火虫，紧张气氛顿消。

就在此时，19:59，从对讲机中传来好消息。原来走在前面的1号车根本没有意识到后面的车有爆胎的，故使劲在前面跑。误打误撞，在小路上走着走着，突然遇到一条公路，一看规模便知这是条交通大动脉。一查地图，原来是彰武一科左后旗的公路。听到此消息，全队人马顿感有了希望。

事后发现，当时走夜路，本该从老营房朝西北、沿康平县—科左后旗公路走，实际上是朝西走了，误差45°，走的全是无路之路，也是野狼出没之地，亏得误打误撞，走到彰武—科左后旗公路上了，才算解了套！

晚上8点多，到达科左后旗，住下。

科左后旗地处北京—通辽铁路线上，交通便利，城市建设非常现代化，我们所住的左旗宾馆已是三星级水平，原来担心加不上的90号汽油，在这随处可加，远比来前预计得要好。

科尔沁是蒙古族部落名，其意为佩戴弓箭的侍卫。清朝早期，面朝南为进军方向，将军队分为左、右翼兵，称东为左，把位于科尔沁部中心的左后方称为科左后旗。后旗位于通辽市东南部，东北部与吉林省双辽市接壤，东部和南部与辽宁省彰武、康平、昌图县相邻，西部和北部与库伦旗、奈曼旗、开鲁县、通辽市和科左中旗相连，总面积11 476平方公里，共40万人。旗东部系辽河冲积平原，其余均是沙丘、沙地。坨甸相间交错，沙丘连绵起伏，洼地纵横分布。地处中温带边缘，四季分明，干旱多风沙，年平均气温5.3～5.9℃。境内有大小河流11条，东辽河和西辽河是较大的过境河流，其余小河流除大青沟外均属季节性河流，均属辽河水系，大小湖泊325个，水面92 523亩。

（十五）大青沟

6月25日早7:40出发，当地人民武装部一科长当向导，带着勘察队奔赴库伦旗，准备对A区中部和南部进行实地勘察。

科左后旗向西南不到20公里处的地方，叫东满斗营子，朝南来到一个地方，此处很神秘，叫"大青沟"，大青沟的领导是王场长，他带领我们对大青沟进行考察。大青沟横卧于通辽市南部原野之上，与科尔沁沙地相接壤，是一条南北走向的绿色深谷，是古代残遗森林植物群落，有珍贵的阔叶林，总面积12.5万亩。大青沟有东、西双条沟，交叉呈"人"字形，各长10余公里，沟深100余米，宽200～300米，一直伸入辽宁省境内。

　　大青沟正好处在拟选着陆场区域的同一纬度，我们十分担心万一飞船返回舱返回时出现偏差，会落在这些深不可测的沟内。走了一段，放眼望去，只见一片森林，地势略有起伏，但根本看不出"沟"的含义，难道王场长带路带错了？正在纳闷时，王场长让我们下车。右侧不到 30 米处，有一条深沟，这就是著名的大青沟。看来只坐在车里，是难以发现世上还有这样凶险的地貌的。沟的两侧是丘陵地，地平线至此，猛然成为"V"形，沟中树灌悠悠，从上面看下去，仿佛是无底深渊。大青沟与沟外的沙化现象形成了鲜明对比，难怪有人称之为"沙漠绿洲""沙海明珠"，看来有道理。再定神看，似乎能望见流水，流水犹如一条无形的花龙，在忽明忽暗中爬行。

　　王场长介绍说，中华人民共和国成立前这里藏着土匪，他能看见你，你不能看见他，他们长年幽居此处，神出鬼没。不知这些土匪是怎么被消灭的？是哪支部队过来剿匪的？有没有一个作家写出像《智取威虎山》那样的作品？当下还有没有土匪？

　　继续前行，一会儿到了一条小路，这里通向大青沟沟底。说是小路，倒不如说是一条险象丛生的森林灌木隧道。路面是冲沟，头顶是满天树灌，走进去，犹如进入一条林荫怪道。周边树林里时不时传来之前从未听过的鸟叫声，空阔处便见比叫声还美的秀丽小鸟。这是它们的王国，与它们同在，堪为乐事。此种景致，朦胧中夹杂着湿润清丽的天籁之音，好似梦幻世界一般。王场长说，大青沟是天然野生动植物的基因库，沟内具有保存完整的森林生态系统，多种动物和鸟类在这里栖息繁衍，目前发现的野生动物有野猪、狍子、狼、梅花鹿、狐狸等。看来，除了鸟，还有其他野生动物。看到这些深不可测的沟中幽林，再想到野兽，联想到航天员如降落于此，要想出来，看来要历些风险。

　　人到沟底，地势豁然开朗，沟水已不像上面看的那样可怕，而是十分清澈。沟水也可称为沟内的小河，涓涓淌过，手捧入口，味道甘甜。我可告诉航天员，此水可饮。水边停着几只橡皮艇，我们再看一下水的流速，很快、很急。大家你看看我，我看看你，没有语言，却在交流，试探着谁敢先下水漂流。航天员野外训练，各种风险都要历练，险流求生存便是科目之一，我们理应历练一下。赵起增决定带领几位勇敢者，驾驶橡皮艇顺沟而下，体会一下大青沟第一漂的感受。

在我们还没出发前，就注意到有对夫妻正慢慢"移"进一只橡皮艇。为什么说"移"呢？因为他俩都太沉了，男的大约重220斤，女的亦有160斤重。他们的臀部挤进橡皮舟后，直往周围膨胀，确有撑裂之嫌。待两人塞进橡皮舟，橡皮舟已深浸水中。

等他们出发之后，赵起增已拿好撑杆，王爱新抱来橡皮艇，他俩勇敢地下了水。不甘示弱的周晓东和我、王文宝和沈平山、王汉泉和霍文军，分乘三只橡皮艇先后顺流而下（图10-2），下水时间是9:00。水急，橡皮艇一会儿被冲向此岸，一会儿又被抛向彼岸。沟宽2～4米，此时却成了晃"元宵"的景象。只要稍不留神，头就会插进岸边的草丛中，或背碰到野草丛上，特别是有时树干横空挡道，离水面仅有一尺，如来不及躲闪，就有被刮进水中之险。不一会儿，周晓东感到屁股底下湿了，显然水已经开始入侵橡皮艇了。幸好我俩配合默契，艰难的几处倒也顺利通过了。

图10-2　险练漂流

（右周晓东、左本书作者）

向上看，是山，是树林，有泉水流淌。水平看，沟边有鲜为人知的草本，还有红花，如果拿回家养，美赛海棠。沟内有千眼泉水，终年流淌。沟的两侧是古木参天，乔灌草丛茂密，生长有 709 种原始稀有植物树种，属内蒙古、东北、华北三个植物区系，今天肯定钻研不全。

刚在入神处，却见赵起增站在沟岸，与王爱新一起，将橡皮艇翻过来，将水合盘倒出，可见刚才他们全无心思欣赏沟边风景，而只是忙于与水"斗争"了。他们重踏漂程后，我们也随之荡舟。

不多远，只见岸边站一女士，正试图捞一水中之人，那人不是别人，正是刚才那位男士。一棵树斜着长在岸边，树干几乎水平地伸向溪流上空。但见他右腿勾在树干上，左腿却沉重地淹没在水中。岸上女士不管使多少劲，水中之人仍纹丝不动。我们急忙划桨过去，关切地问道："你们的船呢？"

"船跑了！"

"你们人……"

"人留下了！"

不知他们是如何落水的，也不知女士是如何上岸的，更不知这位男士的右腿是如何勾住那棵大树的，当然也不知此种姿势保持了多久。划至其身下时，我试图托他一把。不料我们的橡皮艇猛地向下沉去，划桨也顺势掉到水中，溅起的水将周晓东的衣服弄湿一片。

我们的橡皮艇沉下去了，这位男士却因此被解救了，他终于上岸了，湿透的裤子紧贴在他的臀部和腿上。

唐代诗人刘禹锡在写《竹枝词》时，似乎早已预测到今天这个场景：

> 山桃红花满上头，
> 蜀江春水拍山流。
> 花红易衰似郎意，
> 水流无限似侬愁。

不幸的是，那位"郎"的"愁"也传给了在后面漂流的王汉泉。沟的水面上横有一树，离水面约有半米。坐在橡皮艇前面的霍文军将头一低，橡皮艇舟头和人一起勉强过去了，但坐在橡皮艇舟尾的王汉泉却手抓树干，过不去了。橡皮艇在树干下面穿过了，王汉泉的脚留在橡皮艇内，手却吊在树干上，身体先是倾斜，随着船被急流冲向下游，王汉泉的身体开始与水面平行了。坚持了这种姿势足足5秒钟后，他的身体中间部位开始下沉，臀部很快接触到了水面。

此时的霍文军，早已忘却自己身处危险之中，纵身跳进水中，逆流朝上游走了几步，快速救起王汉泉。此时他碰巧发现了前面那位男士丢失的橡皮艇，因为此橡皮艇被岸边树枝挡住了。这样，两人一人一橡皮艇又开始了新的漂程。此时的二人，当然是"水汪汪"的，但他们共同战胜困难的胜利感，压倒了刚才的失落感。

这时沟边小道过来一匹骏马，只见一人正在马背上探险归来。两只蝴蝶一直盘在他的头顶上空，上下左右，翻滚如春，看上去充满诗意。

10:10，我们漂至终点。上岸，跨上骏马，沿河沟小道，扬鞭疾驰。无暇顾及岸边美景，只是高度紧张，生怕被骏马甩出去。柳条撞至面部，像被鞭抽一般，但这丝毫没有减弱驰骋带来的快感。10:41，出大青沟。

（十六）冲沟一万三千条

向西勘察，路面都是柏油，行车时速可达80公里，一片沙质土地。看来落在大青沟以外的其他地方，危险小多了。

11:06，到达翁斯喇嘛营子，有水泡子，周边有一片丘陵，朝西南。11:13，遇一村庄，村边有水。路边时常出现村庄，一般村边都有积水，鸭子与水草点缀水中，远处望去，有一种和谐之美。村中都是槐树或白杨树，树高十几米，树粗约20厘米。11:32，库伦旗东侧的途中两侧像大戈壁滩，作为着陆场没有问题。11:45，见一瀑布，下面有一方水池，一群黄牛散落池中，悠闲自得，比泡温泉的感觉还美，整个画面有点像《桃花源记》中的一景。中午11:52，来到库伦旗吃午饭。

库伦旗属通辽市，位于市西南部，东邻科左后旗，南接辽宁省阜新蒙古族自治县和彰武县，西连奈曼旗，北临开鲁县。库伦旗地处燕山北部山地向科尔沁沙地的过渡地段，境内南部浅山连亘，中部丘陵起伏，北部沙丘绵绵。整体地势西南高，东北低，区内沟谷交错，低山连绵，海拔最高 626.5 米，最低 190 米，500 米以上山峰有十几座。吃饭时我们了解到，库伦旗地势开阔，总面积 4716 平方公里，有 17.8 万人。沙占 40%，丘占 30%，山占 20%，田占 10%。该旗森林多，覆盖率平均达 30%，例如三家子森林覆盖率是 59.6%。

饭后 12:53 出发奔西。13:09，到达哈尔稿西南 4 公里处。这一片相当开阔，森林树木多。从哈尔稿北边进入沙地。13:41，西行至下庙，遇一桥，周围是冲沟，河宽约 30 米。库伦旗冲沟有 1.3 万条，平均 20 米长，21 日从空中看到的冲沟出现在面前（图 10-3）。

图 10-3　冲沟

（十七）塔敏查干沙带

13:57，西到六家子镇，看见其北面远处东西向有一条沙带。这就是塔敏查干流动沙带，东西走向，西起奈曼旗，东至库伦旗三家子镇、瓦房牧场，曲折蛇行入科左后旗境内，海拔 250～300 米，号称"八百里瀚海"，实际是沿养畜牧河北岸东西长 70 公里、南北宽 2～4 公里的带子，属哲里木沙漠三条沙带中最长的一条。流沙区内很少有植被生长，大部分呈波状或新月形，局部轮廓常随风改变，并移动位置。"塔敏查干"为蒙语，意为"魔鬼"或"地狱"。我们从库伦旗出发，基本是沿这条东西向沙带的南侧朝西走过来的。为了一探沙带的真面目，我们决定北上，深入沙漠腹地看看。14:14，沿途是大片开阔的地带，土为沙土，逐渐能看见北边的沙带。14:29，过依河屯，见一条河，这就是有名的养畜牧河。

养畜牧河发源于库伦旗平安乡达录山北坡，流经六家子、哈尔稿乡，到三家子镇东南与厚很河汇合，成为柳河的上游，流入渤海湾。柳河全长 110 公里，流域面积 825 平方公里，河宽 30～200 米，年均流量 1.1 亿立方米，结冰期 4 个月，主要支流有胡吉尔河、查干河、道老都河、希伯河、元宝山河等。

过河后，已全是沙子，可以说已进入沙漠，行车开始变得艰难。我们下车徒步走入茫茫的沙带之中，看了个仔细。在这浩瀚的沙海中，植被稀少，腹地有少量的黄柳条、沙蒿、骆驼蓬等沙地植被，其他几乎全是金光灿灿的明沙，有的沙丘高 70～80 米，连绵起伏，广袤无际。有人说，在酷热的夏日，沙漠偶尔会出现海市蜃楼奇观，或楼台殿阁，或都市风光，稍纵即逝，如梦如幻。我们站在沙漠上，使劲看，却什么也没有看见。

上车后，朝回返，15:00 回至六家子镇。

（十八）河床不见踪影

朝南，路途平坦，树林多，有冲沟。

15:32，突降大雨，水形成溪，冲刷着地面，冲沟大概就是这样形成的。17 分钟后，来到一乡，叫"水泉乡"，再南下，开始有山，地势开始有起伏，树都被虫子咬死了。16:12，至格尔林苏木。格尔林是我们今天勘察的西南角，也在内蒙古与辽宁的边界线附近。

过一条河，叫"厚很河"。这也是一条东西向河流。厚很河和养畜牧河均朝东流，在三家子镇东南方向 10 公里处汇成一条河，叫"柳河"。

向东北，16:24 到达海力斯台，远处山脉已有起伏，这是站在内蒙古看辽宁的印象。16:45 来到白音花苏木，见到的房屋是瓦房。路因山势而有起伏，坡度 15°。

16:55，2 号车轮胎爆了，4 名司机同力抢修，6 分钟修好——神速，真是团结力量大。车修好刚起步，便遇到一条河，位于奈林稿附近。17:05，车队开始过河。这里的过河可不是过桥，而是车蹚着河水过。过河时，又下起雨，而且越下越大，水流眼睁睁地看着急了起来，河面涨了起来。司机一看情势不妙，马上加快了速度。刚开上岸，便下起了特大暴雨，其阵势就像要把我们冲回到刚才的河里。再回头看河，原来尚有裸露石块的河床早已不见踪影，河面也宽了五六米，水流已变得湍急，河水已变得浑浊，如果此时让我们过河，是万万不敢的，我们感到十分后怕。大自然的力量太强大了。看来，雨后在沙地、泥浆中行车会很困难，如果在此情形下救援航天员，那么救援时间会加长。17:17 进入库伦旗，13 分钟后离开。

18:30 返回科尔沁后旗。

（十九）蒙式早餐

6 月 26 日，我们勘察科左后旗的东北方向。

早上 7:35 出发，开车来到一蒙古包，从外面看，这个蒙古包很大，进到里面，摆设讲究，可吃早餐。有一个小姑娘看上去像是服务生，瘦削，乖巧，俊秀，我们围了一圈坐下，她在中间忙着照顾大家，端上酥油茶、奶酪、炒小米，还有其他东西。15 元一位，价格很高。

（二十）修车后的花脸

上路后一直向东偏北行进。8:07 到达胡吉尔苏木，这里地势起伏小，沙质，平坦，偶有小丘，牧场多，有树，羊群散落其间。一会儿到了海斯改苏木，坦阔，路南有小水池。8:30，到了乌汗，开阔，树多，8 米高，牧场多。8:55 到达吉尔嘎朗镇，地势仍平坦、开阔。9:03 进入达巴代，地势有缓伏，有小丘。9:32 到达巴润阿嘎州，地势又开阔起来，沿途有 6.6 万伏高压线，树少。9:45 进入准阿嘎州。10:15，看见路南侧有一碱湖，路旁有高压线，路北有丘地，地势开阔。

10:24 到达索根艾勒时，3 号车熄火，不知何故无法启动。在他们修车期间，我们开 4 号车向东深入考察。10:30 到达勘察区最东边——海路图，感觉这里有点儿像华北的偏僻农村。过了一会儿我们返回索根艾勒，恰好 3 号车也修好了。

一看司机，我们笑了。司机脸上不均匀地挂着黑色油渍，衣服已面目全非，他正在用汽油洗着手，滴到地上的汽油全是黑的。由于我们只将精力放在勘察上了，没顾上司机的辛苦，见到眼前的场景，顿感惭愧。勘察中，不知有多少这样的人在默默地、不计较地工作。

（二十一）原始大草原

由此北上，11:31到达巴润散都，路西又见一碱湖。我们绕着湖，左转，在湖北岸，经花胡硕朝西，见一南北土路，右转。12:39到达勘察区东北角巴雅斯古楞苏木。

午饭还是热水泡方便面，就着榨菜，吃的不如早餐舒服。

13:18开车，由此西去，穿过乌苏别嘎其口、桐其格、乌呼都、准乌兰那仁、巴润乌兰那仁，沿途几乎无树，像是原始的大草原，没有人为破坏痕迹，很平坦，极开阔。我之前没有见过这种草原，比阿木古郎的草原还要好。

（二十二）双合尔山

从巴润乌兰那仁北上，又是草原一片。15:19到达阿古拉苏木。在茫茫草原上，惊见一座大山，突兀拔起，远处看像蒙古包，十分奇特，山头有尖，山形整齐圆滑，煞是好看。我们问当地牧民这座山叫什么，答曰："双合尔山"，是"天下第一敖包"，山上有白塔，始建于1734年清朝雍正年间，该山叫"敖包"也不为过。我们走近看，只见山方圆百余亩，山高近百米，山顶果然竖立着一座白塔，其建筑制式和造型像北京北海公园之白塔，简直就是"孪生姐妹双塔"。在这平平坦坦的一片草原上，突然冒出来这么一座规整、完美、圆滑、柔润之山，实属奇迹。

牧民还说，山脚下以前曾有清朝年间所建的双福寺，庙有九九八十一间，巍峨壮观，与北京雍和宫几乎一样，形神俱备。双福寺在香火鼎盛时期曾有1300多名喇嘛，除格根活佛以外，曾有4位转世活佛延续，极为灵验。

（二十三）白音查干淖尔湖

山前有一个湖，是碱湖，叫"白音查干淖尔湖"，分东湖和西湖，稳定水面达 4000 多亩。湖周围水草丰茂，万鸟云集，牛羊成群。羊不用觅食，只要低下头，便可进餐，太幸福了。此刻，从远处传来"窸窸窣窣"的响声，而且声音越来越大，循音望去，湖面由静变动，波动方向指向探入湖中的一片芦苇，但未见任何其他异常。怎么回事? 有敌情?

就在猜测之时，突然从芦苇中蹿出一匹骏马，双蹄跃起，腾跳空中，飞越一段时间后，前蹄再双双落入水中。随身其后，又一匹骏马杀出，接着再一匹……不一会儿，出来了三十几匹，领头马带着众马，沿着芦苇边缘，跑向岸边（图 10-4）。芦苇内有多大，不知道，但没想到一下子出来一个马群，不可思议。那里面可能就是双合尔湿地。

图 10-4　双合尔湿地中"杀"出的马群

阿古拉苏木属科左后旗地处通辽市东南 60 公里处，总面积 914 平方公里，耕地 18 万亩，林地 68 万亩，双合尔湿地 10 000 亩，白音查干淖尔湖有多种候鸟栖息。来的路上我们见到的草原就是著名的阿古拉草原，是一块十分完整的原始草原。阿古拉草原历史悠久，文化底蕴深厚，是远近闻名的"风水宝地"，1650 年设府建旗，是一代名将僧格林沁的家乡。僧格林沁，1811 年生于阿古拉镇白兴吐嘎查，14 岁被朝廷钦定为科尔沁左翼后旗第十任札萨克多罗郡王。1859 年，第二次鸦片战争期间，僧格林沁率 8000 多骑兵在天津大沽口与英法联军展开殊死肉搏，维护了国家尊严，立下了赫赫战功。为此，清廷赐号"博多勒噶台"，封其为亲王。

阿古拉是勘察区域 B 区最北边，故我们从这退回向南，再经巴润乌兰那仁，继续朝南，16:34 来到准道日苏。这一带相对平坦开阔。继续南下，经鲁根套布、海斯改，返回后旗。

（二十四）通辽西北部地勘

6 月 27 日，对科左后旗西北方向进行勘察。

早上 7:35 从科左后旗出发，沿铁路线北上，8:12 到达伊胡塔镇，这里平坦、开阔。在这里，勘察队员与赵起增惜别，赵起增返回沈阳，乘飞机回北京。

其他人员由此西行，经新艾里，10:28 到达朝鲁图，沿途开阔，农民住泥屋，朝鲁图是勘察路线的西北角。从这左转朝南，地质逐渐变成沙地、沙垄。11:44 到吉力吐。

车常常陷进沙地里，有时第一辆车能够通过，但第二辆、第三辆就不一定了，沙地一旦被压过就会变软。在沙地上开车，的确需要经验。一是要有速度，没有速度，许多地方是冲不过去的；二是尽量不沿前车之辙走。有时车抛锚了，推也推不动，我们就在车轮前方用锹挖沙子将沙子移走，留出启动空间，有时要就近找一些树枝垫上，甚至有时将大衣铺在沙子上，车才能顺利闯过软沙地。推车，选路，忙个不停。推车时，低着头使劲，汗水顺着脸颊朝下流动，从下巴摔到沙子上，撞击出一种四射的波浪，让你感觉到了沙地的味道。承载我们汗水的这片沙地，就是塔敏查干沙带，两天前我们去过的地方在这条东西向沙带的西边 35 公里处。

12:28 到达库伦旗国营敖伦经营农场，拍摄车外沙丘。12:50 渡过养畜牧河。两天前的中午，我们在这条河的上游（即西 36 公里处）吃的野外午饭。13:00 到达库伦旗，吃午饭。饭后 14:00 出发。

两天前的勘察路线是从东向西，今天的勘察路线是从北向南，两条路线在库伦旗交叉。勘察方向为东南。14:46 渡过厚很河，过了河，进入辽宁地盘。15:30

到达四堡子。

四堡子乡位于彰武县西北部，距县城62公里。东和东南与满堂红乡、哈尔套镇接壤，西南与阜新蒙古族自治县接壤，西北、北与内蒙古隔河相望，东北与满堂红乡相连，总面积221平方公里，有1.3万人。地形以丘陵为主，地势北高南低，属浅山丘，有三条较大河流，即柳河、绕阳河、苇塘河，大部分为季节性河流。有三座山，即八棵树山、鸡冠山、马蹄山，海拔在250米以上。这里的树多了起来，放眼望去，全是绿树。

经哈尔套，来到一座桥，桥下流淌着的是苇塘河。这个位置是A区、B区中间夹着的不用勘察的区域。过河后马上进入B区西南角。不一会儿，路朝左转奔东北方向，便见一座大桥，桥下流淌着的是柳河。这条河河面大多了，水流急多了。河的上游，如养畜牧河、厚很河，我们都去过了。估计我们去时看过的上游之水，现早已从桥下流走了。过了柳河，进入彰武县城。我们没有停顿，从城南出来，直奔东南方向，几分钟后，出了B区边界线。

从此刻起，地面勘察任务圆满完成。沿公路，经新民县，跨过辽河，于18:20回到沈阳。

（二十五）通辽后续空勘

6月28日，连续几个阴天过后，终于迎来了晴天，空勘又开始了。

上午8:40起飞，由康平北飞至公河来苏木，转弯西飞，经科左后旗、额勒顺镇到达固日班花苏木，沿途地势先是平坦、开阔，西边渐渐变成连片的沙丘，即所谓的"八百里瀚海"的主体。由此南飞至朝古台苏木，便见沙垄、沙地。由此左转，东飞至六家子镇上空时，见到北边有一条明显的流沙带，这就是6月25日我们徒步察看的那条沙带。继续东飞不久，地势又开阔起来。东飞至库伦旗上空时，可见大地有许多冲沟，像树根紧固着地面。经章古台，11:17到达康平水库上空，周围绿化比较好，地势开阔。

11:58返回东塔机场。共飞行3小时18分钟，航程693公里。

6月30日又飞行一天，前几天地面勘察的区域全在眼下。

上午 9:38 起飞，10:30 到达浩坦公社，大地开阔、平坦。西飞，在伊胡塔上空飞过南北方向的铁路，那是从通辽至科左后旗、彰武的铁路，也是 6 月 27 日与赵起增告别的地方。经朝鲁图，飞至珠力干八仙，这里已是沙地，但平坦，有小树。由此右转，北飞至八仙简公社，转弯向东飞行。此域平坦，草垫、沙丘、水泡相间，树少，树小。在巴胡塔处再次飞越铁路。12:02 飞经阿古拉，从直升机上能看到双合尔山和白音查干淖尔湖。飞至新艾里，证实了 6 月 27 日感觉地势平坦的印象。12:13 飞经巴雅斯古楞苏木。

13:10 返回东塔机场。共飞行 3 小时 32 分钟，航程 742 公里。

（二十六）讨论小结

6 月 29 日，趁天气不好不能起飞，勘察队员聚在一起开会讨论勘察情况。

祁思禹说："库伦旗沟壑多，森林覆盖大，例如三家子镇为 59.6%，故该地区不太合适作为副场。A 区北部有流沙，车辆不宜进入，交通不方便。"

王汉泉说："火箭上升段逃逸是小概率事件，但一院花费的代价很大，与之相比，返回段花费的代价很小。降落安全是第一位，救援是第二位，从资料看，地面抢救人员死的也不少。如非要选择的话，应选 B 区北边，这样返回的尾巴正好落在 A 区北边。如果与鄂尔多斯比，此区气候条件差、交通条件差、地貌条件稍差，作为副场不太理想。"

刘志逵说："此区优点是 108 圈与主场是同一圈，能降在国内。缺点明显：可选范围较小；在可选范围内地貌变化大，有草甸子、沙丘、水泡子，总体看不如鄂尔多斯；交通不好，下雨后泥浆多，车辆不能行走，越野车在沙垅上无法跑，救援时间长，而鄂尔多斯几乎到处都可走；树木多，森林覆盖率很高，而鄂尔多斯几乎没有树；人口多，人口密度为 30～50 人/公里^2，而鄂尔多斯的人口密度为 1 人/公里^2；气候多变，与四子王旗气候相关，而鄂尔多斯雨水少，因阴山相隔，与四子王旗是两大气象系统。"

王文宝说："飞行试验初期最好是同一圈，故选副场的原则是宁早勿晚，即在同一圈里寻找先经过的地方落。副场的使用原则是气象备份，而通辽与主场相关大。地貌条件选择不理想。"

周晓东说："通过请中国气象局做分析，三个候选地区中，东风最好，鄂尔多斯和通辽差。要知道飞船落哪，则要分析测控观测条件，如测控船布在什么海域？ 国际联网如何？ 最好在试验初期在同一圈选副场。"

通过几天的空地勘察和大家的讨论，专家们认为：通辽地区丘陵、山地、沟壑、流沙多，此区可选范围较小，地貌变化大，下雨后无法行走，搜救时间长，树木多，人口多，气象与主场相关性大，与鄂尔多斯和东风比，作为副场不太理想。如果非要选一地方，则 B 区以吉尔嘎朗镇为代表的区域被专家看好，被认为有可能成为着陆场。鉴于此，原计划备份的空勘架次取消。

四、云冈悬空跨屏翰

（一）过家门而不入

7 月 1 日，勘察队员从沈阳转场，赴内蒙古对主场进行详勘。

早上 6:10 吃饭，6:20 出发。早上 7:45 起飞，飞行 650 公里。8:50 到达北京首都机场时，4 辆越野车（1 辆巡洋舰越野车和 3 辆 213 吉普车）早已进入机场内部等候接机。大家上车后，直奔河北宣化，根本没进北京城区。许多勘察队员的家在北京，这也算是"过家门而不入"吧！

中午到达宣化。宣化是个古城，始建于唐，曾叫"上谷郡"，现隶属张家口市，距北京 180 公里，西邻"煤海"大同 180 公里，北接内蒙古草原，世称"神京屏翰"之域。其东南 40 公里处的涿鹿，是炎帝和黄帝部落之间展开阪泉之战和涿鹿之战的地方，从而融合、发祥了中华文明。宣化城城墙每边长约 500 米，城池位置大致在钟楼西街、皇城桥北街以东的范围内。给人印象最深的是钟楼，真叫气派，估计比西安的钟楼还要宏伟、讲究。

宣化府是北京城西的第一座府城，我们准备在这里吃午饭。车队进一大院，此院原来是一个测控站所在地，现在这个站撤了，但还留守着一些人。进一房屋刚坐定，招待所所长进来，我感到十分眼熟，再定神一看，原来是大学的校友，姓赵，多年不见，很是高兴。

（二）超车出事

饭后奔向山西大同。路上煤车不断，大型货车层出不穷。前面有三辆煤车，后面跟着一辆卡车，再后面是我们的车队。车队开始超车。前两辆车打着左向灯已超过卡车，并已加速行驶在煤车左侧。就在 3 号车也启动加速超车时，卡车突然也猛然启动加速超前面的煤车——显然是故意的。

3 号车始料不及，被快速别向路的左侧。只见 3 号车对着路旁的沟冲去，紧急刹车，轮胎痕迹与道路中心线明显形成 30°角。就在眼看就要冲进沟时，车刹住了。车离路边的树仅 1 厘米，而沟深 8 米，坡度 45°，十分危险。我就坐在 4 号车副驾驶位置上，故看得真切。我拿起对讲机，马上告知前方车队出事了，同时告知了肇事车辆的车牌号码。

但见前面两辆越野车快速打开警灯，拉着警笛，呼啸追去。4 号车也拉起警笛，追了上去。卡车司机意识到出事了，故拼命逃，立马运煤路变成了追逐场。它在前面跑，我们在后面追。卡车终因车速不及越野车被追上。我们的车在后面尾随并准备超车，但卡车不让超。你从左超，他就左堵；你从右超，他就右堵。从我坐的 4 号车朝前望去，三辆车如同快速行进的巨蟒，来回穿梭，左右扭动，既要躲开前方来的车辆，又要想办法超车。尝试八九次后，1 号越野车瞅准机会，强行超越卡车，在其前面堵住，2 号车在其左侧摞着，4 号车在其后面截住，硬性地将其困在路边。

没等卡车停稳，卡车司机就跳出驾驶室夺路而逃，拼命窜向路南，跑下路边 8 米深的沟，又爬上 8 米高的沟，跑到对面的田野里，越跑越远。王文宝十分恼怒，手拎一棍子，在后面追着、喊着，让他过来。王文宝气愤是有道理的，因刚才 3 号车里面坐着的是祁思禹高工、着陆场系统总设计师夏南银、主任设计师刘志逵研究员，他们都是我国航天界的重要人物，万一出事，那就是大事，谁都担不起这个责任。另外，勘察刚进行一半，主场勘察尚未开始，如有闪失，不好交代。局面僵持了一刻钟，终因司机感到车还在路上，还掌握在别人手上，故无奈朝回走，边走边隔空建议："不要打我，千万不要打我。"。

由于这时我们已知 3 号车安然无恙，故只将其驾驶证、行车证带走，让他到大同交警处领取。当晚我们住在大同宾馆。

大同，古称云中、平城，是晋、冀、蒙三省（自治区）交界处，是历代兵家必争之地，有"北方锁钥"之称，同时也是"中国煤都"。大同处于群山包围之中，西北方向是阴山山脉的大青山，西南方向是吕梁山，东南方向是恒山（恒山东南是五台山），东临燕山余脉。桑干河自西南向东北，在城市东南方向流过，大同恰好位于周围高、中间低、众山夹一川的槽形盆地之中。

因大同地处 40.1°N，同东风地区、鄂尔多斯地区大致在一个维度附近，飞船应急时，也可能落在附近，故需要大致了解一下周围的地貌情况。

（三）悬空寺

7 月 2 日，早上 6:30 出发，8:30 进入山西人同恒山金龙峡，车沿山谷上行，路的两侧山体垂直，像刀削一般，如果飞船返回舱降落于此，危险系数很高。

突见西侧翠屏峰峭壁间有一空中陡峭楼阁建筑群，走近一看，是悬空寺。下车朝西望去，发现整个建筑群像是镶嵌在悬崖峭壁内，挂在半空中，只是屋顶、走廊露在外面。数了一下，有十几根细长的木柱支撑着，最高处距地面 50 多米，我担心常年这么撑着会垮掉。粗观，真险！

其实仔细看，会发现楼阁、回廊栏杆、栈道下面都是深入岩石的半插横梁，这根埋在暗处的飞梁才是真正的托扶，即使没有那些支撑的木头，也不一定掉下来。这是建筑师的别有用心之所在。细品，真巧！

再来看整个建筑的整体形态，以勘察专业的角度审视，山体岩石的断层平面与水平面成 35°左右，寺庙的走势也大概是这个样式，故从整体看，就为寺庙的错落有致打下了基础，这也为"大手笔"埋下了伏笔。慢思，真妙！

这个地方，既有险处，又有巧处，更有妙处，堪称一绝！看来，建筑师很会选地方，不是俗人。

整个寺庙的下方有一块巨石，右上角写着两个字——"壮观"，据说是李白来此，有感而发，酒后书写。实事求是地说，说"壮观"，似乎像是在说大白话。再抬头观看上面的寺庙，其精巧绝伦之美，似乎不该用"壮观"来形容，倒是感觉委屈建筑师了——不知李白当时是怎么想的。

走下河床，再朝上攀，在巨石南侧，沿小路拾级而上，"之"字形攀爬，最后从左上台阶，终于看见庙门。庙门朝南，很小，被挤在挨近山体的内侧。门的右侧全是用石砖从山底砌上来的，到这里形成一个平面，这可能是整个寺庙坚实的根基之所在。从门外南侧台阶处可以清楚地看出，整个寺庙实际上是"含"在山体里面的，只不过没有夸张到像个洞，而是山体逐渐倾斜到内侧，即凹进去了，雨水基本溅不进来，但从正面却看不出来，仍然感觉山体是垂直的。

进入庙门，便是一个小院，院落的西侧是挨着山体的两层楼，院落的南侧和北侧是朝东延伸探出的建筑，其上又各建一角楼，组成"凹"形，这是寺庙体现的第一次对称美。站在院中央朝上观望，两层楼的左右上方还悬挂着两个小角楼，这是寺庙体现的第二次对称美。

从北侧上楼梯，穿过北角楼，便进入寺庙的南楼。南楼内高3层，长8米，宽4米。我们最先看到的是纯阳宫，也称吕祖庙，供奉吕洞宾，道教八仙之一。上二楼，是三官殿，三官是指天官、地官和水官，分别负责赐福于人、赦罪于人和为民解厄，殿内塑像为明代泥塑珍品，该殿是寺庙中面积最大的一个殿，之所以大，主要是掏洞掏得大。再上一层，是南楼的最高层——雷音殿，该殿是佛教殿堂，"雷音"是说释迦牟尼讲佛法时，声音响亮如雷鸣。从南楼出来，便见一栈道，飞架另端，长10米，走在其上，如临深渊，险峻有加。沿着栈道，心惊胆战，来到另一个建筑——北楼。北楼内高也是3层，长7米，宽4米。首先进入最底层，是五佛殿，供奉着五方佛。上二楼，便是观音殿。上至最高层，是三教殿，中间为佛教创始人释迦牟尼，左边为儒家创始人孔子，右边为道家鼻祖老子，三教供于一殿，体现"三教合一"。三位教主共聚一堂在全国极为罕见。从释迦牟尼坐中间来看，建筑设计者的内心深处是最崇拜佛教的，也解释了南楼最高层为何是佛教殿堂。南北两楼，凌空相望，均属三檐歇山顶高楼，这是寺庙体现的第三次对称美。

悬空寺原叫"玄空阁"，"玄"来源于道教，"空"起源于佛教，后改名为"悬空寺"，难道是既想形象地描述寺院所处的位置，也想减弱道教的分量？但能三教合一，已属不易。

下楼时听说，悬空寺建成于北魏（491年），原因是北魏建都平城（今大同），北魏天师道长寇谦之于448年仙逝前留下遗训：要建一座空中寺院，以达"上延霄客，下绝嚣浮"。后来天师弟子多方筹资，精心选址设计，才在此建成这一奇迹。既然是道教之高人所建，又将佛教置于最高位，可见道教之胸襟！佩服！叫"悬"隐"玄"，更让人无时、无处不在思考"悬"后面的"玄"，这才是真正的"道"。

中国的载人航天将来强大了，也要团结世界各国航天兄弟，争取"多国合一"，拧成一股绳，共同探索宇宙，共同造福人类。但也要告诉各国，飞船返回舱返回时还是别朝这落了。

（四）云冈石窟

9:30，驱车前往大同槽形盆地以西察看地形。说是盆地，实际上不全是平坦一片，也有起伏丘陵，甚至是山。地形与四川盆地的遂宁差不太多，只是遂宁的绿色植被多些。飞船返回舱如应急落此，有一定的危险性，但比恒山好多了。

大同城西约16公里便是武州山，山不高，山势平缓，山的南面是一条河，叫武州川。如果飞船应急到此，险情不大。11:30我们到达时，发现山的南麓、川的北岸，是块乍看不起眼的地方，但就是这块地方，却被古代的一位高人看上了，此人便是著名高僧昙曜。昙曜当初看中这块地方准备干什么呢？他在这里建了一座庙，在庙里，山的南侧挖了很多石洞，在石洞里刻了很多佛像。因为这里地处云冈，故称"云冈石窟"。

庙门上写有"入佛知见"四个大字，字体俊秀。"佛知见"是佛的真知灼见，正知正见；"入"可能是指进入庙门便会感受到佛的境界。至于是否能够达到放下"我见"，即放下我个人的眼所见、耳所听、鼻所闻、舌所尝、身所触、意所想，实现跟佛一样的见解，得等到出庙门时再说。进入庙门后，右侧便是一座山，就是前面说的武州山，山不高，钟灵毓秀，东西走向，石窟依山开凿，绵延约 1 公里。现存的主要洞窟有 45 个，大小窟龛 252 个，石雕造像 51 000 余躯，为中国规模最大的古代石窟群之一，与敦煌莫高窟、洛阳龙门石窟和天水麦积山石窟并称为中国四大石窟艺术宝库。

云冈石窟开凿于北魏文成帝时期，即 460 年，到孝文帝迁都前，皇家经营的大窟大像均已完成，历时 40 余年，后一直延续到孝明帝，即 524 年，前后 64 年。从时间上看，建造时期与悬空寺同时代。辽代皇室进行的大规模修整延续了 10 年之久，后遭金兵焚劫、明代李自成起义军兵燹。清顺治八年（1651 年），云冈寺院得以重修。

印象最深的是有一窟，从外面破开的石窗朝里看，能见一手形，修长纤细，但看不到佛身，心想，手都这么好看，那人得长成啥样呀！带着期望和联想进入窟内，一尊巨大的佛像映入眼帘，让你过目不忘的是佛的面相：眉细，眼弯，鼻挺，唇薄，眼窝深陷，额头俊美，面部细润，脸颊消瘦，慈眉善目；颈长，骨秀，肩窄且下削，胸前有一丝带，头顶有一简洁饰物；远处一看，清秀静娴，淡雅至极，俏韵绝伦，大有红楼梦中的"妙玉"之风，让人流连忘返。

印象第二深的是昙曜五窟，这是昙曜开凿的，雄伟壮观，属于最早开凿的洞窟。五窟中最有名的是三世佛，佛像高大，正中的释迦坐像高 13.7 米，面相丰圆，高鼻深目，耳大垂肩，两肩宽厚，雕饰奇伟，气魄浑厚，展现出一种劲健、质朴的造像作风，为云冈石窟雕刻艺术的代表作。

印象第三深的是有一佛像，高大，脸圆润，体态优美，关键是下巴已深陷慈善的面部之中，感觉不是夸张，倒更让人觉得可爱、可敬。

印象第四深的是有一窟顶雕塑有太阳状。窟壁雕刻有飞天仙女，绸带飘逸，裙摆似尾，线条优美，面斜向上，神态安逸，证明着那个年代古人已有飞天梦想。但从飘逸有方向感来看，雕刻者心目中的飞天还在大气层内，没有摆脱地球生存的范畴。假如雕刻者绘制的不是暴露在太空外，而是把仙女放在含有流动空气的太空舱内，他的所有描绘又都是对的了。

云冈石窟的造像气势宏伟，内容丰富多彩，堪称 5 世纪中国石刻艺术之冠。

11:45，从西面出来，印象最深的还是我所看见的。没有放下"我见"，佛见，还是佛见。

看完这些，将来飞船万一需要应急朝这里降落，我们心里也有数了。

（五）夜行车抛锚

从云冈石窟出来，车队先回到大同，12:20，奔北 130 公里，14:00 到达集宁市。在大青山东侧南翼有一条国防公路，山势不是太高，于是我们沿路翻越大青山。到了晚上，车队还颠簸在集宁—二连浩特的路上。从集宁到苏尼特右旗有 230 公里，路不太好走。

20:30，一辆车抛锚了。司机们在忙着修车，我们插不上手，便在边上看着。周围一片漆黑，只有我们的车灯、我们手里的手电筒以及祁思禹手里的香烟有光亮。如果一个人开车，在此出事，晚上又伸手不见五指，那将多么可怕。此处有没有狼？我赶紧朝周围扫了一圈，看看远处有没有反光的一对亮点。前面说过，如果狼瞄着你了，你就会接收到这种贼光。幸好，暂时没有发现，但这绝不代表没有。

车很难修，整整修了 1 个小时，总算修好了。

21:30，车队重新出发。22:20 到达苏尼特右旗，住旗宾馆。

五、浑善达克纵穿难

（一）苏尼特座谈会

苏尼特右旗位于集二（集宁—二连浩特）铁路线中间，其西侧、四子王旗以北、二连浩特以南已于 1993 年勘察过，专家认为，这块区域作为主场较理想，但集二铁路线以东也有一些平地，但再朝东，就渐入浑善达克沙漠，沙漠东边渐入辽河平原西边山区，43°倾角的轨道 108 圈航迹经过该沙漠，那这片沙漠能否也扩大为主场可用之地？所以这次勘察范围选在集二铁路线以东、离山区较远的一片区域，即东西宽 160 公里、南北长 110 公里处，总面积 17 600 平方公里，人口密度 5～10 人/公里²。本地区涉及苏尼特右旗东部、苏尼特左旗南部、镶黄旗北部和正镶白旗西北部，除南部为平缓丘陵外，其他都属浑善达克沙漠地区，多为固定、半固定沙丘，海拔在 1000～1300 米，南高北低，在沙间盆地有小型牧场。

7 月 3 日，我们在苏尼特右旗召集当地有关部门进行座谈。参加座谈的有副旗长道尔吉扎布、城市建设局局长王和胜、邮电局局长高煜中、政府办公室秘书李志伟、人民武装部政委额日根巴雅尔、土地所副所长季智华、统计局罗岱、气象局副局长赵军云。

道尔吉扎布副旗长介绍说："右旗地势较高，海拔 1000～1200 米，地势平缓，约 2700 平方公里。无长年性河流，属较干旱的大陆性气候，平均气温 4.3℃，最低气温可达-42.2℃，年降水量 170～190 毫米，每年 8 级以上大风有 60 天，雷电少，旱灾、风灾、雪灾常有。纯牧业区，矿产有金、铜、铁、萤石、芒硝、锰、花岗岩、石灰石、蛇纹石、天然碱、石油、石膏等。人口 6.8 万，有回、汉、蒙、朝鲜等民族。全旗年收入 1.2 亿元，每个牧民年收入约 1200 元，农民是 600 元。1970 年以前这里的草有很多，但经历 1966 年、1976 年两次大灾害后，草原开始沙化。"

7 月 4 日，3 号车的减振器和变速箱坏了，但在右旗没有配件，只好派三菱越野车跑到呼和浩特购买配件后返回再修车，故大家休整了一天。

（二）镶黄旗 正镶白旗

7 月 5 日早 7:30，从苏尼特右旗出发，向东南方向跑了 45 公里。8:40 来到布图莫吉，途中平坦、开阔、无树，地质偏硬。10:45 来到镶黄旗，也叫新宝拉格镇，是旗政府所在地。从布图莫吉到镶黄旗的 70 公里范围内，沿途基本平坦，适合作为着陆场。只是快接近镶黄旗时，地势稍有起伏，总的来看，这片也适合作为着陆场。

中午勘察队员在镶黄旗旗宾馆吃午饭，副旗长、武装部部长陪同。副旗长说："镶黄旗是八旗之一。"以前常常听说八旗子弟，但不知八旗是什么，他这么一说，一下子把大家的注意力吸引了过去。

八旗是清代兵民合一的社会组织制度，由清太祖努尔哈赤于 1615 年所建。旗即固山，一固山有五甲喇，一甲喇有五牛录，一牛录为三百人。满族人按八旗制分隶各旗，平时生产，战时从征，不但在军事上发挥重要作用，而且具有行政和生产职能。

镶黄旗现有人口约为 33 000 人，新宝拉格镇人口约为 15 800 人。

午饭后，奔东偏北 40 公里，15:09 来到巴音塔拉，这一带的西南方向有些起伏。向东跑 25 公里，到那仁乌拉。朝南望去，有起伏的山丘。向东偏南，经国营红光农场，奔东，17:22，到达正镶白旗，也叫察汗淖尔，这是我们勘察区的最东边。太阳刚一消失，温度马上降了下来，感觉较冷，不像夏天。晚上住在正镶白旗的旗宾馆。

正镶白旗是原蒙八旗中的正白旗和镶白旗合并的。正镶白旗位于内蒙古锡林郭勒草原的西南部、浑善达克沙地南缘的草原区，是京津地区重要的生态屏障，旗人民政府位于察汗淖尔镇。正镶白旗海拔 1200~1400 米，最高海拔 1776 米，北部为浑善达克沙地，中南部为低山丘陵草原。全旗南北长 112 公里，东西宽 88 公里，总面积 6229 平方公里，有 7 万多人。正镶白旗属中温带干旱大陆性气候，年平均温度 1.9℃，南部年降水量 360 毫米，北部沙区年降水量 268 毫米，年平均风速 4 米/秒，全年大风日数 78 天（6~8 级）。

（三）沙漠绿洲

7 月 6 日，早上 7:33 从白旗出发，奔西北方向，开始纵穿浑善达克沙漠。沿途有起伏的丘陵，一直延续了 15 公里。8:03 到乌宁巴图。刚出乌宁巴图，地势开始平坦。奔北偏西，行走 20 公里，8:46 来到布尔都。布尔都苏木地处浑善达克沙漠南部边缘，距白旗直线距离 30 公里。

布尔都苏木有个庙，叫"布尔都庙"，也有人翻译成"布日都庙"，建于清朝乾隆年间，由乾隆皇帝赐名"演教寺"，鼎盛时期寺内僧侣达 300 多名，是一座著名的古刹。原布尔都庙由三大部分组成，东院是庙仓，负责全寺收支，中院有大雄宝殿、甘珠尔殿、丹珠尔殿、洞阔尔殿，西院是埋增卜楞、活佛宫，占地面积 9470.73 平方米，主庙大雄宝殿占地面积 358.53 平方米。现主体建筑保存比较完整，其他院落都不见了踪影。

出了布尔都，朝北，地势平坦，路好走，走了 13 公里，到达阿腾格达苏，路东 5 公里处是个盐湖，叫阿拉腾嘎达斯。从这里朝西偏北，渐渐进入沙地，但路还算好走。行驶 18 公里，来到乌兰察布。奔北 2.5 公里，又见一个碱湖，叫"乌兰诺尔"。我们从湖的南边绕到东边，感觉湖的直径约 4 公里。10:26 到达乌日雅图大队。乌兰察布、乌日雅图大队附近比较平坦。

这里是大片的草原，时不时见到水泡子，自然风景很美，下车漫步在草原上，你可以领略到绿草的恬静、秀美，可以欣赏到沙地植物的奇特、顽强。只从这块地方感受，说自己身处浑善达克沙漠，估计没有人会相信。

刚感觉好些，再朝北走，便发现沙的含量渐多，现在的我们实际已进入浑善达克沙漠内部。朝西北方向行驶 15 公里，11:23 又见一湖，也叫"乌兰诺尔"。现在我才明白，这里遍布着很多湖，都叫"乌兰诺尔"。这些湖几乎都是碱湖，外围是蜿蜒起伏的沙丘，内圈是碧绿茂盛的草原，中间是静静的湖水，水鸟飞翔在湖的上空，构成沙地、草原、湿地、湖泊、生灵浑然一体的独特风光。有人说，浑善达克沙漠单调、寂寞，看来并不全面。但让人奇怪的是，湖中估计没有鱼虾，不知水鸟吃什么？

沙地不仅拥有辽阔的放牧场和打草场，还是少有的自然生物资源宝库，沙地生态系统中保存了较为丰富的生物物种。20 世纪 50～70 年代浑善达克沙地被称为沙漠绿洲，它不仅是生活在这一地区的广大牧民赖以生存的基本条件和基础，而且是在这一地区繁衍生息的野生动物和昆虫的栖息场所与乐园。但今天我们着实没有见到任何野生动物，当然昆虫到处都是。另外，今天我们着实不便说这里是沙漠绿洲，当然个别地方确实是。

继续朝西北方向探索，经过一段沙子较多的地域后，12:29 来到一个地方，叫"革命队"，这个名字的历史估计有近半个世纪了，这一带地势平坦，沙少土多。没想到，沙漠深处也有不太像沙漠的地方。"革命队"的西边4公里处有一个小湖。

沙漠里偶有居住人家，凡有人居住的地方，一般都有井，井水里偶尔还漂着羊排泄的"黑色药丸"。当然总有井水是干净的，我们常用来洗脸。

奔北，14:14见路的东侧又有一个小湖。在沙丘低洼地间分布着面积不等、形状各异的甸子草地和湖泊。看来，说这淖尔广布，确实不假，这已是浑善达克沙漠的最深处。从这里朝北偏东，开始进入沙漠较严重的地带。沙丘呈垄状和岗阜状，一般高度在5～20米，最高可达50米。植被以灌丛类型为主。16:47到达那仁宝力格。再往北走，地势逐渐开阔。走了10公里，看见一个中型湖泊，叫"布郎查干诺尔"。这个湖很有特色，其东岸和南岸挨着浑善达克沙漠，而其西岸和北岸却挨着陆地，是两个地貌的界线湖。从该湖奔北偏西18公里，沿途已摆脱沙漠，进入土地状态，大地平坦、开阔。

18:14到达白音乌拉。以东28公里处有个巨大的湖泊，叫"查干诺尔"，此湖东西长约25公里，南北宽约5公里，是浑善达克沙漠第二大湖。鉴于天色已晚，我们决定不去了，另外我们也没带鱼竿。

沿公路，朝西北一路奔驰35公里，地势那叫一个平啊，非常漂亮！

（四）艰难行进

突然，发现前面的地势瞬间发生变化，即原是土地，瞬间变成沙漠，而且是很大的沙漠。看了一下地图，原来这是从查干诺尔湖朝西南方向延伸过来的一条沙带，宽约8公里，长约56公里，一直延伸到军科牧场。我们在沙带中艰难地行进了12公里，终于在18:47到达军科牧场。

浑善达克沙漠为第三世纪与第四世纪疏松的湖泊地层和冲击层经长期风蚀与堆积形成的沙地，均属干旱、半荒漠地区，分布着新月形沙丘、杂草沙丘和垄形的半固定沙丘，长有一种类似骆驼刺的草丛，地表大都是20～40厘米的流沙，沙层下面是较硬的沙石，风化后，手抓一把就成了沙土。沙丘平均高10～30米，少部分高度在 100 米以上，坡度一般在 15°～20°。在沙漠内基本无成形的道路，乡间小路也常被风沙覆盖移位，一般汽车通行困难（图 10-5）。

图 10-5　浑善达克沙漠

（五）夜行迷路

天渐渐暗了下来，沙地中沙丘连绵起伏，接连不断。打前站的车，由于没了夕阳作为参照，故没了方向感，司机开车走了一大截儿，感觉不对，心里开始发毛。此时，沙漠仿佛变成了一个巨大的迷宫，越走，沙越大，路越软，越难行，恐惧感在增加，无奈感在增强。幸亏我们是一个车队，如果只是一辆车，估计此时早已绝望！

就在我们不知所措时，突然看见一个小孩。这是我们很难想象的情景，因在茫茫沙漠里，很少有人烟，在这里能见到一个人，实属不易，而且还是个小孩，自然觉得更加稀奇，特别是在没有方向感时，这时出现一个人，感觉就像遇到了救星。我们和他打招呼，向他问路，才知他是个小学生。在微弱的灯光下，他的脸看上去是俊秀的，面颊稍显红润，有些羞涩，让人觉得他很善良。我们问他去苏尼特左旗的路，他的表情让我们感觉，他似乎知道。我们请他上车，暂做向导，我们这时的全部希望都放在了一个小孩身上。车队行军开始有效起来，半小时后我们走出了沙漠，见到了盼望已久的公路。

刚才估计是天黑了，我们从军科牧场出发后，不久便迷路了，又绕回到沙漠深处去了。至于绕到哪里了，根本不知道，绕得有多远，也根本不知道。幸亏有这个小孩做向导。小孩下车时，我们向他表示感谢，他却像没事一样。孩子怎么走回家的，我们不知道，但看他那泰然自若的神情，估计没有问题。有了公路，我们就不怕走错了。

（六）纵穿沙漠成功

在漆黑的夜里，我们跑了 45 公里。19:33，我们终于看到前方有亮光，路边也有电线杆了，接近后发现是贝勒庙。我们以为到了目的地了，一打听，才知道这根本不是苏尼特左旗所在地，历史上曾是，但现在已经搬到西边 9 公里处了。据说搬家的原因是这是个风口，风太大。黑夜里，我们也不知庙在哪，甚至存不存在都不知道。人困马乏，没时间逗留，继续赶路，奔西，摸黑再走。

19:55，终于再次看见亮光，这次估计不会错了，这就是苏尼特左旗。

浑善达克沙地东西长 400 公里，南北宽 120 公里，总面积 3.6 万平方公里。今天我们是从正镶白旗朝北偏西斜着穿插的，故穿插的距离约 160 公里。浑善达克连绵起伏的沙丘和乔、灌、草结合的植物资源，既为家畜提供了冬季御寒防风、夏季避暑遮阴的良好条件，也为夜间迷路"打下了坚实的基础"。

纵穿成功，感觉良好，没太感觉到沙漠的可怕，但晚上除外。

（七）污头泥脸

住在苏尼特左旗招待所，宾馆里无水，需要拿着脸盆到院内接水，端盆回来洗漱。此刻，我们的头上全是沙尘，头发里塞满了沙粒，脸上全是泥土。用手将盆中之水撩起接触面部时，水瞬间变成泥了，再撩些水上去，才变成泥水，朝下流，不用照镜子就知道，脸肯定是花的。幸亏没外人看见，否则会误以为我们是刚从煤矿井下上来的。

晚上到一餐馆吃饭，14 个小时的饥饿，唤醒了压抑多时的食欲，刚进餐馆我们便对老板喊："西红柿、黄瓜洗净即可上菜。"此时感觉切菜都会浪费时间。吃饭时，看到七八个正宗的内蒙古人在另一桌吃饭，穿的是蒙古袍，身高体壮，唱的是蒙古歌曲。歌声的感染力太强，故我们与之同乐片刻。

苏尼特左旗位于中国四大天然牧场之一的锡林郭勒大草原西北处，北与蒙古国接壤，国境线长达316公里，南与正镶白旗、正蓝旗交界，西与苏尼特右旗、二连浩特市相连，东与阿巴嘎旗毗邻。据说，苏尼特左旗有很多文化遗址，如元太祖成吉思汗边墙、公主路、楚古蓝路等遗址。昌图锡力苏木境内的玄石坡是明成祖朱棣于1403年北伐途中勒石于此，是祭天祀祖时所留的遗址。还有清朝中期建的查干敖包庙、巴润扎拉庙、浩舒庙、宝尔汗喇嘛庙、呼和陶勒盖庙等。由于时间紧，故都没去。

7月7日上午，我们起得很晚，至于几点起床的，几点吃早饭的，或者说吃没吃，都不记得了，只记得大脑十分迷糊。长途奔波170公里，时速90～120公里，两边平坦开阔。中午返回苏尼特右旗。

（八）中央专委批准转阶段

1995年7月7日上午，中央专委召开会议。会上，王永志总师汇报了921工程方案研制情况及转入初样研制的准备情况，中央专委听取汇报后，批准转阶段。此会至少让人获知两个信息：一是飞船工程总造价是多少，二是长征二号F运载火箭首飞试验载荷还没定。

记得当时北京地铁一公里造价为10亿元左右，整个飞船工程的投入与十几公里的北京地铁造价差不多。现在看，中国人进入太空，花的钱其实并不多。既然长征二号F运载火箭首飞运载载荷未定，那么首飞运载载荷会是什么呢？后文再叙。

（九）中蒙边境

7月7日下午，1号车赴呼和浩特机场接王永志总师和赵起增。显然，两位首长是上午刚开完中央专委会议，下午就朝内蒙古草原飞来，由此可见首长们对着陆场勘察工作的重视。8 日上午，王永志和赵起增从呼和浩特赶到了苏尼特右旗。8 日 13:00，刚到的两位首长和勘探队一起，赴二连浩特勘察，沿途平坦、开阔。

二连浩特的外贸市场是值得一转的。我们赴商品市场参观，货物质量一般，有蒙古国人和中国人在这里交易。大家又赴外贸市场考察，这里有相机、刀具、地毯、望远镜、滑雪刀等。

到了海关，登边防哨楼，通过望远镜视野可放大 40 倍，蒙古国群山、草原尽收眼底。中国的国门建得很庄严，进出国门的车辆都要例行检查。见一蒙古人民军的吉普来到国门，里面坐着一位军官，一个士兵开车，后排座位上带了很多东西，准备回国。

顺着中国的道路和中国的国门朝外望去，我们发现了极其奇怪的现象：中国这边的道路是柏油公路，宽阔、漂亮，一出国门，道路骤然变窄，属乡间小道，简直是天壤之别。这种差异给我带来很大冲击。

我们在界碑、国门前照相。晚上返回苏尼特右旗。

（十）第二次纵穿沙漠

7 月 9 日，赴苏尼特右旗东边察看，想再次纵穿浑善达克沙漠。三天前纵穿浑善达克沙漠是转了个大圈，今天想转个小圈，到沙漠深处探险一把，没想到却成了勘察中最艰难、最危险、时间最长的一天。

早上 7:37 出发，朝东偏南，经巴彦杭盖大队，8:55 到达布图莫吉，沿途平坦，起伏小，草不多，无他物。然后向东偏北，9:18 到白音车勒大队，奔北偏西，9:31 到查干乌苏生产队，这一片仍然开阔、平坦。我们在此给车加水。为什么在这里加水呢？我不知道原因，可能是担心接下来的路难走，沙漠中缺水，在这里提前补给好。加完水，继续朝东偏北行进。地势平坦，道路好走，车速飞快，行驶 40 多公里，根本没有要纵穿沙漠的感觉。

10:14，发现路边开始有电线杆了，感觉快要到"大城市"了。果然，跑了 16

分钟，到达赛汉乌力吉。

从苏尼特右旗出发，一直到赛汉乌力吉，这一带十分平坦、开阔，感觉可以作着陆场。

（十一）寻找向导

根据 7 月 6 日的经验，我们认为向导十分重要。因正北方向不远处就是沙漠深处，从这里到阿其图乌拉共 57.7 公里，是浑善达克最危险的沙漠，故我们停车找向导。苏尼特右旗武装部部长从出发时就跟着我们，估计他对赛汉乌力吉很熟悉，而且可能事先都打过电话，所以他跳下车，跑着去找向导了。有几位勘察队员可能昨晚手抓肉吃多了或者某个菜不卫生开始闹肚子。他们利用武装队队长找向导的间隙，赶快在远处找个地方蹲下解决一下内急。

过了不一会儿，一辆车开了过来，是辆北京 212 吉普车，车副驾驶位置上坐着武装部部长，后排坐的那个人估计就是向导了。我们一看这辆车乐了，我们的车是 213，好些，可这辆车有点老式，更有些破旧，但不敢多言，因为人家在这是主人，对这块地盘很熟，知道如何应对各种艰难险阻，另外这辆 212 吉普车还不知跑过多少趟沙漠深处。想到这，倒让我对这辆 212 吉普车有些肃然起敬了。

10:40 从赛汉乌力吉出发，朝北偏西一点行进，两侧是沙地、小丘，有草，有羊，有马，一路十分顺利，没有沙漠的感觉，感觉良好。11:23 到达一块灌木地域，原来这一片是湖，现在没水了，变成了灌木地，估计地下水位高，地面的草很好，地面不是沙子，而是沙土。沿着原来湖的东侧行进，路面沙土较硬，车速最快时也能达到 30～60 公里/小时。11:34，灌木开始变成湖泊，这里是乌兰推饶木，是个咸水湖。脚下是沙土，朝东望去，地势有些小起伏，可能那边是不小的沙漠。12:00 到达都日木希勤，是个生产大队。

从赛汉乌力吉出发到都日木希勤，共花了 80 分钟，走了 32 公里（直线距离 27 公里），平均时速 24 公里，还包括停下来查看地形的时间，所以说，今天前面走的路还算顺利，既没有遇到大的沙漠，也没有遇到大的险阻。站在都日木希勤，朝东是浑善达克沙地最深处，朝东偏北一点 66 公里处就是三天前我们杀出沙漠的地方——那仁宝力格。从这一点判断，我们从这边朝北冲出沙漠的时间也快了。想到这，大家的心情非常愉快。首长决定在这吃午饭，地点是在大队的一间房屋内，午饭就是方便面和榨菜。

（十二）车轴断了

12:40，车队朝北出发，前面就是沙漠。向导坐在212吉普车里，司机启动发动机，走在最前面带路。走了没多久，刚挨近沙漠边缘，车队突然停下来，大家陆续下车询问原因。赵起增也离开自己乘坐的越野车，朝向导所在的车辆走去。

就在此时，突听"嘭"的一声，我们跟在后面看得真切，只见一个黑乎乎的东西从212吉普车上飞了出来，在空中划出一道亮丽的弧线，然后朝后面落过来，而且恰好冲着赵起增就去了。说时迟，那时快，只听"欻"的一声，刚好扎在赵起增左前方不到两尺的地方，插入地面20厘米，差点打着赵起增，太悬了！

原来是212吉普车有故障停车检查再启动时，前加力轴断了，轴毂飞出。断就断吧，怎么会飞出车外，还飞得那么高、那么远？大家都不得而知。大家过去看了一下车况，马上判断：短时间无法修复，更无配件，只好弃车。这样，212吉普车"瘫"在了路上，当地司机留下，向导来到我们车上，继续带路。

（十三）车"开锅"了

沙漠似乎瞬间就变得浩大柔软了，车的行进开始变得艰难。前面有一沙坡，较陡。

王永志总师乘坐的三菱越野车冲了上去，成功了。

2号车紧接着向上冲，半坡停住了，退下，继续冲，再次失败。

3号车是辆新吉普车，也试了一下，结果相同，半途而废。第二次冲时，发动机冷却水"开锅"了，热蒸汽从机盖缝喷出。退下，将车头对着迎风面，打开车盖，用风降温。第三次冲时，司机心疼车，不敢使劲踩油门，结果又失败了。水又"开锅"了，再退下，继续打开车盖，吹风冷却。这时，司机有些失落，面部表情极其复杂。

众人过来，围而商之，群策出招。待车温冷却之时，王建坤对司机说："你再开车时，不用心疼车，使劲用，拼命踩油门，目的是把车开上沙坡，如车受损，回去再买。"

司机点头。

（十四）水开始没了

车"开锅"了，冷却水用完了，我们将自己都舍不得喝的矿泉水加注到车里，让车"喝"。另外，我们用铁锹把车轮前方的沙子掏出，垫上铁板、树枝等（图 10-6）。

图 10-6　车陷于浑善达克沙漠中

车也"喝"矿泉水了，车轮胎下面也垫上东西了，车点火启动，人力也随之加了上去，猛冲。

好，上去了！

如法炮制，大家费了九牛二虎之力，最后两辆吉普车总算全都冲了上去。

现在的水开始变得珍贵了，原来带的水相对还算充足，但给车"喝"后，我们突然发现水不多了。数了一下剩下的矿泉水，只有三十几瓶了。赵起增决定：一人分两瓶，喝完就没了，此刻起，大家开始紧张了。

王永志总师坐在巡洋舰越野车中，因该车越野性能好，故走在了前面。后面

的车误在了沙山下面，他便在不远处等着（图10-7）。

图 10-7　王永志总师（左）深入浑善达克沙漠勘察

王永志总师看到前方有一骑马人，便上前问询周围的情况。骑马人着蒙古袍，一直骑在马上，看上去很威武，但对王总十分友善，逢问必答。当他看到王总站在车外，额头、胸前、胳膊上满是汗珠时，知道他已站立许久，便说："在沙漠里不能长久待在外面，否则你就会被'风干'了。"他这么一说，王永志总师感到有些后怕，赶紧躲进车内。

骑马人要离开时，回头又善意地提醒道："开车时，别开车门，既能保持湿气，也不会让沙子进去。"王永志总师看看车内，可不，后座和脚下已覆盖了厚厚一层细沙。这才意识到，前面路上只顾开窗观看外景，没想到细沙也想到巡洋舰车内观景，更没想到体内水分一直在外逃，于是赶紧关上了车窗。

（十五）"黄龙"忽隐忽现

落在后面的三辆车终于追上来了，车队重新出发。

车刚冲上沙梁，我们本想放松一下，再往前方一看，只见连绵的沙丘一望无际，而且感觉沙丘越来越高，实在让人感到绝望。车队在沙漠中行进，后面的车队，一会儿能看见，一会儿又消失，就像海面上的一叶叶小舟，沉沉浮浮，渺小至极。

车队行进时，后面的车"吃"前面车的沙尘是自然的事。从最后一辆车朝前方望去，前方就像一条"黄龙"，"龙头"忽隐，"龙身"忽现，"龙尾"不见，上下起伏，十分壮观。那时没有航拍，如有的话，拍下来，堪比国际越野车的比赛盛况。

行至沙漠低洼处，能见到骆驼、马群、羊群。偶见一处人家，我们便下车考察。房子都是土坯做成的，屋矮、门低、窗小，人进去得低头，屋前是一个平整的小广场，广场边有羊圈，广场中是一口井，井中水不多，接近干枯，但人畜均要靠它生存，利用这种干枯的水井如何度过岁岁月月，不得而知。

（十六）差点儿被碾压

后面的路更难走，有时司机选对路了，用准速度了，可能就过去了；相反，稍差一点，就误住了。这样，车与车之间的距离又拉开了。

17:12，跑到前面的车停下，停在沙山顶上等后面的车。在等后面的车时，一位勘察队员拉肚子，他在高高的沙山顶端，在冲上来的路的东侧，找到一个洼地便蹲下了。突然从沙山正南方冲上一辆汽车，此车腾空而起，冲着他蹲着的这个方向就飞了过来。他急忙拉起裤子，碎步高频躲开，边跑嘴上还没闲着："我的天，我的天，没想到，没想到，车怎么从这个地方上来了？"是提醒自己？还是告诉他人？未知。

这是沙漠中的一个沙坡，后面的车没有走前面的车走过的路，而是从沙山南侧的另一个沙坡冲了上来，这位勘察队员刚才的位置正好在那辆车冲上来的沙顶的另一侧，所以车腾空时正好看到其在车下方仓皇躲开。他也没有想到，后面的车会从这里冲上来，幸亏他躲得及时，否则后果不堪设想，他不禁惊出一身冷汗。

（十七）老祁"丢"了

按这种模式又走了一截儿，路越来越难走，又不知道前面的情况如何，大家开始迷茫起来。车队误在这里，不能动弹，向导估计也没见过这种路，没有了主意。勘察队员下车，四处探路，看哪能过去。此时，天色渐晚，人们的心情也变得焦急了一些。

19:12，就在大家被沙漠困着、车队拉开一定距离、人员相对分散时，人们猛地发现：祁思禹不见了！人丢了！

大家到处喊，不见回应。大家到处找，不见踪影。

刘志逸急得对着步话机喊，但祁思禹根本就没带步话机。

这下大家可急坏了，派了魏珂垒跑到南边去找，我跑到东边去找，其他几个年轻人开始跑向四周的沙山头，边张望边猛喊。

时间在一秒一秒地过去，汗水在一滴一滴地流下，心急火燎是当时的真实写照。我的嗓子喊哑了，就在显眼的沙面上写字，画上车队所在的方向，希望他能看见，借此了解一些信息，或知道我们来过，手持 GPS 记下的是 113°40E、43°08N，海拔 1032 米。

时间在一分一分地过去，体内水分在一点一点地蒸发，瓶中的水也在一口一口地消失，也不知道祁思禹走时带没带水，大家变得更加着急了，因为如果在这样的环境下走丢了，没有水的话，肯定会有生命危险。

这时从远处来了一匹马，马上坐一人，穿着藏袍，可能是游走至此的牧民，问其见没见一老者，他的回答没有给我们带来任何希望。

赵起增的脸是铁青色的。彭加木在罗布泊丢失了，在全国引起了巨大轰动；祁思禹是我国著名航天回收专家，又是全国政协委员，如果丢了，那还了得！沙漠无水，无人烟，无交通工具，他手里又没有通信工具，这这这……

太阳渐渐西落，四处寻找的人均回来了，茫然写在大家的脸上。

不知过了多少时间，可能四十多分钟或更长，大家一直在努力寻找，精疲力竭。

领队赵起增一直在想办法，当时有一方案就是派辆车冲出沙漠，调直升机来找。

就在大家绝望之时，突然从北边走来一人，模模糊糊，再等了一会儿，轮廓渐清，从走路形态一看，便知是祁思禹。原来他向正北方向探路去了，走得远了些，回来时因方向的偏差走错了，几经周折，终于找到了原来的路，带来了一场惊吓。

赵起增发火了，他说："尽管你是老同志，我还要批评你，为何离队不打招呼？"领导对老同志发火的场面是令人难忘的，批评的语言虽不犀利，但能够让人记一辈子。祁思禹没有吭声。

刘志逵右手一直握着祁思禹的左手，很久很久。祁思禹右手一直握着一个矿泉水瓶子，里面空空如也。

（十八）天降三兄弟

天黑了，车队又出发了。

白天都很难走的路，晚上更难走。深一脚，浅一脚，车队在摸索中前行，车灯上下摇晃，左右扫描，在夜幕中画出不规则的图案，光的残迹在人的视网膜上留下不同寻常的印象，多辆车的光柱交织在空中，像是战场夜晚中的探照灯，让人感觉随时可能会踏上地雷阵。

每人发的两瓶矿泉水早已快喝完，每人手里仅剩一个瓶子，瓶中的水仅能覆盖瓶底，之所以没喝完，只是担心不知还有多少时间才能走出去。每个人的嘴唇都开始干裂。

一波未平，一波又起。沙漠开始软了起来，沙坡似乎开始高了起来。

遇到一个大的沙坡，巡洋舰越野车一加速，上去了。第二辆是北京213吉普，冲坡时，没冲上去，退回来了。再次冲坡，再次失败。

现在是黑夜，不像白天。怎么办？就在勘察队员焦虑之时，突然远处有声响，借着车灯循音望去，似乎有几个人影。走近了，我们才看清是三个年轻人。

我们马上问："你们是当地人？"

他们回答："是的。"

我们紧接着问："晚上了，你们怎么到这来了？"

他们说："我们注意到你们车队长时间待在一个地方不移动，估计出事了，故过来看看。"

显然是我们的车灯和诡异的行为引起了当地人的注意。

真没想到，夜晚也有夜晚的好处，光可以传得很远。绝没想到，在我们遇到窘迫的附近，恰好有人家，特别是在这荒沙野外。更没想到，在我们遇到困难时，竟有人主动来过问。

我们马上把屡次的挫败告诉了他们。三人中个子最高的那位说："我试试。"我们的司机乖顺立刻让座，换他上去。但见他不慌不忙，挂挡，抬离合，加油，车缓缓地启动，然后均匀地加速，轮子没有再在沙子上打滑，不是直上，而是略带些斜度，轻松地就上去了。我们惊呆了，简直就是奇迹。

三人中中等个子的人说："我把这辆开上去吧！"第二辆车的司机立马下车，换他上去。一会儿，车又顺利地爬上了沙坡。第三个人个子最矮，连话也没说，直接到第三辆车那里，上车就启动，一会儿也把车开到沙山山梁上了。

我们跑上沙山，起劲地感谢，他们三个好像没有什么反应，让人感觉这件事不值一提。由于我们感觉他们三个长得有点像，便问："你们三个是？"他们说："我们三个是亲兄弟，平常我们在这常开车，我们把你们带到有路的地方吧！"

他们开着我们的车，我们挤在车的后面，不仅没感到不舒服，相反感到的是温暖。开我们车的那个小伙子是三兄弟中的老二，普通话说得还可以，他说："在这沙漠里，你们的 213 越野车不太灵光，最好是'沙漠王子'，那家伙牛！在这勘察油田的石油部门的人开的都是那种车。"这是我们第一次听说有这款车。后来赵起增在决定给机关买车时，便有了先验知识。

我们问："你平常在沙漠里是怎么开车的？"

他说："油要匀，既不能拼命加油，也不能不舍得给油，要根据沙子的软硬程度给油。"

我们的司机频频点头。看来，在沙漠里开车，学问大着呢！怪不得我们开不上去，他一开就上去了，不服气是不行的。这时，我才渐渐认识到，可能是："天降三兄弟，专救航天人。"

如果航天员将来应急落此，当地的百姓是忠诚可信的，是可以依靠的。

21:49，突然发现前方黑暗中有一亮点，勘察人员的心情一下子放松下来，感觉可能走到沙漠边缘了。走近一看，果然到达了浑善达克沙漠北部边缘——阿其图乌拉苏木。

三兄弟下车，我们挥手，大家告别。

（十九）饿狼捕食

阿其图乌拉，说是苏木，但好像没几户人家，路口有一小卖部，女店主看上去温和善良，当知道我们遇到的艰险后，她淡淡一笑，开始提醒我们应注意的事项。冲进去的我们，根本没有多少时间听她再说更多，像饿狼一样，眼睛盯着货架上的食物。店里的环境像内地20世纪60年代农村合作社一样，货架上的矿泉水、方便面、香肠、榨菜统统被我们一扫而光。我打开矿泉水瓶，大口喝了几口，一瓶水瞬间没了，干裂的嘴唇总算湿润了一些。

店里的货物被我们扫光后，我们仍不甘心，又问女店主："还有吃的吗？"女店主想了会儿，说："还有鸡蛋，但是生的。"

表示感谢后，闪出，上车，撕袋，开始狼吞虎咽。吞咽之时，突然想起一事，问："给钱没？""给了。"

不安之情顿消。从小卖部开始，是个明显的转机：有吃的了，有喝的了，有小路了，有希望了。

（二十）纵穿再次成功

从阿其图乌拉苏木出来后，又沿着小路摸黑走了一段沙漠路，车里的人们仍在回忆着刚刚度过的分分秒秒。

从中午12:40至21:49，共9小时9分钟，直线距离只走了30.05公里，平均时速3.3公里。

深夜23:17，在113°03E、43°18N处（海拔972米），我们终于到达了沙漠边缘。因为在这个经纬度上，我们见到了公路，这才真正脱离沙漠。此时见到公路，就像见到了救星，平时哪有这种强烈的感情。次日00:24，到达苏尼特右旗。

从早7:30至次日00:30，整整颠簸了17个小时。

到达苏尼特右旗后的首要任务是找地方吃饭。洗脸时，脸上的沙泥肯定比6日那天的还要多，但周围漆黑一片，没有人会注意你脸上的沙泥。

凌晨2:30，倒床便睡。

（二十一）打井架

7月10日，上午9:55才起床，10:00吃早饭。大家几乎都处于混沌状态，故决定只让技术人员开会讨论。

13:15，从苏尼特右旗出发，赴南偏西察看，沿途平坦、开阔，整片都是大草原，无树，无线。13:39来到一个地方，看见"华北油田"的牌子——原来这片沙地草原下面还有宝贝。14:16，看见油田的打井架，估计得有20米高。14:42，在我们圈定的着陆场范围以外，地势开始有些起伏，坡度有的在15°左右。附近是朱日和镇。15:03，发现有片水草，有一大群羊在这里吃草，足有200只，环境安静，风景很美。

王永志总师下车后，心情很好，我看具备了与总师合照的条件，便上前求之，成功。

15:34，走到一处，海拔已上升到1354米，我们发现远处有山，山中有沟，沟中有石，其他区域为缓缓起伏的开阔地。向西转弯。16:12，来到巴音朝克图（白乃庙）。这是一个镇，较大，甚至有二层楼，地势起伏也大，周围有铜矿。16:39，车队走在山口处，山口风很大，在连绵山区行走时，突然下起雨来。

16:51，在山内发现有两条沟，深约3米。约走了15分钟，16:54才驶出山区，进入开阔区，豁然见到的是大片大片的草原。17:12，上公路。

（二十二）像木头人

根据位置，我们知道今天的勘察任务结束了，后备车厢里偷着放上的西瓜可以上场了。吃西瓜时我才注意，司机们看上去极其倦乏，一个个就像木头人，昨天的沙漠之行仍在困扰着他们的大脑。腮帮上还挂着两粒黑色西瓜籽的司机小王，边嚼着东西边讲述着感受："今天只是机械性地跟着走，走了半天，根本不知东南西北，总认为还在上午。"他说话时，总想努力地把眼睁开，但上下眼皮的间距始终没有大于 1.5 毫米。

我问昨天闹肚子的老兄身体感觉好些了没，他说："好些了，但仍感觉没劲。"说话时，他的右手捂在腹部，有气无力。我问后面的车在沙漠冲上沙坡差点被压着时他的感受，他突然像被电击了一样，马上说："当时太可怕了，就感觉从天上掉下了一块巨大的陨石，亏得我躲闪及时。"说到这，似乎还觉得没有表达彻底，就接着叙述："如果我不闹肚子，我的躲闪速度会更快些！"然后就埋怨起来："我最怕闹肚子了，整个人都没精神！"

我说："你对闹肚子得有正确的认识。闹肚子，一是说明你吃了不洁净的东西，或者说你的肠胃不喜欢你吃的东西，本就该马上排泄出来；二是说明你身体的报警系统是正常的，在你浑然不知之时，它早已敏感地检测到这些，它的灵敏度得多强啊，这是多么伟大的事情啊；三是遇到这种事情的处理方法有两种，一种是上吐，一种是下泻，你自身的处置系统果断地选择了后者，说明身体的分析决断体系是完备的，处理是及时的，方法是得当的；四是你闹了那么长时间肚子，说明你的自律系统是多么负责任，一次清洗不干净，它就清洗第二遍、第三遍，不厌其烦，任劳任怨。但是，这么好的一个肚子，你反而不珍惜，你还埋怨。"他仔细听着，自责的表情一闪而过，像是明白了什么，面部表情放松了一些，精神似乎顿然好了许多。

18:20，到达苏尼特右旗。

（二十三）岩石藏雏

7 月 11 日，早上 7:00 吃饭，8:00 出发，准备勘察阿木古郎东南边，然后顺路经四子王旗回呼和浩特。9:52，发现地面有裸露的岩石。

10:03，又发现周围是岩石起伏的山包，故下车拍摄。爬石山时，得小心，因为地面几乎全是尖石，稍不留神便可能刺破胶鞋。爬上山包，瞭望远处，感觉只是脚下有岩石，周围倒是平坦、开阔。低头观察岩石，突然发现岩石缝里有两只小鸟，颈上无毛，嘴角泛黄，因知识所限，实在不知道是什么品种，打个招呼，它们听不懂，张开小嘴似乎想说话。王永志总师蹲下身来，用手轻轻地抚摸了一下它的乳毛，小鸟马上扭头转向他的手指，张开嘴要吃的。如果只粗粗用眼一扫，根本发现不了这些小鸟，看来，它们已经把自己巧妙地与周围的环境融为一体了。它们的妈妈可能外出捕食去了，将宝宝放在这里也放心，对被人类看见的后果也进行了预判：都是善良之人。

10:23，地势开始变得平坦，但平坦的地面上有裸露的岩石。10:52，地势缓平，地面干净、开阔，个别地面有岩石。除此之外，地势基本无奇。

11:35，终于遇到一条公路。我们到达所选着陆场范围的东边，从此上路，开车来到划定的着陆场区域的东南方向，发现这里有连绵的、矮小的山脉。

12:53，我们到达四子王旗。午饭后，13:57，驱车南行，经武川开始爬大青山，伴随着的音乐是车外的雨声。16:00到达呼和浩特，16:50吃饭。

（二十四）"还像些孩子"

18:17赴京火车启动。列车在黄昏后的霞光中穿梭着。赵起增和大家一起都在软卧车厢，劳累了一天，他准备早些睡觉。突然，他听到吵闹声，以为有人打架了，马上循声而去，走过两个包厢，才知声音是从第四个包厢中传出来的。祁思禹正在谈论对方上一张扑克出得不对，指责夏南银缺乏战略高度，影响了全局，而夏南银认为思考方略正确，出牌时机成熟，绝对会转危为安，他俩是队友。另一组是刘志逵和我，我俩静静地坐着，对方谁发言时，我们的目光就移向谁，就因这个原因，我们的颈部开始酸疼起来，有时都来不及转动。刘志逵索性停止调整头部姿态，左耳、右耳分别处理两者同时灌入的语言信息，由于声音振幅偏大，时常进行限幅处理。我仍在仔细聆听他们的高谈阔论，目光显然是在鼓励双方继续辩论。突然，房门打开了，门外站着赵起增，顿时，空气凝固了，周围安静了下来，余音在四壁震荡折返几次之后，也归于沉寂。大家你看看我，我看看你，不说话了。赵起增环顾了一周，一句话没说，转身背着手走了。即将进入他自己的房间时，我们听到他说的一句话："还像些孩子！"

着陆场系统的这些老先生们，干起活来，拼命、认真；玩起牌来，认真、拼命。

7月12日早8:30抵达北京，然后直接奔赴位于怀柔的国防科工委指挥技术学院。路上，夏南银和祁思禹有说有笑，似乎昨晚没有发生过任何事情，而且感觉两人的关系更加融洽了。10:30赶到目的地。

六、勘察结论

1995年7月13～19日在怀柔进行总结。13日，夏南银、祁思禹、邸乃庸、刘志逵、王汉泉、我、霍文军等开会讨论了勘察报告编写和录像片制作工作。19日，王文宝、沈平山、王汉泉等从北京赶来，同夏南银、祁思禹、刘志逵、我、霍文军一起参加总结会议。

大家总的认为通辽地区北部有丘陵、沟壑、森林，不安全因素多，中部多半是沙丘，草甸、沼泽、水泡子相间，可以选出副场，但可扩范围小，总的来讲比1994年勘察的鄂尔多斯、东风差。从地形来看，苏尼特右旗地区可以划出范围比较大的着陆场，即集二铁路线两侧可以划出一块基本无危险的大区域，从中可以找出4块30公里×60公里左右的区域，但集二铁路线东侧部分区域流沙严重，航天员着陆危险，地面搜救困难，因此这些地区也不适于作为主场。

第十一章　主副场的跌宕
选择

一、鄂王额辽挑古郎

（一）东风能选出主场吗？

1995 年 7 月 26 日，沈荣骏副主任、王永志总师听取了通辽、苏尼特右旗的勘察情况汇报。会上，沈荣骏副主任提了一个问题：能否适当调整飞行轨道倾角，在东风首区西部至马鬃山一带选出一块满足要求的地区用作主场呢？

这个问题显然是他经过深入思考后提出的，也是提醒着陆场系统设计师队伍，能够从更宽广的角度，用更开阔的视野，去进一步探索主场问题。

这个问题一提，犹如晴天一声雷从天而降，因为这太出乎大家的意料了。在好多时候、好多事件、好多情况、好多案例中，沈荣骏副主任的话都是超前和深刻的，都是需要我们思考很长时间才有可能理解的。

当然，最好的办法就是先执行，边干边琢磨边理解。洛阳跟踪与通信技术研究所针对这个情况，立即开始着手做分析论证工作。

1995 年 8 月 3 日，国防科工委下文对我们 1995 年 2 月 10 日（即半年前）上报的《921 工程着陆场系统方案论证报告》进行了批复，原则上同意论证方案，可转入与相关系统协调地进行方案设计。

上报的论证报告这样写道：确定主、副场依据：一是倾角改为 43°±1°；二是阿木古郎地区和鄂尔多斯高原地区均满足飞船系统提出的着陆场选场条件和技术要求；三是研究主场区设立若干个着陆场的可能性，以适应不同飞行试验任务的需求；四是以阿木古郎地区作为主场开展各项工作，东风地区是否可以作为主场的问题，待对返回舱跟踪测控等条件进行分析研究后再议；五是副场为主场的气象备用着陆场，为保证返回的测量，应尽可能在与主场同一返回的轨道上选择。该报告以阿木古郎地区作为主场，在此仅对副场是选在鄂尔多斯高原西部还是东风地区进行分析。

上报的方案为何半年后才批复？原因很多，其中之一就是副场的选址问题悬而未决，需对通辽科尔沁沙地地区勘察后，才能在东风、鄂尔多斯、通辽中选定其一。现勘察完了，有基本判断了，故才批复。

（二）跌宕起伏

尽管论证报告写的主场是阿木古郎，但大家特别是高层领导仍在思考：主场到底是在四子王旗好还是东风地区好？副场是在同一圈返回还是相邻圈次返回？是气象备份还是返回圈次备份？这是在更高层面上螺旋式思考的一个过程。

1995 年 10 月 11 日，在西安的祁思禹和在洛阳的夏南银，通过电话沟通了对着陆场选择的看法，祁思禹了解到洛阳跟踪与通信技术研究所的意见是：没有多少理由不能选东风地区为主场。洛阳跟踪与通信技术研究所分析论证了东风作为主场的方案，给出了两个报告。测控通信系统报告认为：如果将东风作为主场，则轨道倾角宜定为 42°15′，对应的上升段、运行段和返回段飞行测控没有问题。着陆场系统报告认为：42°15′轨道倾角在设计范围以内可以有两个方案：一是四子王旗为主场，东风为副场；二是东风为主场，四子王旗为副场。

洛阳跟踪与通信技术研究所的意见摆到了王永志总师面前。他认为："着陆场系统的结论有待进一步研究，我认为四子王旗作为主场为妥。原来在大方案中主场是河南，现已向中央报了换成内蒙古四子王旗了，现在又要改，需慎重。希望在适应性要强、返回机会要多、测控条件要好、安全性要好、经济代价要小等五个方面进一步进行论证。"

洛阳跟踪与通信技术研究所着陆场系统设计师队伍经图上查看分析，选定了东风驻地西北方向一块大小为 80 公里 × 80 公里的区域，将此信息提供给酒泉中心。中心派 5 个人到该区域去看了一下，把信息以传真形式报给北京。

轨道复核专家组也开展了相关计算和分析，结果表明：东风西部作主场、阿木古郎作副场，阿木古郎作主场、东风西部作副场，这两种方案从轨道设计上都可以满足第二次大总体协调会关于副场的选择原则。但经测控条件分析存在两个问题：一是从返回轨道黑障区内飞行监测来看，东风西部为主场不能充分利用首区大电扫雷达，阿木古郎为主场则首区大电扫雷达可监测 1000 公里左右的黑障区内弧段；二是轨道倾角调整为42°后，东风作主场，因运行段的变轨点与返回轨道的制动点相距太远，用于制动点测控的测量船不能覆盖变轨点。

洛阳跟踪与通信技术研究所按照王永志总师提的五个方面，进一步做了分析工作，对报告做了一些修改和完善，具备了汇报条件。该所的分析结论到底是什么？结果有没有可能变化呢？

经过着陆场技术方案的多轮论证迭代，通过多次多地的实地勘察，结合工程需求和国土实际情况，工程总体梳理了着陆场选择时需要同时考虑的几个方面，即着陆场选择条件：①着陆场范围不仅要适应飞船正常返回的散落范围，而且要考虑异常情况下弹落区的范围，着陆场周边地区地形、地貌好，千方百计地降低着陆风险,弹道式再入时返回舱能安全着陆,最大限度地保障航天员的安全；②可返回的机会及应急时使用着陆场的机会多；③着陆区内无高山、大江河、大流沙、沙包，地势平坦，地面较长距离的倾斜度不大于15°，短距离倾斜度可较大，但返回舱翻滚不得超过3～5圈；④着陆场区应离国境线较远，设计时最大落点偏差不能落在国外，应急情况下允许返回舱在国外着陆；⑤场区内人口稀少，房屋和高大树木占地面积不得大于场区总面积的千分之一；⑥在规定的着陆区内，没有旗、县以上的城镇，没有大中型工矿企业、重要军事设施、110伏以上的高压电线，远离大中型城市和铁路干线；⑦着陆场气候条件要好，通信条件较好，最好是着陆场附近有机场；⑧返回测量设备的布局，测控网中其他测控设备的综合利用满足返回舱落点预报的要求；⑨考虑应用系统需求，如科学试验、对地观测的需求；⑩考虑将来与国际航天器对接、相互救援、相互合作的要求；⑪场地使用的连续性、永久性、转场的代价。

（三）主场定在四子王旗

1995年11月21日，洛阳跟踪与通信技术研究所着陆场系统设计人员赴京，就东风首区西部至马鬃山一带是否可作为主场事，向沈荣骏副主任做了汇报。

洛阳跟踪与通信技术研究所从五个方面汇报了分析结果：①从适应性看，从场地可选范围来看，东风小，四子王旗大。②从返回机会看，在7天内东风有5次机会，四子王旗有 11 次。③从测控条件看，测控设备投入相当，但越选在祖国的东边，越能充分利用国内已有测控设备，同时返回航迹在国内也就越多。④从安全性看，上升段，东风对应的 42°轨道倾角，其发射弹下点要经过我国的泰安、济南，以及日本的种子岛；返回段，弹道式落点散布范围，返回东风的航迹，经青海、甘肃到内蒙古，穿过党河南山、野驴山，以及群峰林立、山高坡陡的祁连山山系，最高峰达 5808 米，由玉门到东风主要是戈壁滩、沙砾地和新月形沙丘链，总的看，危险性略高。返回四子王旗的航迹经过发射场南边，穿过巴丹吉林沙漠，进入阴山山脉和中蒙边境之间的一条狭长走廊，返回轨迹既恰好避开了山区，又避免了落在国外，危险性略低。⑤从经济代价看，在气象上，东风投入少些；在应急救生上，选在东风可少 4 辆特种车。经综合分析认为：四子王旗更好。

沈荣骏副主任听完汇报后说："轨道倾角 43°不变了，主场仍在阿木古郎，副场尽可能选在东风附近。"

技术决策和行政决策有时是需要多次迭代的，但迭代的最后结果是让大家对问题认识得更全面，这是很有好处的。

依据工程大总体第二次和第三次协调会多次讨论协调的结果，通过内蒙古阿木古郎、鄂尔多斯、东风、通辽等地区的实地勘察，结合陆海论证、陆地主场位置的反复论证，经综合考虑，主场终于确定在内蒙古四子王旗阿木古郎地区。经过近四年的艰苦勘察和多轮的反复分析论证，主场的位置终于确定了。

二、三雄争鸣泉酒尝

（一）副场争鸣

主场选择在四子王旗后，可能的副场有三个地区可供选择，即鄂尔多斯、东风和通辽。1995 年 10 月，921 工程办公室印发《着陆场系统设计技术要求》，明确副场设立 1 个，是主场气象备用场，建设从简，且应尽可能在与主场同一返回的轨迹上选择，应考虑尽量多设置几个着陆点。具体来说，选择副场的约束条件及考虑因素是：①根据中国的国力和工程实际，只选一个副场；②副场主要是进行气象备份，即要求主、副场的气象相关性小，或主场"坏天"时副场的"好天的相关概率大"；③着陆场区、弹道式散落区自然条件与社会条件好，便于着陆安全和搜索回收；④尽可能在与返回主场的同一返回轨迹上；⑤能多设置着陆点，提高着陆场的适应能力，具有较多的返回机会。

1995 年 12 月 26 日，洛阳跟踪与通信技术研究所和西安中心有关人员讨论陆场系统副场的有关问题。祁思禹提出："为何非得在同一圈选呢？既然飞船有自主返回能力，为何不能提前一圈或推后一圈返回？副场最好向东边选，现在的问题是大总体缺少原则和标准，使得副场选择无从下手。"夏南银提出："对副场的选择，现在已松绑，即不一定非得在同一圈选。"看来，此时大家对工程总体提出的技术要求还有些看法。

但不管怎么说，工程的技术争鸣是常见的，大家有意见是可以随时随地提出来的，工程总体总是鼓励大家提意见，也愿意听到不同的声音。技术民主处处体现，工程文化渐渐形成。

1995 年 12 月 27 日，洛阳跟踪与通信技术研究所和西安中心相关技术人员向西安中心领导汇报着陆场系统的有关问题。

席政在谈到副场时提出："鄂尔多斯有优点，科尔沁也有优点，关键是大总体选择副场的条件和原则要先定下来。"

刘志逵谈到副场时说："王永志总师似乎有个隐含的想法，即每次落点可以不一样，即每次任务的场区可以是变化的（即返回瞄准点可变），苏联每次返回落点都不一样，这样灵活性大，适应任务能力强。"

夏南银也提起了王永志总师的一些想法："副场不一定非得在同一圈选。如果三个场区差不多，选东风地区。主场详细勘察工作，王永志总师希望放在明年，通过详勘，将轨道倾角 43°±1° 确定下来。副场详勘问题，可先在地图上作业，实际勘察工作可以先留个尾巴。"

西安中心李恒星主任听完汇报后提出："希望返回段要有计算备份，根据俄罗斯的经验至少要有两个中心。沈荣骏副主任认为，只要在代价不大的前提下能解决通信问题，就把所有数据全部送给西安中心；如果返回副场，副场就成为主场，故副场的卫星通信应有备份。"从李恒星主任的谈话中可以看出，一是西安中心希望能参与计算备份，二是西安中心希望加强副场的通信。

（二）全面比较

1996 年 1 月 31 日，着陆场系统设计师队伍赴北京，向国防科工委领导汇报副场选择情况。沈荣骏副主任、沈椿年副主任、王永志总师、赵起增、尚学琨、921 工程办公室舒昌廉副主任等领导听取了汇报。

着陆场系统汇报了对东风、鄂尔多斯、通辽三个预选地区的技术分析和综合比较结果。①从气象看，东风地区的"好天"与主场"坏天"的相关概率最大，达 92%，其他两个地区在 80%以下。②鄂尔多斯是沙质草原地区，东面进入毛乌素沙漠，向西 150 公里进入贺兰山，再向西进入巴丹吉林沙漠。东风地区是戈壁滩，向东进入巴丹吉林沙漠，西边 300 公里处进入祁连山，380 公里处过大雪山，但着陆点至 300 公里范围内较平坦。通辽地区是半固定、固定沙丘与草甸、沼泽、水泡子相间地区，向东 150 公里处是辽河发源地——吉林哈达岭地区，向西 150 公里进入流沙带，继续向西进入大兴安岭南部地区，450 公里进入浑善达克沙漠。从地形地貌地质来看，东风地区好。③东风和通辽可在返回主场的同一返回轨道上。④东风和鄂尔多斯地区可选多个着陆点，但通辽基本不可能。⑤东风返回机会最多，7 天飞行中有 6 圈经过，而其他两个地区是 4 圈。⑥东风场区可充分利用发射场的测控设备，可以利用首区 S 波段测控设备、超短波天地通信设备、气象台、指控中心设备等。同时可兼顾上升段救生 1 号责任区的应急救生，搜救设备可减少。⑦鄂尔多斯纬度低，造成返回机会少。与主场南北布局，不在同一圈返回，存在升轨、降轨两种返回走廊，主返回圈的返回测控条件不能充分利用。通过上述分析比较可见，将东风地区选为副场有较大的优势。

（三）副场定在东风

首长听了汇报后，指示：副场"立足于东风地区"。

1996 年 2 月 8 日，着陆场系统设计师队伍完成了《921 工程着陆场系统总体技术方案》设计报告评审稿。其中主场为四子王旗，副场为东风。

1996 年 4 月 19 日，国防科工委主管部门在北京组织召开评审会，由陈芳允等 16 位专家组成的评审委员会评审通过了《921 工程着陆场系统总体技术方案》设计报告。

1996 年 5 月 15 日，国防科工委通知酒泉中心、西安中心，明确 921 工程着陆场副场选定在酒泉中心东风场区东部地区。

第十二章　东风副场详勘

一、勘察起因

主场选在四子王旗后，副场经过比较后选择了东风地区。如果 108 圈升轨返回主场，也可返回东风，东风可在同一圈作气象备份。如果 108 圈没能返回成功，在 110 圈还可返回东风，东风可在圈次上作备份，副场中心点就选在 108 圈和 110 圈的交叉点上。为适应各种轨道多圈次的返回，同时又避开发射场区，故选了南北相连的 A 区和 B 区两块。为详细了解副场周围区域、弹道式返回副场扩大区、发射上升段应急救生区及返回测量前置雷达站址情况，着陆场系统拟制并上报了东风地区副场综合勘察方案。

1996 年 5 月 18 日至 6 月 8 日，国防科工委主管部门组织洛阳跟踪与通信技术研究所、酒泉中心、西安中心、航天五院等有关专家进行了第六次空地综合勘察，覆盖范围 22 800 平方公里，空中、地面总行程达 5000 余公里。

1996 年 5 月 18 日，我们从北京乘飞机至兰州，换乘火车到清水火车站。5 月 22 日，乘发射场专用火车到达鼎新机场，据说该机场是亚洲第二大机场，可能是指跑道的长度。

勘察队共 22 人，由国防科工委主管部门领导尚学琨任领队，酒泉中心机关领导金振昭任副领队，技术组由夏南银、刘志逴、我、李鹰、侯树林、徐东组成，计划组由华仲春、沈平山、戴铁军、余增范、李自强、武全根、陶钟山组成，保障组由施治元、朱亚斌、崔如晓、吕东（摄影）、杜斌（摄影）、雷建军（车辆保障）、黄辉（无线电台）组成。另外还有司机樊广水、李纪等 5 人，机组 7 人。

勘察目的：一是选择 1 个基本满足飞船着陆条件和便于搜救回收的副场，划出着陆安全性比较高的区域；二是弹道式返回副场扩大区及上升段应急搜救 1 号责任区的地形地貌初勘；三是副场前置雷达站址初勘。

勘察方式：空勘和地勘相结合，地勘是在空勘基础上进行重点勘察，特别是用于副场的地区，对各种典型地形、地貌均用奔驰越野车进行通行试验。

空勘直升机早已在机场待命，是 MN-171，鼎新机场积极支持。中国石油物探局司机密切配合，调来的车辆是奔驰 1300L 和 2150L 越野车。

本次空勘范围较大，东西长约 550 公里，南北约 280 公里。地勘范围为发射场以东南北相连的两块地区：A 区和 B 区，处在弱水河东岸盆地，南半部称 A 区，北半部称 B 区。A 区南部边界已进入巴丹吉林沙漠 30～40 公里，B 区北部已接近中蒙边界，A、B 两区的东面则是巴丹吉林沙漠。两区南北总长 190 公里，东西平均宽度约 120 公里，除南部进入巴丹吉林沙漠的部分为比高 20～60 米不等的沙丘外，其他部分相对平坦，由南向北倾斜，海拔 950～1200 米。

勘察区主要部分位于内蒙古高原与马鬃山山区的交接地带，南高北低，海拔900～2800 米。这一带基本属于典型的大陆温带干旱荒漠气候，冬季干冷，夏季炎热，春秋风大，雨水稀少，蒸发强烈。年最高气温 38～47℃，最低气温-35～-28℃，春夏多西北风，秋天多是东风，年平均风速 4.3 米/秒，最高风速 22 米/秒，四五月是风季，常带有沙暴。六至八月为雨季，年平均降水量只有 37～115 毫米，年蒸发量达 3700～4100 毫米。沙漠边缘区域地形多为盐碱、沼泽、沙漠和灌木林，车辆行驶困难。

二、嘉峪马鬃雅布赖

（一）为什么要勘察这么大范围？

1996 年 5 月 23 日上午和下午飞了两个架次，1 号和 2 号航线分别覆盖 108圈升轨、110 圈降轨弹道式返回副场的扩大区。

扩大区有两种情况：一种是前弹道式返回，瞄准点是事先决策的副场中心，误差散布范围是沿航向±170 公里[①]、宽±30 公里的区域；另一种是后弹道式返回，瞄准点在航向-700～0 公里（区域内任一点都可能是瞄准点，出事越早就越落在前面），误差散布范围同上。为了兼顾两种返回方式，同时考虑到发生的概率，本次勘察范围明确为±300 公里、宽±30 公里的区域。

---

① "-170 公里"是指理论瞄准点±偏差范围中的"-"，即返回航程较瞄准点缩短了 170 公里；如果说是"+170公里"，即返回航程较瞄准点偏远了 170 公里。

有人会问：弹道式返回的可能性大吗？有没有必要勘察这么大面积？这让我想起了苏联曾发生过的几次着陆事故。

1965年3月19日苏联上升-2飞船因手动操作失误造成着陆大偏差。那次飞行任务的目的是进行舱外活动，安排得有些仓促，原因是苏联得知美国计划在双子星座飞行中进行舱外活动，故马上抢先实施。两名宇航员之一的列昂诺夫出舱后拟弯腰摘取绑在腿上的相机将其安装在舱外，但发现无法弯腰，原因是手臂和腿弯曲时，宇航服内的空间减少，压力增加，四肢难以进一步弯曲。准备进舱时，发现弯腰进入仪表舱与弯腰取相机一样困难，几次尝试抬腿进入仪表舱都未果。他不得不冒险将宇航服压力降至25.3千帕，但还是不能将脚先踏入舱内，于是只得先把头伸进仪表舱，在柔软的仪表舱壳体内设法转过身来，够到了外舱门并把门关上。这次舱外活动共持续了23分钟，其中11分钟是在仪表舱内进行的。舱外活动导致列昂诺夫浑身是汗，体重减轻了6千克。一关刚过，又遇险情。宇航员将仪表舱抛掉准备返回，在第16圈准备让反推发动机点火时，发现自动制导系统出现故障，原来是一个太阳敏感器坏了。不能自动制导，宇航员只能改用手动太阳定向系统，在第17圈，于11时36分手动控制点燃了反推发动机。由于多飞了1圈，在经度上向西偏离了22°，又由于手动操作有误差，返回舱降落在乌拉尔山彼尔姆东北180公里覆盖着白雪的森林处，比原预定着陆点偏离3200公里。着陆时，返回舱的无线电信标天线被树枝折断，给救援人员确定返回舱位置带来了较大困难，救援队直升机花了2.5个小时才找到飞船返回舱。但在其周围20公里范围内无可供直升机着陆的空地，直升机只得向他们空投了补给品。当天夜里，宇航员遇到了狼群，为防止狼群的侵扰，宇航员只得穿着不舒服的宇航服在返回舱内待了一夜，第二天才被地面人员救走。

1967年4月23日，苏联联盟-1飞船入轨后开始慢慢地滚动，在第15圈时舱体出现了颤动现象。飞船所带推进剂在不断消耗，地面被迫同意宇航员科马洛夫提前返回。由于姿控系统故障，飞船无法保持姿态稳定，科马洛夫在第17圈时试图调整飞船的方向，但未能成功。在第18圈时，联盟-1飞船终于定准了方向，并且处于自旋状态，飞船制动火箭点火，飞船离轨。由于自旋，飞船无法实现半弹道式再入，只得像导弹弹头一样弹道式再入，这便伴随着很高的减速过载，使宇航员经受了极其严酷的过载考验。当飞船还在继续旋转和颤动再入时，伞舱盖弹开，减速伞开始工作，但主伞却因飞船姿态不稳定、不停地自旋和颤动没有正常展开。此时，按照自动装置的指令，启用备用降落伞，但备用降落伞也因飞船的自旋而与减速伞缠绕在一起，无法展开。至此，主伞和备用伞均没有起到减速的作用。联盟-1飞船以140米/秒的速度在偏离预定着陆区约1000公里的地方触地撞毁，宇航员科马洛夫当场身亡。来自飞船的所有通信全部中断。

1989年12月21日，联盟-6飞船携带3名宇航员于6时与和平号空间站分离，计划于9时启动反推发动机，但在反推发动机点火前，飞船计算机却中断了返回程序。原因是为避免联盟-5飞船出现的定向系统差错，重新编制了定向程序，但输入的修正量在一定条件下和原来的程序发生了矛盾，致使中断了返回进程。后经地面飞控中心专家修正原始数据重新注入返回程序并使用备份计算机，推迟两圈后返回。最后，于0:57返回舱在哲兹卡兹甘东南180公里处着陆。由于返回的延迟，着陆点比原定点向南移了约300公里。

看来，载人航天什么危险都可能遇到，什么故障都可能出现，多大偏差都有可能产生。

有人可能还会继续问：弹道式返回有可能，即108圈弹道式返回扩大区的勘察有必要，但为什么还要勘察110圈的弹道式返回扩大区呢？

载人飞船提出了很多应急救生方案，其中在发现飞船惯导系统失灵时，处理故障的对策是：让航天员通过操纵姿态控制手柄建立起飞船的制动姿态，以保障飞船在109圈以弹道式再入方式着陆返回主场，或在110圈以弹道式再入方式着陆返回副场。正是因为这个原因，我们对110圈的扩大区也要勘察一下。

（二）河西走廊

第1条航线覆盖第108圈的-300公里、宽±30公里的区域，位于理论落点至西偏南的玉门市之间，基本属于甘肃省。

5月23日上午8:48，MN-171直升机从鼎新机场起飞，朝西偏南飞。

这一带基本属于河西走廊。河西走廊是夹于巍峨的祁连山和北山（包括马鬃山、合黎山和龙首山）之间的一个狭长堆积平原，位于祁连山以北，合黎山以南，乌鞘岭以西，甘肃新疆边界以东，东西长达 1000 公里左右，南北宽数公里至近 200 公里，一条古道穿行于祁连山麓的戈壁和冲积平原上，古代"丝绸之路"即此。河西走廊自古以来就是富足之地，是兵家极其重视的地方，因位于黄河以西，为两山夹峙，故得此名。

直升机飞过的只是河西走廊的一部分。河西走廊是东南至西北方向，而我们的航线是东北至西南方向。航线南边是巴丹吉林沙漠一条东西走向的沙带的最西端，航线下面的土质基本以沙土为主。

不一会儿，飞至东坝镇。这是金塔县鸳鸯灌区的下游地带，位于三合、大庄子、东坝镇古城三乡镇中心。该镇土质以沙土为主，气候干燥，昼夜温差大，降水均匀，四季分明，年降水量为 80 毫米，年平均相对湿度 45%。地面水依鸳鸯池、解放村两个水库积蓄祁连山脉的雪融之水，搭配地下水灌，水质良好，适宜农灌和人畜饮水，供水量充足，镇域内耕地全系水浇地，域内有稀疏林木、贫瘠麦地、小河和人家。

飞经金塔。金塔县地处河西走廊中段北部边缘，面积 1.88 万平方公里，有 14 多万人。境内东、南、北三面皆山，中间低平，地形略呈斜方，属于河西走廊北山山地，平均海拔 1275 米，相对高 500～1000 米，境内东部和东南部属巴丹吉林沙漠边缘和合黎山地带，海拔 1100～1400 米；西部为戈壁荒漠，海拔 1200～1500 米；南部为夹山褶皱带，海拔 1340～1488 米；北部属马鬃山地台东南部的低山地带，海拔 1210～1300 米；中部地势低平，海拔 1100～1300 米，形成金塔盆地，地势南高北低，地下水由西南流向东北。地面坡度 0.8‰～13‰。金塔县属温带大陆性干旱气候，年平均气温 8.3℃，最高气温 40.5℃，最低气温-29.6℃，四季多风，主为西北风，平均风速 2.4 米/秒。

继续西飞，除个别地方有点小山外，其他地方均平坦，用于应急救生是可以的。

（三）嘉峪关

再朝西飞，远处茫茫戈壁上渐现一段段城墙，一座庞大的城楼出现在眼前，这就是世界著名的嘉峪关。

嘉峪关位于河西走廊最狭窄的山谷中部，始建于明洪武五年（1372年）。中国长城有三大奇观，东有山海关，中有镇北台，西有嘉峪关。河西走廊本来道路就十分艰险，到了嘉峪山隘口处，南侧祁连山和北侧马鬃山在此收窄，东西方向只有这一条险道，嘉峪关踞此，东通甘肃酒泉，西达新疆库车，是京都长安和西域各国联系的纽带，是古代"丝绸之路"的交通要塞，是军事上的河西咽喉，号称"天下第一雄关"。

从直升机上看去，围城规模甚大，城墙高耸入云，城楼威武雄壮，实有不可逾越之势，真是"一夫当关，万夫莫开"。直升机围着城墙绕飞一周，确有穿越历史之感。朝南望去，便是白雪皑皑的祁连山脉，朝北望去，戈壁一片，远处隐约能看到山区，大红山就在那边。

继续向西，开始进入祁连山山脉，山势连绵起伏，山上常年积雪，如果再朝南飞，恐怕直升机较难飞越，如果返回舱落在这里，救生肯定困难。

从这里朝北飞了一个弧线，经玉门市上空，从此折返。

11:05，直升机降落，共飞行2小时17分钟。

总的感觉是：嘉峪关以东的地形，用于应急救生是可以的。嘉峪关以西的地形渐渐进入祁连山，连绵起伏，山上常年积雪，直升机较难飞越，无法救生。

（四）打死也不上

沈平山同我们一起参加了第一次空勘。因他以前没坐过直升机，故感到十分兴奋。但起飞不多久，便感不适。等返回鼎新机场，刚下直升机，他便吐了，面色黄中带白。

下午，我们继续起飞，勘察2号航线，强烈邀请沈平山一同前往，但他打死也不上直升机。沈平山的态度十分诚恳，双手同时抬起，手掌朝外，左右同步摇晃，同时脚步交替后撤，嘴上连说"不上了，不上了!"上午的空中感受，让他终生不敢再坐直升机。

（五）野骆驼

2 号航线位于机场至西偏北 300 公里之间，覆盖了 110 圈的-170～-80 公里区域。-80 公里以内（即大树里测控站以东）到 0 公里（理论瞄准点）均为较平坦的硬戈壁，这些地貌我们以前常见，故十分熟悉，本次航线就直接从-80 公里开始向西勘察。

15∶30 起飞。从东南向西北飞，即从大树里向西，地形地貌逐渐开始复杂化，主要特征是乱石山与戈壁滩相间，航线下方主要是小丘陵地带，有些山的坡度较陡，超过了 15°，比较典型的如沙红山、月牙山等，均属风化石，凹凸不平，与乱石山相间的戈壁滩仍然平坦，也有平坦的沙地。

航线北边，主要是相对平坦的沙地、戈壁。再朝北望，便是中蒙边境。

突然，在右侧舷窗外，我们发现有一群骆驼，共 7 只，显然是野骆驼，这一带极其荒凉、人迹罕至，故这里有珍贵的野生动物也不足为奇。关键是让我们看见了，这就"称奇"了。野骆驼体躯高大，视觉超远，听觉超敏，嗅觉超灵，性情温顺，反应机警，跑速较快，耐力惊人，耐饥耐渴，耐风耐寒，主要分布于马鬃山戈壁区及中蒙边界荒漠地带，这里生存环境十分恶劣，因此野骆驼数量极少，属濒危物种（图 12-1）。

图 12-1　野骆驼

（六）夹山和大红山

航线南边的地势与北边相似，有的戈壁面积相当大，沈荣骏副主任曾经提到的东风首区西部至马鬃山一带主要是指这些平坦的地方。个别地方是残丘和矮山，也有山区，其中有名的主要是夹山和大红山。

夹山为金塔县北部山脉，东西走向，西接黑山，东接合黎山，长约 120 公里，西段马路山主峰海拔 1408 米，东段夹山主峰海拔 1478 米，中段有火石峡山、大干粮山会入。由于水峡口以西出产各式各样的杂色彩石，原名叫"佳石山"，又因处于南山（祁连山）和北山（马鬃山）之间，故叫夹山。我一直在扫描彩色地域，以便标好位置，日后地勘时过来"扫荡珍宝"，但看了半天，什么也没有看见。

大红山又称"孤红山"或"三道红山"，南距金塔 70 公里，自马鬃山起，经三道明水，东经白沙窝、五道明水，止于黑河右侧，全长 250 多公里，为东西往来必经之路、蒙商出入必经之途。大红山因山高大且呈红色而得名，从北向南，共有四道山：自公婆泉起，从石板井向东延伸，叫一道红山；自公婆泉起，向东南朝青山头延伸，叫二道红山；自马鬃山起，经三道明水、白沙窝、五道明水，至黑河右侧，叫三道红山；三道红山南，叫四道红山，海拔 1924 米。飞越时，看到一道山是红色的，的确不同寻常。真红！

（七）石块"拼图"

继续朝西偏南飞，直升机一直飞到最西端（97°00′E、41°25′N），见到中山、残丘地带，海拔在 1200～1600 米，这里大部分属于石块地，大面积的石块一块接一块，每块都紧紧地拼在一起，从空中看来，像拼图板一样。有的石块是竖立着，高低不一，紧拼在一起。山石走向分明，就像流水的河川一样。中山、残丘之间是戈壁或软沙地。在 97°45′E～98°00′E 之间，有的戈壁面积相当大（图 12-2）。

图 12-2　东风西部空勘

（八）马鬃山

向北望去，可以清楚地看见十公里外的马鬃西山。

马鬃山，也称北山，东西向展布于甘肃河西走廊北端，是以海拔 2583 米的马鬃山主峰为中心的准平原化干燥剥蚀低山、残丘与洪积及剥蚀平地的总称，东至弱水西岸，西南楔入新疆罗布泊洼地东缘，南起疏勒河北岸的戈壁残丘，北迄中蒙边境，面积 8.8 万平方公里。水源稀少，铜铅锌铁煤矿藏丰富。马鬃山区是新疆天山东延的余脉，主要由变质岩、花岗岩组成。地势西高东低，以攘坡泉为起点向南、向北较大的山体有马鬃山、大红山、垒墩山、大交瑞、七一东山、七一铁矿山、火石山、马庄山、破城山等。其中马庄山海拔为 2668 米，七一东山为 2600 米，大交瑞为 2588 米，马鬃山为 2583 米。在马鬃山各山之间存在一些山间盆地，主要有 7 个，分别为骆驼泉盆地、后红泉盆地、驼马滩盆地、一百二十井及白湖盆地、马秦山南盆地、马鬃山盆地、苦水井盆地。马鬃山区属戈壁荒漠气候，年均降水量 85.2 毫米，蒸发量 3072.9 毫米，年均气温 3.9℃，无雪期 128天。此区没有常年性河流，人和牲畜靠泉水与人工水井滋生，另外沟谷洪水也有季节性的补充。

从这掉头朝回飞，一会儿就飞到马鬃山纵深地带。但见马鬃山山势陡峭，看上去高大，延展下去，平地拔起一条一条山带，极有规律，远处一看，确实像是一束一束的马鬃，难怪叫"马鬃山"。

（九）野驴

就在欣赏这一马鬃形状时，突然听到有人喊："你看，那是什么？"我赶快从机舱右侧跑到左侧，通过舷窗朝外望去，看了半天才对焦，原来是驴。这种驴具有极强的耐寒耐热耐饥渴能力，善于奔跑，具有敏锐的视觉、听觉和嗅觉，分布于马鬃山北部边境及明水荒漠、半荒漠地带，数量很少，属于濒危物种。一听到我们直升机的轰鸣声，它们马上奋蹄朝北边山里跑，速度之快，用"野"字形容一点也不过分。数了一下，共有 4 匹。

本来这座山叫"马鬃山"，怎么出来野驴了？是不是叫"驴鬃山"不好听？还是古代人起名时将驴和马弄混了？还是古代这里也有野马？

飞了一段时间，我们极想看到另一种动物，那就是北山羊。这一带最珍贵的就是三种动物，即野骆驼、野驴、北山羊，目前已看到了两种，只差最后一种。北山羊又称红羊，分布于马鬃山明水、云母图、黑马察等海拔 2000 米左右的高山裸岩、高山砾岩地带，以杂草为食，极善攀登和跳跃，能够自如地在险峻的乱石间纵情奔跑，喜欢成群活动，警觉性极高。察看半天，地势逐渐开阔起来，明显已回到平坦戈壁地带了，连只北山羊的影子都没有见到。可能这时是它们的午休时间，没有出来。这一带基本没有人烟。

18:08，直升机降落，共飞行 2 小时 38 分钟。

空勘完后的感觉是，总的地貌是小丘陵地带，中间有平坦沙地，除个别山峰较高有危险性外，如沙红山、月牙山、马鬃山一带，其他地域大都无危险。

（十）三条航线空勘覆盖范围

5 月 24～25 日，飞了三个架次，第三架次起飞时间是 24 日上午 8:37，12:17 降落，飞行了 3 小时 40 分钟；第四架次起飞时间是 24 日 15:55，19:30 降落，飞行了 3 小时 35 分钟；第五架次起飞时间是 25 日上午 7:28，10:39 降落，飞行了 3 小时 11 分钟。

3 号、4 号、5 号航线覆盖了从发射场向东偏南 300 公里的区域，地处额济纳旗东部和阿拉善右旗西部的巴丹吉林沙漠区，其主体经济都是畜牧业，实际上大部分地区都没有放牧的自然条件，除了硬戈壁，就是沙漠，没有水，也没有草，所以这些地区罕有人迹，地广人稀，平均每平方公里不超过 0.5 人，人口主要集中在旗所在地。

三条航线既覆盖了 A 区，又覆盖了第 108 圈、110 圈的+150 公里、宽 ±30 公里的地区，同时覆盖了上升段应急搜救 1 号责任区。

第 108 圈、110 圈的+170 公里、宽 ±30 公里的地区中，+70 公里以内在平坦、开阔的 A 区境内，+70～+170 公里在巴丹吉林沙漠。上升段应急搜救 1 号责任区沿射向有 100 公里在 A 区，其余 200 公里、宽 ±50 公里的地区在巴丹吉林沙漠。

从直升机上看所选的 A 区中 60 公里×40 公里区域（飞船返回舱降落散布范围）的南边有条小沙带，就像大海里的波浪，看上去起伏不大。A 区的东部是沼泽，即古日乃湖干枯后形成的盐碱地与红柳丛沙地相间的地区，从直升机上看，大都是干涸的坦地，有水干后的痕迹，行走估计没问题，其中一片区域，我们曾于 1994 年 10 月 7 日进行过地勘。

（十一）巴丹吉林沙漠

再朝东便进入巴丹吉林沙漠。沿射向从+100～+200 公里的范围内，沙情严重，在这一段，沙丘耸立，沙窝深陷，金色光滑，瀚海波涛，图案奇特，估计从丘顶到窝底的比高超过百米的情况比较普遍，并非特例。迎风面缓坡不长，背风面的陡坡急促。返回舱在此地区着陆，可能陷入深沙，被沙封闭通气孔。搜救回收工作也有困难，只能采取直升机救援，除特种车辆外，其他车辆难以进入。

沿射向从 200 公里至 300 公里的范围，虽然也处在巴丹吉林沙漠深处，但沙情反倒逐渐好转，地势渐渐平坦起来，沙丘越来越矮，逐渐过渡到波浪形沙地，相间着硬戈壁，沙丘之间低洼处有些盐水湖，湖边有些绿色植被，甚至出现独门独户的人家，进一步过渡到面积较大的平坦戈壁、草地，有了稀疏村落，已经到了沙漠东部边沿，是块不错的着陆场。所勘区域的最东部不断出现小湖，有湖水变干涸的痕迹，大都在沙山的底部，有草，湖边有住户人家。返回舱在此地区着陆，不安全因素相对较少，搜救、回收工作难度相对较小，直升机救援容易找到着陆地点，车辆可以从沙漠东部边沿进入。

（十二）雅布赖山

在发射上升段航迹下方附近、巴丹吉林沙漠东南部有一座山较特殊，叫雅布赖山。

雅布赖山位于阿拉善右旗境内，距右旗东偏北约 140 公里，在巴丹吉林沙漠东南边缘、腾格里沙漠西北边缘，生硬地把两个沙漠割裂开来，系两个沙漠弧形隆起的一个山脉，为东北—西南走向，长 110 公里，最宽处 20 公里，面积 1800 平方公里，海拔 1600～1800 米，最高峰 1938 米，最大坡度 35°，一般是 15°～20°，东南侧为悬崖绝壁，西北侧坡度较缓，为巴丹吉林沙漠东缘的重要屏障。

雅布赖山上全是红褐色风蚀岩石，有点儿像青岛崂山海边的岩石，区别是山脚下不是碧海，而是沙海。山峰较多，山峰下有很多峡谷，其中额日布盖大峡谷比较隐蔽，没有当地牧人引导，一般很难找到。大峡谷两侧各有一道石墙，从峡底朝上看，像一条细窄曲折的裂缝，宛如"一线天"。大峡谷悬崖峭壁上布满了大大小小的洞穴，洞洞相连。这里能偶见珍稀动物，例如石貂、鹅喉羚、盘羊、岩羊、山鸡等，但数量极少。

雅布赖山主峰南侧有一庙，叫"阿贵庙"，建于清朝。从直升机上往下看，寺庙傍山而建，精美典雅。只见山底出现一条长 300 米的石路，通向山顶，看上去坡度很大，有的坡度近乎垂直，不知行人如何攀登上去。从空中看去，整个山势险峻陡峭，气势颇为壮观。南山谷有一大石头沟，沟内四季泉水成溪，溪流至山下低洼地域积聚起来，形成大小不一的山中湖泊，湖水平静，反射着耀眼的光芒，水的颜色不知，湖边水草丰茂，湖的周围有几百只羊，听说这是著名的雅布赖白绒山羊。湖边有土房，房顶上冒着炊烟，整个画面宛如一幅田园风光图。可惜当时相机镜头不好，无法拍出大片。

雅布赖山属温带荒漠干旱区，为典型的干燥大陆性气候，四季分明，平均气温9.6℃，1月平均气温-9.2℃，7月平均气温25.8℃。

从这里再向东便开始进入上升段应急搜救2号责任区，即穿越腾格里沙漠，跨过贺兰山，越过黄河，延伸至河套地区。这些地方，我们曾在1993年6月勘察过。

可惜贺兰山挡着，更因地球球体弯曲，我们现在看不见那边。当然，就是地球倒着弯曲，因能见度的原因，我们也看不见。

航天专家李鹰介绍道："如果火箭起飞后68秒逃逸，则飞船采用中空或高空开伞程序，将落在航迹14～16公里处；如果起飞后80秒逃逸，则飞船起旋或不起旋返回落在29～31公里范围内；如果起飞后120秒抛逃逸塔前逃逸，飞船将落在227～255公里范围内，即甘肃塔木素牧场。看来这些地方没太大危险。"

空勘总的印象是返回舱在沙漠里降落危险性不大，用直升机将航天员救出来也不太难，但如果有风，就担心沙子把返回舱埋住，或把通气口堵住。沙漠中最高的地方，远处看像山，近处看并不可怕，坡度在20°以内，沙漠边缘大都像大海里的波浪。李鹰写道："看起来沙漠并不可怕。"而夏南银却写道："大沙漠可怕。"

当然，从空中看和从地面实际接触，完全是两回事。实地勘察后的感触是：的确可怕。后叙。

（十三）B区空勘

5月26日下午飞了第六架次，6号航线覆盖了B区。起飞时间是26日上午7:51，11:26降落，共飞行3小时35分钟。

B区是一块比较平坦的地区，中部有一块硬、软戈壁相间的地区，大致是南北方向；东部沿101°30′经线是较复杂的地带，大都是波浪沙丘地，像是很多沙子撒在地面上被风吹成漂亮的波纹。

走下直升机后，有人吐了。

三、戈壁荒漠古日乃

（一）骆驼刺沙尾巴

1996 年 5 月 28 日，开始了地面勘察，区域是 A 区中 60 公里×40 公里大框和 30 公里×20 公里小框地带，特别是南边的沙带和东边的沼泽地带。

勘察车辆是两辆奔驰 2150L 和 1300L 越野卡车。尚学琨、金振昭、华仲春、余增范、朱亚斌、崔如晓坐 1 号车，夏南银、刘志逵、李鹰、侯树林、我、吕东坐 2 号车。听说 1300L 的奔驰越野车价格约 40 万元，于 1987 年购买；2150L 的奔驰越野车价格约 69 万元，于 1992 年购买；另外听说还有一辆 1550L 的奔驰越野车价格性能很好，比 2150L 的还好。

早上 7:10 从鼎新机场出发，向东偏北方向直行。7:17，车队到达勘察区域大框左边缘。站在这里朝正南方向看，已能明显看到沙漠山群的轮廓。从此点开始，我们朝东偏南方向行进。

路上我们发现骆驼刺很有意思，在其东南方向，有些沙聚集在一起，可能是骆驼刺挡住了风，使得沙子在此停住了脚步，形成了一个沙尾巴。

（二）浅探巴丹吉林沙漠

沿着沙尾巴方向走了 73 分钟，8:30，走到沙漠边缘。

1 号车朝沙漠里冲了一段，感觉艰难。沙山较高，风大，坡陡，有的坡度达四十几度。尚学琨说："返回舱不能落在这里。"

放眼望去，沙漠波澜起伏，沙被风扬起，飘在空中，然后被不同的东西挡住，落在山的背面，形成各种美妙的图形，千姿百态，煞是好看，不能不让人惊叹于大自然的神工鬼斧。大自然的壮观让勘察队员惊奇万分，我用瓶子装了沙子带回留作纪念。其实这只是巴丹吉林沙漠的一条沙带，西延伸到鼎新机场，东延伸到巴丹吉林沙漠深处，绵绵百公里，我们感觉这里的沙漠很壮观，但真正壮观的沙漠，在东风地区的东面。

这次深入沙漠的距离不远，只是浅尝辄止，8:52 我们就从沙漠里退回了，继续在硬戈壁上沿沙带方向向东勘察。

9:08，我们发现骆驼刺的小沙尾巴转向西南方向。此处，北边是一片平坦的戈壁，南边是一片沙漠。9:15，南侧的沙漠开始变缓。此时的骆驼刺边上的沙尾巴已摆到东北方向，看来不同的地域风向能差 90°，甚至 180°。9:30，我们到达大框南部的中间地带，此处朝南离南边框 7.4 公里，其间全是沙漠；朝北离小框南边框 2.8 公里，朝北离中心点梭梭头约 13 公里。

（三）中心点梭梭头

我们从这开始，朝北偏东，朝小框中部行进。

沿途我们发现有许多沙鸡。看到它们奔跑逃走的样子，夏南银推测道："晚上沙鸡都是两个两个地睡。"能有这样的逻辑推测，得有多么丰富的人生经历啊！不简单。

9:46，车队的东侧有一个点号，有十几栋房子。

10:00，我们来到小框的中心地带，叫梭梭头。这是我们选的副场的中心点。这里的地名尽管标着是"梭梭头"，但实际上全是硬戈壁，平坦、开阔。梭梭是藜科梭梭属植物，小乔木，高 1～3 米，树径 2～5 厘米，树皮为灰白色，木材坚而脆，在沙漠地区常形成大面积纯林，有固沙的作用，可能历史上这里有过梭梭林。

余增范用矿泉水瓶装了一些戈壁上的沙子和小石子留作纪念。

从中心点朝南看，能看见沙漠。因为是从远处看沙漠，总体感觉沙漠的地势较缓。当然，这跟在近处感受沙漠完全是两回事。

我们从中心点右转弯，向东行进，约走了 5 公里，10:15，发现有个油井，井架 30 米高，有两个工人正在干活。问其独自工作在荒无人烟的地方的感受时，其中一人的回答竟有诗意："胸怀大地，心存寂寞。"

一过油井架就进入红柳地带。红柳是戈壁上一种特有的植物，高约 2 米，像是柳条插在地上，没有树干，呈红褐色，大都与沙丘相间共存。再往东走，红柳成片，车速只能保持在 20～25 公里/小时。

（四）古日乃沼泽地

11:00，遇到的地形演变成一片坟头，与红柳相间，20 多分钟才走出坟头区，迎面而来的是坦阔的地貌，路两边是草原，显然这边的水已很丰富。一会儿看见了羊群，说明附近有人住。

11:47，看见的草原肥沃了起来，是泥土，在这种地方能见到泥土，实属不易。有一只鹰站在木桩上纹丝不动，竟有人认为这是博物馆里的标本。我们共同观察了很久，发现其眼睛眨了一下，才知道鹰是活的。这里离南边的沙漠也就 3～5 公里。

11:57，来到大边框的东边扎哈拉马嘎。这里有一片草原，框外边的草比里边的好。到了这里你会发现，戈壁和沙漠深处不全是单调的，在梭梭头以东、扎哈拉马嘎以北、古日乃以西的地方，景色完全变了。

原来这里是古日乃沼泽地（图 12-3）。古日乃在历史上曾是一个真正的湖，当时湖水荡漾，湖面开阔，水域范围很大，有 1400 平方公里。随着时间的推移，水越来越少，渐渐变成了沼泽，有些地方都接近干枯了。但因为只要一下雨，水都会流向这里，所以这里的水草仍是长势很好，特别是低洼地，长有成片成片的芦苇，盐碱地与红柳丛沙地相间，很是壮观。现在的沼泽已存水不多，有的长满青草，羊群、马群相聚于此，有的长满芦苇，有的却像刚耕过的农田，泛着白矾，证明此地碱过剩，让人想起了 1993 年去过的兰考。

接近洼地时，你会发现这里有路，常走的地方算是路，表面硬，脚踩上去就像踩着地毯，软绵绵的，极其舒服，就是真地毯也没有这样舒服。车在其上也是可以行进的，车速在 5～8 公里/小时，但路的两侧却像是翻滚过的岩浆，泥土中泛着盐碱，白白的，湿度很大。所以，现在可以说，这一片盐碱地更像沼泽，不像湖泊。不知红军走过的草地是不是也这样。至于盐碱地里的含碱量有多高，我们不知道，如果能就地提炼，或许也能成为当地人创收的一个门路。

图 12-3　古日乃沼泽地

12：24，路过之地仍是一片草原、泥土、牧场，此处反而比大框内的地貌要好些。

12：27，进入小坟头地带，车速在 40～45 公里/小时。

（五）陷车

13：12，2 号奔驰越野卡车沿着干干的路慢慢行进，后停下，勘察队员下车在周围实地观察。2 号车再启动时，司机突然感到前右轮朝下沉，路面开始变软，右轮下方出现一个软坑。司机试图加大油门，将车开出来，不料轮子一转，马上就把轮下的湿泥带了出来，刨出一个泥坑。前后进退了几下，泥坑越刨越大，越刨越深。不一会儿，车轮就刨了一个大坑，正好将轮子陷了进去，直至车的底盘挨着地面，动不了了。我跑过去一看，刨的坑约有一米深。当然我们的车的轮子也高，跟我的高度差不多。看来，路上干干的路面，是个假象，其实下面全是湿的，干干的路面就是一小层，路面底下全是沼泽地，干土表层下即是泥水。司机换挡不及时，倒了几次便把干表层去掉了，车便陷进了泥坑。这下大家傻了。刚才走在上面的舒服感，现在骤然变成了挫败感。

周围有牧民赶了过来。他们说，在这个季节，这种事情经常发生，1995 年有台推土机也是这样，陷进泥浆，直到冬天大地开始结冰了，才把推土机弄出来。

一听这话，大家你看我，我看你，似乎都想从对方无助的脸上找到解决问题的答案。我们用对讲机呼叫前面的车，告诉他们刚才发生的不幸。

1号车开了回来。司机看了一下情况，然后回到自己的车上，拿下一条粗的钢丝缆绳，一头挂住陷车车头，一头挂住自己的车头，然后挂上倒挡。试着退了一米，让钢丝缆绳由弯变直，然后接着倒，缆绳开始吃上劲了，再倒，陷车开始动了。这时，被陷的2号车的司机也没闲着，也挂了一挡，开始加油。动了，后轮开始爬上坑沿了。好，出来了。

这下，大家终于松了一口气。过来看的牧民，直竖大拇指。以前，牧民见到的陷车都是半年以后才弄出来，我们这些人一会儿就弄出来了，让他们感觉不可思议，他们的拇指冲上，以示敬佩。

有了这个经验，立了功的1号车司机开始沿着硬路，朝深处探索，看那神态，他很骄傲。不一会，1号车也被陷住了，时间是13:22。司机刚才还飞舞的眼神，突然就消失了，眼睛、眉毛、面颊不知不觉朝脸部中间集中，额头也多了四道褶，犹如前5天看到的四道红山。在泥土中，前后倒车达10次之多，根本无法倒出来。他的情况比2号车还窘迫，右侧前后两轮都陷进去了，均1米深，整个车是斜着的，出不来了。

我们在前轮刨出的泥坑中放了四五根直径30厘米粗的胡杨树干，尝试着自救，未果。我们又找了一些草扔进后轮坑中，犹如将土块扔进大海，轮子一转，不见了踪影，13:38时，无奈只好通过对讲机呼叫2号车。

为什么这个时候才呼叫，而不是刚陷进去就呼救呢？因为1号车的司机不让呼叫。救别人，有英雄的感觉；让别人救，心有不甘，面上难堪。

被救过的2号车司机把车开了回来，用同样的办法，把1号车拖了出来。1号车出来后，两个轮子全是泥水，但泥不太粘手。相互救助的两位司机，感情明显增进了不少，此时的时间是13:48。

我将旁边一木桩使劲拔了出来，坑中明显有水，水位在地表下0.5米处。

从此，两位司机不再露出怠慢的神情，小心翼翼地开车，车速在5~8公里/小时，那感觉像是前方随处埋着地雷，不敢轻举妄动。

芦苇越来越多，路两侧的泥浆也越来越稀，泥浆翻滚的力度越来越大，有的落差竟达一尺。在远处，泥浆中插着一根木头桩子，离地一米多高，桩子上立着一个东西，仔细一看，是另一只鹰。鹰警觉地盯着我们，我们毫不示弱地盯着它，相互对视 5 秒后，它起飞了，翼展近两米，盘旋了小半圈后飞走了。

（六）古日乃苏木

大家提心吊胆地走了一段路。14:10，经过一片像坟地的沼泽地后，渐渐看见东边有两根高高的天线。再走近些，发现前面像有住家的地方，一打听才知道，这就是古日乃苏木。到达时间是 14:24。

古日乃苏木尽管是个乡镇，但这里似乎就十几户人家。

额济纳旗人民武装部部长、古日乃乡长、边防站两位武警干部、派出所所长迎接了我们，带着我们进了乡政府办公室，其实就是一间小房子。大家坐下，听他们介绍当地的情况。

乡长介绍说："这里距离额济纳旗 147 公里，这里有两个自然村落，477 人，蒙汉各占 80% 和 20%，年平均收入 1933 元/人。地势是南北高，中间低，湖的走向是从西南走向东北，海拔 1080～1377 米。古日乃意为'水草之地'，藏语为多湾之地，素有'九道地湾子'之说，此说与当地地形相吻合，另有狍子河、野鸡河等，但都史据不足，有待研究考证。其沼泽地有 1400 平方公里，占总面积的 1/10，水泉星罗棋布，水草丰美，尽管水眼多，但水质不佳，牧草有沙蓄、红蓄。据 1986 年统计，各类牲畜存栏数为 17 246 头，其中大畜 4453 头，小畜 12 793 头，骆驼约占牲畜总数的 1/4。春秋风大，最大风速约 22 米/秒，雨水稀少，4 月中旬返浆，5 月变硬，5 月属黄金时间，6 月下雨，6 月是黄梅时间，如果下雨，车辆根本进不来。据说石油物探局有一辆履带车陷入泥中，无法出来，后来到了冬天，在边上挖开，然后用吊车一点点将其拖吊出来。"

听到这里，我们真有点儿后怕。

人民武装部部长补充道："这里年降水量 37 毫米，而蒸发量是 3700 毫米，是降水量的 100 倍。我们这里几乎与外世隔绝，但也有勇敢的年轻人外出。向南 5～

7公里是沙漠，向东骑骆驼一天半能骑到苏尼特右旗。下大雨后，沙漠会变硬，牧民敢骑摩托车，沿巴丹吉林沙漠沙带的边缘向西到梭梭头，绕开沼泽地，然后向北插到额济纳旗。"

开完座谈会，勘察队员进入边防站。不知道为什么，这里还有边防站，边防站提供热水，大家开始吃方便面和八宝粥罐头。

饭后我们进了一家小商店，主人是一男一女，穿过小商店，进入他们家的后院，只有院内有一辆旧吉普车和一辆幸福牌摩托车。临走时，我们问道："这有苁蓉没？"

"有。"我们顺着男主人的手指，看到墙角有一个口袋，里面有半袋子东西，打开一看，是苁蓉，褐黑色，粗有2~4厘米，长有半米多，一头粗一头细，身上有鳞片一样的突出物，干干的。

男主人说："这里长的苁蓉质量好，茎叶黄褐色，花紫褐色，茎可入药，很珍贵，可切成片泡酒。"

太好了，上午我们费了半天劲，才找到一根，不好意思到外面展现自己寻找苁蓉的技能，没想到在这里发现了。男主人告诉我们，这是5元一斤收购的，如果我们要，可以11元一斤卖给我们。于是，我们付钱后把他家的麻袋扛走了。

16:03，我们从这里返程，路上两侧全是沼泽地，地像是被耕过，又像是白碱开了锅一样在沸腾，沸腾的波峰有半米，有点儿不敢想象地下会是什么样子，万一掉下去又会怎么样。

17:34，在一红柳沙丘地，我们发现了一株苁蓉，但已开过花，因有人说开花后的苁蓉有毒，故未敢挖。17:37，从发现苁蓉的地方返回，车队启动出发。17:47，车队走出红柳、丘地，进入平坦硬戈壁。

19:15返回东风驻地，住进第一招待所。

全天跑了12小时5分钟。

（七）孤山

5月29日，我们对发射场东北方向B区东部较复杂的地形进行了地勘。

早上 7:08，两辆奔驰卡车从第一招待所出发，沿水泥路向东北方向进发。1 号车上坐着华仲春、施治元、李志强、朱亚斌、徐东，2 号车上坐着夏南银、刘志逵、侯树林、李鹰、我、吕东。

两侧有许多胡杨树。现在的胡杨树树叶都是绿色的，尽管早上的光线很好，但打在胡杨树上反射出的效果，不如金秋时分的黄色来得让人震撼。

7:36，车队经过向阳桥。刚过向阳桥，便见两侧有山，其中路北的山叫"青山头"。不久，又在路的南侧见一山，此山叫"青山头东山"。在这种平坦开阔的戈壁滩上能见到山实属不易，但山的范围很小，面积不大，就几座山，显得十分孤独。

7:48，在路口左转，车以 64 公里/小时的速度，带我们走向平坦的东北方。8:00，在一处右转，奔正东，车速为 60 公里/小时。8:20，来到一处，周围平坦开阔。

（八）追沙鸡

8:31，坐在 2 号车的我们突然发现 1 号车异常地改变了方向，绕了一个大圈，车还没停，便跳下一人，是通信员。只见他撒腿就跑，沿他跑的方向，我才发现他在追一群沙鸡，后面还跟着小沙鸡。一见小沙鸡，我就希望他追不上，因为那是个家庭。小沙鸡跑得慢，最后通信员生擒了两只。

小沙鸡的脚掌很有特点，不像平常见的鸡（爪子是细长的），沙鸡的爪子是厚实的，爪子之间的过渡像鸭掌。我明白了，厚实是因为怕沙漠或戈壁烫脚，连掌是为了增加面积以便在沙漠中行走。最后在我们的劝说下，通信员还是把两只小沙鸡放了。

此后我们总结了抓沙鸡的办法：见到沙鸡后，驱车追赶，它飞哪你追哪，不一会沙鸡就飞累了，跑也跑不动了，就会瘫倒在那儿，任你擒拿，可轻松得手。当然，得手后，你还得放掉。

（九）沙疙瘩地

8:51 进入软戈壁。软戈壁的走向是南北方向，土质主要是软的沙地。有的软戈壁还生长着骆驼刺、梭梭林和芦苇，骆驼刺丛和梭梭林丛挡住了流沙，沙子盘着根部，时间久了，便形成了一坨一坨的，我们称之为"沙疙瘩地"（图12-4）。软沙容易陷车，沙包影响行车速度，两台奔驰越野车横穿软戈壁时，平均时速最高为15公里，路难走时一般在8~10公里。

图12-4　沙疙瘩地

8:54，车队从沙疙瘩地里冲上一条公路，该公路向东南方向伸延，但不知通向哪里，可能是务桃亥或是古日乃。跨过公路，车队向东偏北方向行进。9:15，沿途有芦苇、梭梭草、骆驼刺。9:45，周围地势平坦，地貌类似小丘，即所谓的沙疙瘩地。9:51，转弯朝北走，地貌开始变成硬戈壁，行驶速度快了起来，车速为53公里/小时。9:51，上了一条向东偏南的路，路面极好，车速骤然提至64公里/小时。10:13，向东偏南走，公路两侧全是沙疙瘩地，这是我们勘察的东边沿。车队又沿公路原路返回。10:20，下公路，向北勘察，从此开始了艰难的沙疙瘩地征途。

在其间行进，颠得难受不说，还时不时地走不过去，折回绕行才能通过，时速8~10公里，直到11:15，才走出这段令人讨厌的地段，进入硬戈壁，时速马上达到30~40公里。

11:25，到达一个硬戈壁丘梁上，我们决定在这里吃午饭——方便面。通信员架起天线，向总部报了个平安。

12:18出发，奔东北方向，路右侧全是沙疙瘩地。12:45，离开硬戈壁，又进入沙疙瘩地，这是我们到达过的最东北角。车队自此折返，向正西方向行进。该地区是一片起伏不大的波浪式沙地，轮式越野车虽然不至于陷车，但速度受影响。

向西，不一会儿便上了一个丘梁，属戈壁性质，丘梁的坡度可能达 30°，高度不高。没走多久，马上又进入沙疙瘩地。13:25，走到一个丘梁上，周围全是软戈壁（图 12-5）。车队又朝西北方向探索了一段距离，地貌基本相同。13:34，我们到达勘察的最北端。13:41，从这转弯，从丘梁上下来，朝西南方向行进。

图 12-5　软戈壁

（十）硬戈壁

从山梁下来不久，便是平坦硬戈壁，一路快速奔驰。

14:34，周围早已是硬戈壁一片。爽！

16:20，返回驻地。

总体看，从 B 区内可以划出一块较大的返回舱可安全着陆和便于搜救回收的区域。

（十一）可怕的沙山

5 月 30 日，我们乘两辆奔驰卡车、两辆 213 吉普车，对 A 区中大框的南部沙带进行了最艰难的勘察。

参加勘察的人员包括：领队尚学琨，副领队金振昭，技术组有 6 人（夏南银、刘志逮、侯树林、李鹰、我、徐东），计划保障组有 7 人（华仲春、施治元、戴铁军、朱亚斌、崔如晓、通信员、摄像师）。

7:15 出发，向东南方向行进。8:35 到达大框中心点——梭梭头，然后向东偏南行进，9:25 到达小框的东南角外的沙漠边缘。勘察队员全体下车，来到沙漠边缘，开始观察。

年轻司机驾驶着一辆空吉普车，试着在坚硬的、平整的沙面上跑了几下，朝南深入沙漠的一定程度时，估计也就 200～300 米，轮子开始下陷，甚至有时都爬不出来。另外一辆吉普车也进行了尝试，同样差点陷了进去，赶紧退了回来。我们站在边上看着，如同大人站在海边观看两个三岁小男孩在海边戏水，深知他们是不敢让水淹过膝盖的。

两辆吉普车知趣地停在沙漠边缘，我们乘坐两辆奔驰卡车于 9:35 开始出发，向沙山冲击。

刚开始，沙漠呈浅黑色，沙颗粒大，地表质硬；朝沙漠深处行进，沙颗粒渐小，颜色渐白，地表渐软，沙山越高，沙漠越软。

司机按了下某个按钮，就听脚下四个轮子同时放气，轮胎塌了，着沙面积加大了，车行走起来变得轻松了一些。我们沿着沙山山梁左右蛇行，9:56 已深入沙漠 6～7 公里，这是我们到达的最南端。

这里的沙漠全由细沙聚积而成，晶莹透亮、一尘不染。沙山形态各异：有的像月牙儿，弯弯相连，过渡段平滑优美，沙链环环相扣；有的像金字塔，高高耸起，左右对称，有棱有角；有的像金龙，长长而卧，蓄势待发，"龙尾"延至天边；有的像鱼鳞，片片相压，丘丘相接，排列整齐；有的像湖水波澜，正弦余弦，相位错开，延展公里。

来到一片极为复杂、壮观的沙域，车停下，勘察队员都从车里下来，摄影师吕东跑到远处沙山上拍摄。

沙山迎风面一般都较缓，然后渐渐翘起，到达最顶端处，骤然而至，像刀刃，过了刀刃便齐刷刷地疾降而下，背风面很陡，往往超过 40°～50°，严重的估计可达 60°，但很整齐。风到达沙山坡时，被迎风面挡住，被迫改变方向，斜向上方吹起，风流加速，同时将表面沙子吹起一层，送向沙山最高处，越过沙山刀刃，被吹向天空，滑行很长时间，然后均匀地撒在背风面（图 12-6）。

图 12-6　巴丹吉林沙漠

我们都下车之后，物探局的司机开始放开胆子，在沙漠里施展车技。

1 号车加速冲向一沙山迎风面。我们站在远处清楚地看到，迎风面背后骤然下降，变为约 50°，眼看着 1 号车高速冲到沙山刀刃处，我们想喊已来不及了，而且离车太远，喊也没有用。

司机冲到跟前才意识到，车正前方是个悬崖，迅疾来了个急刹车，悬！前轮已越过峰线，车头已倾向下方，整个车身前后晃了几下停住了。可怕！

我们的心早已提到嗓子眼！

转头朝南望去，只见有一巨大沙窝子，深达 40～50 米，2 号车从沙山迎风面一侧的陡斜坡下去，正面看去，车像是挂在沙漠墙壁上，感觉要掉下去了，我们特别担心车尾从后面朝前翻过去。当车开至沙山底部时，我们刚才悬着的心才落地。

车在沙窝子里显得特别渺小。

随即，2 号车开始加速，从沙山底部冲上斜坡，然后快速绕过我和摄影师，向另一沙山冲去，冲到半山腰时，沙漠表面就软了，车子停下。沙山坡面太陡，我们认为它上不去了，没想到司机把车调了下方向，车尾朝上，开始倒车，斜着倒着爬，爬一段后，再车头向上正着爬，又倒着爬，从远处看，就像在走"之"字，真没想到，它最终竟爬上去了，真是奇迹。

我以前见过沙漠，但这么壮观又这么可怕的沙漠没有见过。但见沙山中间有一沙窝，有 30 米深，底部有骆驼棘，我走下去再上来，已是气喘吁吁。

我们站在沙山刀刃上，看着背风面，幻想着，如果跳下去，臀部着地，我们将会快速滑到山底，因为在银川沙湖时就曾在沙山上滑过沙，只是那里的坡度没这里陡，也没这里的大，更没这里的自然。当纵然跳下时，两脚已插入沙中，臀部已蹾在沙上，动不了，设想的滑动快感根本没有产生，心中郁闷。郁闷之后才想到，滑沙得有滑板，那样摩擦系数小，而我们的躯体凹凸不平，刚滑起来便被软沙子固住了。

10：50，我们返回至沙漠边缘。

（十二）沙漠里求生存

从沙漠退出后，在戈壁上，沿沙漠边缘西行。

11：24，到达大框中心点的正南方向，也是小框的南边界中心点，准备从这里再次向南穿插，深入沙漠进行勘察。

13：40，已深入沙漠 4 公里，我们下车后四处感受。

中午的太阳很辣，沙漠上的太阳更是毫不留情，在太阳的照射下，沙子被晒得滚烫。我们穿着鞋走，一会儿鞋里就灌满了沙子，只好将鞋脱掉，拎在手上，脚一旦挨着沙子，马上就有一种灼热感，赶快跳几步，待烫得实在受不了时，便将脚插入沙底，让脚底凉下来，因为沙面下的沙子是凉的。脚底下虽凉，但脚面的沙子仍十分滚烫，一会儿就又把脚面烫热，所以，待不了多久，马上就得把脚拔出，然后再跑，待脚面受不了，再将脚插入沙底。我一会儿就喝了两瓶水。

（十三）绝望

2 号车沿一窄窄的沙山斜坡驶入一巨大的沙坑，我站在上面望下去，沙坑远比足球场大，深约 50 米，沙坑底部较平，像天池。如果在这里举办一场足球比赛，观众可以坐在坑沿观看，定会别有一番趣味。2 号车在里面兜了一圈，又从山坡爬了上来，过程比较顺利。

1号车从同一沙山斜坡驶入沙坑，到达底部便不动了，我们跑下去，才知是离合器出故障了，开始是挡动不了，后来能动了，但挡总挂不上去。等离合器好了，再次向原坡冲，冲了十几次冲不上去，无奈又退回坑底。

大家十分着急，汗都出来了，司机的脸渐渐拉长，如果真上不去，那真是一点办法也没有了，因为这辆车本身已是沙漠中非常强大的工具了，要救也是它救别人，如今它自己都出事了，就没辙了。大家处于绝望之中。

2号车司机跑下来，建议再给轮胎放气。1号车司机没听其言，又试着冲，未果。最后无奈之下，只好放气，车胎明显瘪了许多，再一试，成功了。大家终于松了口气，在此折腾了 1.5 个小时。

记得 5 月 25 日我们曾从直升机上朝南看这条小沙带，感觉沙漠起伏不大，但当你真实地站在这个沙漠中时，现实完全颠覆了之前的看法。

尚学琨感慨道："沙漠太可怕了，返回舱如果落入此处，救援太难了，飞船不能朝这降落。"

14:01，车队从沙漠里开始朝回返，退回至戈壁。这时大家早已感觉饿了，有的饿得胃都疼了，故停下来开始吃午饭。

15:00，出发，再向西行进。

（十四）感受沙漠之美

15:23，到达小框的西南角的南边。从这里，我们又朝沙漠深处进行了一次穿插。

有了前几次的经验和教训，车开得更加稳了，险情减少了，我们便开始有闲心捕捉沙漠之美了。

15:33，到达沙漠一高点，站在沙山顶峰，四周环视，感觉浩瀚无际，起伏不定，实感人的渺小。

在起伏的沙漠中，随处可见平整的沙面，用手指在上面写了个字，突感具有书法的味道。情之所至，忙寻一佳处，即兴赋诗一首：

浪淘沙

沙海浩漫漫，无边无沿。

月牙金塔银龙盘。

刀锋刃影悬崖落，惊魂冲天。

烈日炼砂矿，独知冷暖。

一重沙覆一重山。

山高窝低人不见，羲之乍现。

刚写完，便见一壁虎游荡至此，看看地面之"词"，再抬头看看我，似乎在怀疑是我所为，似乎自从它出生就没见过这样差的书法，更没见过这样糟的诗词。

巴丹吉林沙漠荒无人烟，气候干燥。我真佩服生活在沙漠中的小动物，我们在这里见过壁虎、屎壳郎、蛇、苍蝇等，天这么热，它们是怎么度过的呢？又是怎么获取水分的呢？后来有人告诉我，小动物会在晚上利用天气变冷的时机，用身体和脚上的毛刺收集露水，真妙。

车队折回。今天算是把巴丹吉林这条沙带看得比较清楚和细致了。

从沙漠出来，脚重新踏上硬硬的戈壁，感觉轻松多了，实在多了。

任务结束，返回。归途中，发现一群沙鸡，有十几只，车开过去了，能飞的都飞走了，我却发现有一只小沙鸡与麻雀一样大，它不会飞，跑得很慢。我下车，将其捧在手里，但见小沙鸡的小嘴是黄色的，眼睛一眨一眨的，小爪的形状像小鸭子的爪子，但比小鸭子的爪子厚实得多，肉乎乎的，甚是可爱，这种造型定与生活在沙漠有关。拍照后，我将它小心翼翼地放到地上。它再一次接触到沙漠时，欢快地跑了。17:05，我们返回基地招待所。

四、测站塔架待雄起

（一）参观烈士陵园

5月31日上午8:00出发，我们参观了东风革命烈士陵园。

陵园地处酒泉中心区北边，3万多平方米的陵园里静静地矗立着600多座墓碑，聂荣臻元帅，参与建设基地而牺牲的将军（酒泉中心第一任主任孙继先、酒泉中心主任李福泽等），专家（刘德普、胡文全、陶思才、习光兴等），战士都安葬在这里。

中国航天发射试验都是从这里起步的，原来一无所有，现在创造了这么多航天辉煌，这与无数先驱的奉献是密不可分的。

尚学琨、金振昭、夏南银、刘志逮、我、李鹰、侯树林、徐东、华仲春、施治元、朱亚斌等人在这里向英雄鞠躬表达缅怀之情。

（二）中国首颗东方红卫星发射架

随后我们到了一个发射工位，参观了我国第一颗东方红卫星发射阵地、卫星和运载火箭测试厂房、地下指挥安控大厅。

1970年4月24日上午9:35，就是在这块场地，载着东方红一号卫星的长征一号运载火箭发射升空，中国发射了第一颗卫星：使用频率20.009兆赫的频率播放《东方红》乐曲。此事引起全国人民为之振奋，"毛主席万岁"响彻万里。

每当说起东方红卫星，人们知道的往往是卫星本身，但对运载火箭了解不多。其实，火箭研制是相当艰辛的，因为中国以前没有自己的运载火箭。当时的方案是在东风三号导弹基础上加了固体发动机作为第三级，形成了长征一号火箭。东风三号导弹完全是中国自己研制的地道的国产导弹，一点外国的影子也没有。东风三号首任总设计师是屠守锷（国防部第五研究院一分院副院长），王永志当时是一院一部东风三号研究室副主任，相当于主任设计师，主管东风三号。这种导弹发射成功率特别高，这是很受欢迎的一种装备，这款导弹在国外也颇有名气。

通过发射东方红一号卫星，中国从此有了自己的运载火箭和自己的卫星。但当了解到日本在两个多月前（1970年2月11日）就抢先发射了自己的卫星（成为继苏联、美国、法国之后第四个独立发射人造卫星的国家）时，不免让人有些失落。联想到当时席卷全国的"文化大革命"对卫星、火箭研制的干扰以及对发射基地的影响，让人唏嘘不已。那时刚上小学的我是亢奋的，只觉得中国了不起，不知世界多了得。看来，人要脚踏实地，更不能成为井中之蛙，中国航天未来的路要走得更快更稳才行。

尽管如此，我们还要对那些隐姓埋名、忍辱负重、脚踏实地、默默奉献的老航天人致敬。在发射塔前，大家与尚学琨合影。

（三）另一个发射工位

我们到了另一个发射工位，发现这里只是一块场地，但这块场地在历史上可是曾经震天动地过，因它曾发射过几款东风导弹，现在还有当时车载发射时留下的痕迹。

（四）新测控站

15:00 出发，来到 USB 测控站新站址。

USB 是 S 波段统一测控系统的简称，即将遥控、遥测、测距和通信所有的副载波信息统一调制在一个载波上，使用这样的一套设备，就可以节省过去多套单独的测控设备，这对中国测控技术领域来讲是首次大规模采用。为载人航天新建的航天测控网，无论是地面固定测控站还是地面活动测控站，无论是海上的测量船还是天上未来的中继卫星，全都采用这种测控体制。载人航天测控网中，陆地固定站除这个站外，还有喀什站、渭南站、厦门站、青岛站，陆地活动站有和田站、着陆场站等，海上有 5 艘测量船，将来执行任务时，会分派到太平洋、印度洋、南大西洋等海域。

今天看的这个新站址，是为长征二号 F 运载火箭（承载载人飞船）发射起飞后提供首次测控服务的测控站。到达新站址时，没见多少东西，只在现场看见几个牌子，打了一眼井，没出水，其他都是平地，尚未动工。如果在这里打井不成功，还得在附近其他地方再试着打井。地下有水，才能保证这个测控站长期在这里值班工作。所以，平常在其他地方不成问题的事，在这片戈壁滩上却是难事，而且是件大难事。在这干航天，"难"是多方面的。

（五）新发射工位

随后来到载人航天发射工位，这个地方位于弱水河东岸一两公里的地方。两年前来时，这个地方还只是一个大坑，现已建好发射井，井口是圆的，井的正下方是个圆锥形的小山，锥形山两侧是导流槽，或者说是两个渐渐抬升的隧道，一直通向地平表面。发射前，导流槽里会事先装一部分水，运载火箭点火前几秒，发射井周围（也就是火箭发动机喷管正下方）一圈开始朝中间喷水，火箭点火后喷出灼热的高温、高速燃气流，首先接触喷出的水帘，随即向下到达导流槽圆锥顶部，火焰经尖形圆锥被强行分流，朝四周运动，巨大的热浪将喷出的水和事先存好的水吹向两侧的隧道，水将热量带走，连同燃烧后形成的物质，冲出地平线，这就是人们常看到的火箭下方两侧滚滚的白烟。

发射井上面准备建设发射塔架，现在铁架已运到，已安装到发射井上方第四层，据说仅铁架就运了100多车皮。

（六）测试大厅

测试大楼已盖到80米高，不知道最后要盖到多高。

测试大楼的大门极其独特，门分为两大部分，上面部分由四扇铁门组成，从上向下吊挂着，平时四扇门垂下来，相互错开，将测试大厅形成密闭的空间。待巨型火箭测试完毕，准备从测试大厅的技术区转移到发射区时，再将四扇铁门一一吊起，藏到大门的上方，给火箭让出道来。

测试大楼到发射架中间的铁轨很宽，是常规铁道宽度的十几倍，你可以想象运行其上的活动发射塔架有多大。

火箭先在测试大楼中，在活动发射塔架上安装一芯级、助推器、二芯级，装完后进行测试。火箭测试一切正常后，将飞船吊运至火箭顶部，扣上整流罩保护起来，再在整流罩上安装逃逸塔（以备发生意外时能点火将飞船上半部分带离危险的火箭）。安装完后，火箭带着飞船，骑在活动塔架上，沿铁轨慢慢移动到发射井上方。活动发射塔带着火箭和飞船运动到发射井上方后停止，有一线垂吊着一个铁锥，铁锥与地面的标志不得超过几毫米。看来驾驶这个大家伙需要过硬的本领，至于驾驶员需要练多少次，得问他本人。

飞船测试大楼正在建设，已成形，听说要用气垫车运输飞船，不知将来会是什么状态。测发大楼也正在建，将来执行飞船发射任务时，各系统老总们和技术人员会在这里进行指挥、控制。

东风指挥控制中心也在建，将来指挥、数据处理、气象预报等部门都在这里。

听说，将来也要建设航天员公寓，但当时没见着。

（七）考察医院

6月1日、2日是周末，勘察队员加班总结，刘志逵负责起草勘察报告，我负责撰写录像解说词、做编剧，李鹰负责划出上升段可用范围，最终形成了一份勘察总结报告、一个录像片。6月3日16:00，勘察队向发射中心刘明山副主任、刘庆贵总工程师、梁建国副总师等领导汇报。

6月4日，华仲春、戴铁军等乘坐训练飞机返京。

同日，夏南银、刘志逵、我等在金振昭带领下，参观了513医院。看后，感觉医院的设备一般偏上，有计算机体层成像（CT）机、彩超、脑心电图仪、三种骨伤拍片机，该医院能否成为航天员后支医院，尚待研究，如果要成为后支医院，需要增加设备。

五、观天寻址阳关外

（一）勘察目的

飞船在南半球南非开普敦以西大西洋上空制动，飞船返回舱飞越南非大陆、中东大陆，进入中国境内，在和田上空钻入地球大气层，在与大气层剧烈摩擦时，进入黑障区，载人航天测控网需要在黑障区航迹下面布置前置雷达站，测量飞船返回舱的返回轨迹，以此判断其返回方式，预报其返回落点，同时为下游测控站提供引导数据。但具体把前置雷达站放在哪里，有没有合适的地方，需要实地勘察一下，选出具体站址。

1996年6月5～6日，在勘察队副领队金振昭带领下，由921工程办公室工程总体室、酒泉中心和洛阳跟踪与通信技术研究所有关成员组成站址初勘工作组，赴肃北蒙古族自治县和阿克塞哈萨克族自治县的两县部分地区，对副场前置雷达站站址进行了初步勘察。工作组人员共9人，有金振昭、夏南银、刘志逵、我、侯树林、朱亚斌、崔如晓及两名司机。为了便于站址选择和比较，我们事先在肃北蒙古族自治县、阿克塞哈萨克族自治县两县城和沙枣园组成的三角形地带选出了10个候选点位（沙枣园、独山子、五个庙、肃北县城、沙枣园道班、沙山子道班、大草滩道班、长草沟、阿克塞县城、当金山口）和安西站。

（二）酒泉

6月5日早上8:00出发。

工作组乘坐两辆213越野车，沿黑河来到金塔，金塔县城附近有成片树林、农田、灌溉水渠和砖瓦结构的房屋，继续往西有一些海拔1300～2800米的高地，其中有黄土山地，没有草，也没有水，住户很少。所走之路都是古时的河西走廊。不同的是，道路不一样了，使用的工具不一样了。途中北侧经常看到一些长城的断壁残垣，断断续续，一直向西延展。这些都是5月23日上午乘直升机看到的地域，只是从地面看更加真切。中午到达酒泉，吃午饭。

酒泉市地处甘肃省西北部河西走廊西端的阿尔金山、祁连山与马鬃山之间，自古是内陆通往西域的交通要塞。酒泉南高北低，自西南向东北倾斜，自东而西有祁连主峰、讨赖山、大雪山、野马山、阿尔金山、党河南山、赛什腾山，属大陆性干旱气候，河流有疏勒河、黑河、哈尔腾河三大水系，均发源于南山冰川积雪区，全市面积 19.12 万平方公里（占甘肃省的 45%），近 100 万人。

一说起酒泉，估计人们首先想问的是其名字的由来。酒泉因"城下有泉""其水若酒"而得名，中午到了这里准备吃饭时，我们趁机打听了一下酒泉到底有什么名酒，有多好喝。结果令人失望——这里没有什么好酒。

午饭后 3:30 出发西行。

（三）神算

西行偏北 25 公里便来到嘉峪关。我们是在 5 月 25 日上午从空中俯瞰嘉峪关的，今天是从地面仰望嘉峪关。

明洪武五年（1372 年），明朝开国名将冯胜在班师凯旋途中在这里建关。嘉峪关由内城、外城、罗城、瓮城、城壕和南北两翼长城组成，全长约 60 公里。现存的关城是扩建后的建筑，总面积 33 500 平方米，由内城、外城和瓮城组成。从外城城门进去，门额刻着"嘉峪关"三个大字，不知是谁写的，气势十足。从内城城门进去，此乃光化门。内城西宽东窄，城高 9 米。门外各筑有瓮城，城楼对称，高 17 米。外城正中大门刻着"嘉峪关"三个大字。

走到关西瓮城门楼，发现檐台上有一块砖，甚是突兀，旁边一有人说，这是"定城砖"，顺便讲了一段故事：相传建关时，有一高手叫易开占，是工匠，精通数学，任一建筑，经他一算，用工用料该用多少预估结果十分精准。修关的监事官不信，让他算算嘉峪关的用砖数量。易开占算后说："需要九万九千九百九十九块砖。"监事官说："如误差一块，都要砍头。"竣工后，不幸剩下了一块砖，留置在此。监事官很高兴，终于可借此克扣易开占和工匠们的工钱了。孰知易开占说："那块砖是老天爷放的，是定城砖，如搬动，城楼则塌。"监事官一听，不敢再追究。

我听得十分入神。心想，如果此人还在，可以聘他计算载人航天轨道，或问问他着陆场该选在哪为妥？后一想，估计他年龄大了，现在干不动了。再一想，不行，估计他不是这个专业，恐怕干不了。想着想着，就想到轨道专家组的那些专家，其实他们就是当代的易开占，选着陆场的专家就是我们。这样一想，顿感良好。

从内城西城门出来，此门乃柔远门，门额刻"柔远"二字，意思是明王朝对关外老百姓实行"怀柔"政策，安抚边远地区，以实现长治久安。联想着古代战争的场面，感到这两个字真是超乎想象的美好。

从外城西城门出来，头顶也有门额"嘉峪关"三个字。看着西方，想起在此工作或路过的张骞、霍去病、班超、玄奘、马可·波罗、林则徐、左宗棠 7 位历史人物，感到历史就在眼前，遥想张骞两次出使西域、霍去病率军攻伐匈奴、唐玄奘西天取经、意大利人马可·波罗东入中原，我深刻领悟到历史的悠久和厚重。

再朝南方瞭望，便是人迹罕至、白雪覆盖的祁连山山脉。祁连山的南边是托勒山，再南边是托勒南山，再南是疏勒南山，最高峰 5808 米，山南侧就是哈拉湖，该湖的周围全是雪山，雪山的雪水全都流向中间这个湖。估计湖的海拔很高，但水温不高，如果在此游泳，会被冻坏。此湖的南边是宗务隆山，最高峰 5030 米。这些山脉，从南到北有 250 公里，从东到西有 880 公里，全是冰天雪地，从空中朝下看，定是令人震撼。我们载人航天返回的航迹幸亏不在此地域上空，而是在河西走廊附近。

如果你能跨过宗务隆山，南边地势便是骤然下降，便来到一个巨大的盆地——柴达木盆地。思考至此，十分想去。

（四）玉门

从嘉峪关出来，西行 63 公里，来到玉门市。

玉门市位于河西走廊西部，总面积 1.35 万平方公里。秦至汉初为月氏、乌孙国和匈奴地。玉门地貌分为祁连山地、走廊平原和马鬃山地三部分。

城南 10 公里就是照壁山，峻岭重叠，一望无际，山峰起伏，白雪皑皑，海拔剧升，人走到山下朝上看，觉得照壁山像一面垂直的镜子，海拔从 2000 米猛升到 4000 多米。

城西偏南 28 公里处是妖魔山，属祁连山脉，是玉门境内最高峰，海拔 4586 米。峰高基阔，东西绵延几百公里。远看云雾缭绕、白雪皑皑，巍然与天相连；

近看高耸屹立，直指苍穹，挺然刺穿云海。人们后来建了一个塔，叫镇妖塔。实事求是地说，我也不知道为什么叫"镇妖"，也不知道这塔有什么用处。说明一下，这座妖魔山与新疆乌鲁木齐的妖魔山可不是同一座山。山路中，偶尔会发现朝拜的藏民，他一步一磕头，站起来走两步，再完全扑下身体，五体投地，再磕头，真正在用自己的身体丈量着通往自己信仰的路。他要到哪里去，我们不知道；他何时能到达，我们不知道；到了那里会是一种什么心情，我们不知道；他饿了吃什么，我们不知道；他晚上在哪睡觉，我们也不知道。我们唯一能感知的只有两个字——震撼！

城南偏东 52 公里处是镜铁山，地处祁连山西段，最高峰 5206 米，常年积雪。此山蕴藏着丰富的铁矿资源，裸露的斜坡上到处都有黑色、淡绿色的矿石，探矿者一看，会觉得这里全是宝。

这些山的北翼逐渐过渡到山麓平原区，海拔自山前 2500 米降至 1200 米，相对高度 110～290 米。境内有疏勒河、白杨河、石油河、小昌马河，都是雪山流下来的雪水形成的河流，而且流量都很大，能从中感受到雪山的容量。

我们驱车从南边进城。城南有一庙，叫老君庙，建于清同治二年（1863 年），抗日战争期间在此发现了当时国内最大的油田。为纪念油田开采，重建了老君庙，并在庙前原玉门油田第一井的钻凿处安装了抽油机，雕刻"老一井"碑文。没有想到，这里还有油田。原来只听说过大庆油田和王进喜，后来又听说还有胜利油田、克拉玛依大油田，却没有听说过这，而且它还是第一个，实在感到惭愧。

进入市内，感觉城市很小，像内地一个小镇。为了看清街容，我们摇下车窗，车窗刚落下，便飘进来一股香味。我们忙朝路边扫描，只见有一店铺，门前放一桌子，放着一个浅矮笆筐，里面放着一些像饼一样的东西，味道就是从那个方向传过来的，于是忙喊停车，我跑去一问，才知道这叫"花锅盔"，是远近闻名的名吃。花锅盔做起来很讲究，用上好的面粉、清油、鸡蛋、牛奶，加入香豆粉、花椒、南瓜、红曲、黄曲、姜黄、枣泥，长时间和面，揪一块，使劲揉，擀成面盆大小，然后用针刺画，放入烧锅中用麦草点火烧烙，因锅小饼大，故每次只能烙一个，产量极低，味道极好。我们买了四个，上车后一人一个开吃。顿时，车内全是香味，口感没得说，极好。

穿过闹区，从城北出来，直奔北方，开了一会儿车，来到一条河的西岸。此河叫石油河，人站在岸边，甚是吓人，因为它不像人们常见的那种河岸，而是一条骤然沉降下去的大峡谷，走过去的时候，都感到瘆人，冷汗不由自主地冒出，最后脚步都是一点一点地朝前送，生怕脚下的土地突然塌方。最后还是鼓起勇气，探身朝下看了一眼，天哪，感觉有 100 多米深，岸崖陡峭，悬壁笔直，甚至有的悬崖还凹进去一块，下面的河水昏暗不清、汹涌奔放、啸叫震耳，让人感觉凄凉无比，站在岸边时间长了会犯晕。回到车内，沿 312 国道向西北奔逃，路的旁边就是石油河。

（五）东千佛洞

312 国道的西侧 30 公里处还有一条河，是疏勒河，是从疏勒南山和托勒南山两座雪山上流下来的雪水河。河的附近还有一些古河道，其中一条叫长山子古河道。为什么单独说它呢？因为这条古河道的两岸有很多佛洞，史称"东千佛洞"，又名"接引寺"，位于甘肃省瓜州县城东南 84 处，与锁阳城相距 22 公里。东千佛洞现存 23 窟，其密宗佛教壁画弥补了莫高、榆林二窟的不足，堪称西夏佛教艺术宝库，该西夏壁画称绝于世。第二窟《密宗曼陀罗》中，有一观音，体形优美，婀娜多姿，装露肚脐，着超短裙，如此妆饰，全国罕见。另外，东千佛洞两幅《水月观音》也是稀世之珍。由于时间紧张，我们没有去看，将来有时间，一定驾车前来细品祁连山下的这些艺术珍品。

17:15，沿 312 国道行进时，我们发现路右侧的石油河与另一条河汇合了，这条河就是疏勒河。汇合后还叫疏勒河，石油河到此为止。从这过河，我们开始在河的左侧行进。

此地正北 140 公里处，就是我们以前从直升机上看到的马鬃山。

18:30，312 国道开始从西北方向变成正西方向。开车不到半个小时，就发现左侧的河变成了一个湖，原来我们到了双塔堡水库，或叫双塔湖。双塔堡水库位于安西县城东 50 公里处，始建于 1958 年，是甘肃省最大的农业灌溉水库，面积

2 万多亩，库容 1.15 亿立方米，灌溉下游 18 万亩耕地。我们使劲找双塔，也没看见，可能是光线已暗的缘故，为下次来留了点"作业"。

19:30 来到安西，安西有个测控站，隶属酒泉中心。晚上我们住在测控站的招待所。

从早到晚，共花了 11.5 个小时，行程 500 多公里。

（六）安西

安西，古代称瓜州，是贫困县，隶属酒泉，地处河西走廊西端，东连玉门市，西接敦煌市，西南与肃北毗邻，西北与新疆哈密相接，自古以来就是东进西出的交通枢纽、古丝绸之路的商贾重镇。安西东西长 185 公里，南北宽 220 公里，面积 2.41 万平方公里，14 万多人，有汉、回、蒙、藏等 21 个民族。安西地处安敦盆地，南北高，逐渐向盆地中央疏勒河谷地倾斜，境内有山区、戈壁、走廊冲洪积平原三种地貌形态。安西属典型的大陆性气候，降雨少、蒸发大、光照长，年降水量 45 毫米，蒸发量 3140 毫米，可见降蒸之悬殊。年平均气温 8.8℃，平均最高气温 24.9℃，最低气温-10.4℃，不算太冷。听说地下有很多矿物质，如黄金储量和产量居全国第六位，铅 16 万吨，锌 8 万吨，铁矿 2000 万吨，再加上其他，总储量 2813 万吨。

安西测控站的院子不小，有各种天线，有测量的，有遥控的，有通信的。我们也想来这看看，看看是否适合放置前置雷达站，这是 11 个候选选址之一。

6 月 6 日，一早起来，我们吃过早饭就开始干活。测量最低观测角，测量大地参数。从数据看，遮蔽角很低，很理想。8:00 时，活已干完，即从安西出发，沿 314 省道，奔西偏南。

（七）"一百四戈壁"

行进的路就在河西走廊上，也是在安敦盆地里，又是在疏勒河流域中。大水来临时，我都担心行走的路会被淹没。古代走丝绸之路的人肯定有经验，他们知道每年何时走不会有危险。

路的北面就是延绵不断的北山，路的南面更是常年不化的雪山——祁连山山脉。在路的南面不远处，我们就能看见祁连山山脉中的一个小山脉，叫火焰山，最高峰 922 米；再南面是鹰嘴山，最高峰 3417 米；再南面是大雪山，最高峰 5481 米；再往南依次是野马南山、党河南山、土尔根达坂山。这 6 个山脉在南北方向大约 315 公里处，要想翻越，实属难事。跨过这些山，就是巨大的柴达木盆地。

火焰山离省道最近，距离只有 10 公里，在车上就能看清楚，说是"火焰"，稍有些牵强，颜色看上去主要是酱红色，红的成分是有的，如果晚霞出现时，拍照片给人看，有人就会相信这是"火焰山"。顺便说明一下，这个火焰山不是新疆的火焰山。

这条路实际上也是戈壁，从安西出来到敦煌的这一段路，历史上称为"一百四戈壁"。早年古代驼商穿越此地需要两天，每天以 70 里计，故名"一百四十里戈壁"。位于巴里坤哈萨克自治县境内三塘湖戈壁的西北部地带，穿越需 3 天，每天以 80 里计，名"二百四十里戈壁"。现在我们用车走"一百四戈壁"，就不用两天了，1 个小时就行了。

路过敦煌市，但没有时间逗留，车队穿越即逝。我回头望了一眼。

（八）玉门关

党河从南边雪山流下来的水，在莫高窟、鸣沙山、月牙泉西侧走了个"之"字，然后流经敦煌市东侧，汇入疏勒河。两条河合流后，沿疏勒河原来的流向继续向西，流向著名的罗布泊，罗布泊的南边就是库姆塔格沙漠。

从敦煌市出来后，我们沿疏勒河南岸，向西 80 公里便是玉门关和汉长城。

玉门关地处河西走廊最西端，西距罗布泊约 150 公里。公元前 116 年前后，汉武帝为开通西域道路，在酒泉至玉门间修筑长城，在此设关屯兵。现遗存包括城址 2 座、烽燧 20 座、长城遗址 18 段。因西域输入玉石必经此道，故得该名。玉门关留存最明显的地方叫小方盘城遗址，人能看清的就是用黄土夯成的四周有围墙的一个城垣，呈方形，叫关城。城墙高 9.7 米，上宽约 3 米，墙基最宽处 5 米，东西长 24 米，南北宽 26.4 米，总面积 630 多平方米。开西北两门，门是土门，残缺不全，其中一个门上尖下拓。城北坡下有东西大车道，是历史上中原和西域诸国来往之路（图 12-7）。

图 12-7　本书作者在玉门关

这种苍凉感，让人无法想象大漠雄关曾经的壮丽与繁华，倒是因为周围荒芜，多戈壁、荒漠、草甸，俯仰关外，沙漠连绵，沼泽盖地，人迹罕至，令人不禁想起唐代诗人王之涣的《凉州词二首·其一》：

> 黄河远上白云间，
>
> 一片孤城万仞山。
>
> 羌笛何须怨杨柳，
>
> 春风不度玉门关。

现在读起此诗，别有一番滋味。说起孤城，回头向远处一看，的确感觉凄凉，古代守边将士常年征战边塞，那种艰辛可想而知，而那种保卫国土的激情，更让人感慨万千。联想起在酒泉发射场烈士陵园瞻仰的那些烈士们，他们不也正是这样的人吗？参加这次勘察的人中不也有正在边远发射基地做贡献的人吗？我看了一下身边的金振昭、侯树林、朱亚斌、崔如晓，他们看起来朴实无华，但我对他们的敬重之情油然而生。

想着想着，王昌龄的《从军行七首·其四》又浮现在我的脑海中：

> 青海长云暗雪山，
>
> 孤城遥望玉门关。
>
> 黄沙百战穿金甲，
>
> 不破楼兰终不还。

从玉门关朝西 37 公里便会进入新疆境内，再朝西就是楼兰。我首次离新疆这么近，首次离楼兰这么近。如果领导批准我去楼兰考察，我决不犹豫，不达楼兰，誓不还乡。可惜，领导没批，因为我们的勘察任务在南边。

（九）阳关

玉门关的正南方向就是阿尔金山脉，我们现在的任务就是要翻越这座雪山。我们从玉门关向南偏东，从另一条路，大约走了 58 公里，经南湖乡，朝西南走不远，又看到一个土堆，像是古代城关遗址，一测大地经纬度，才知这就是历史上有名的阳关。

阳关是中国古代陆路对外交通的咽喉之地，是丝绸之路南路必经的关隘，也是防御游牧民族入侵的军事设施。西汉置关，因在玉门关南面，即玉门关阳面，故叫"阳关"。阳关和玉门关一南一北，犄角呼应，共同把守边疆。此处比周围略高一些，故在此设关卡，可以看得很远，易于防守。但如果有人说，阳关占有"一夫当关，万人莫开"之险要地势，恐怕说得有些邪乎。宋元以后随着丝绸之路的衰落，阳关也被逐渐废弃。听说有人在此处地下找到了大量的汉代文物，如铜箭头、古币、石磨、陶盅等，我朝地下看了看，脑海里想着用一种什么方法才能不用探雷针就发现地下宝藏。用 X 射线？用 γ 射线？没想好。有人说，阳关是一座被流沙掩埋的古城，我觉得再埋也埋不了多深，因土城还露出地表那么高呢！

自古以来，阳关在人们心中总是凄凉悲怆，寂寞孤独。一到这里，我很自然地想起唐代诗人王维写的《送元二使安西》：

渭城朝雨浥轻尘，

客舍青青柳色新。

劝君更尽一杯酒，

西出阳关无故人。

这里说的安西，是唐朝为统辖西域而设的安西都护府的简称，治所在龟兹城（今新疆库车东郊皮朗旧城），可不是我们昨天去过的那个安西。这是一首送朋友去西北边疆的诗。从此诗可知，那个年代阳关这个地方并不太荒凉，有雨，有翠绿的杨柳，有清新的客舍。在这里送友人上路，能把惜别之情描述得如此深挚强烈，实属不易，而展望友人未来会面临的险途与孤独，更加烘托了这种离别凄凉之感。

（十）龙卷风

由于深知西出阳关的路途坎坷，我们决定不再朝西行走，而是反其道而行之，朝东回关内。走了不到 30 公里，我们来到 215 国道。上国道奔南，开始爬山，海拔慢慢变高。

此处南面是阿尔金山脉，东南方向是大雪山，山顶有积雪，山坡有青草，放羊人都骑马，羊群披着金色的阳光。阳光下的山坡上有一奇观壮景：龙卷风。

一说起龙卷风，人们可能首先想到的是狂风大作、飞沙走石、铺天盖地、树拔屋塌。但这里的龙卷风可完全不是这样子，它大大修正了我的原始概念。这里的龙卷风小小的，直径不到 1 米，高有 30～40 米，"腰肢"扭曲着，摇晃着，旋转着，移动着，像古时纤纤西施，像当下窈窕少女。而且不止一个，是一群，是一群天上下凡的仙女，这边一个，那边又一个，此起彼伏，煞是好看。以前对龙卷风的恐怖心理，被当前的美好景象给修正了。这里有龙卷风，可能与当地的地势和周围的山群有关，空气运动到这里，便变为旋转气流。大自然真是奥妙无穷。

不一会儿，我们爬到海拔 1500 多米处，来到沙枣园。

（十一）沙枣园

沙枣园是我们出发前就确定好的一个候选点位。我们环顾周围，选了三个点，在每个点选择了有利于设备车辆布局和展开工作的场地，用 GPS 测定大地经度、纬度和海拔，用 010 经纬仪测量周围地形遮蔽角，用长春气象仪器厂生产的 89No.1218 气压表测量当地气压，用照相机拍摄周围典型地貌。

在沙枣园测了一下，此处海拔 1510 米，气压 860 百帕，遮蔽角最大 2.5°，即周围山、树等对测控设备的遮挡程度不太厉害。

（十二）独山子

在沙枣园分了两条路，一条路向东南方向，是去肃北蒙古族自治县，另一条路向南，是去阿克塞哈萨克族自治县。两县均位于祁连山西段、青藏高原的东北边缘。两县属典型的内陆高寒荒漠草原气候，特点是降水稀少，太阳辐射强度大，日照时间较长，气温偏低，除山岳雪峰地带外，大部分地区年平均温度为 6.3℃，最高气温在 34℃，最低气温在–25℃。全年 8 级以上大风的有 15.4 天，伴有沙暴大风的有 15.8 天，大风和沙暴发生在 3～5 月。

我们沿东南方向，即沿党河上游奔肃北蒙古族自治县。

途经独山子以北时，选一地点，测的结果是：海拔 1754 米，气压 834 百帕，遮蔽角最大 3.75°。途经五个庙时，也测了气压和遮蔽角。显然，点位的纬度越低，接近山脉越近，遮蔽角越大，但距离轨道面越近。

在党河西侧，经花海庄子，中午 12:30 到达肃北蒙古族自治县。

（十三）在肃北收获哈达

肃北蒙古族自治县位于大雪山最西头，5～6 月是风季，7～8 月是雨季，雨少，4500 米以上为雪线，有小型冰川。当地人饮用地下水，党河水亦能饮用。肃北蒙古族自治县有 66 748 平方公里，拥有 9 个民族，有 1 万多人。

县武装部部长同我们吃饭时介绍了当地的情况和风俗，比如当地人喝酒时用的是牛角，很别致，我们不好想象牛角盛酒后怎么放在桌子上。估计是只要斟上酒后，人就得一直拿着，不能再放下了。有一个女孩还给大家献哈达，这个哈达至今仍保存在我家中。

（十四）爬当金山

饭后返回沙枣园，继续南上，爬当金山。

当金山，位于祁连山与阿尔金山的接合部，在阿克塞哈萨克族自治县县城的正南方向，山脉呈东西向，南北跨越 30 公里左右。路两侧层峦叠嶂，山势陡峻，植被稀疏，沟谷大多呈"V"形，坡度 40°～60°，地表风化严重，岩体破碎。

爬到大草滩道班房，测的结果是：海拔 1882 米，气压 837 百帕，遮蔽角最大 5.27°。显然，进一步验证了点位纬度越低，接近山脉越近，遮蔽角越大。

一会儿海拔到了近 3000 米，汽车像是有了高原反应，无论怎么踩油门，就是没劲，车也开不快。出现这种现象的原因是汽车的汽油燃烧需要空气中的氧气，但空气供给速率是按一个大气压设计的，现在到了海拔 3000 多米了，氧浓度不够了，供氧显然不足了，故汽车显得没劲。

（十五）阿克塞

快到阿克塞哈萨克族自治县时，在长草沟附近我们测的遮挡角是 5°。继续爬山。

这时，汽车越来越没劲，感觉有点爬不动了，司机拼命踩油门，就是没反应，随时担心车会后退滑下去。好不容易到达一个小城镇，名叫阿克塞。

阿克塞哈萨克族自治县属甘肃酒泉，地处甘肃、青海、新疆三省（自治区）交汇处，是甘肃唯一以哈萨克族为主体的少数民族自治县（全国有三个），面积 3.1 万平方公里，平均海拔 3200 米，生活着哈萨克族、汉族、回族、维吾尔族、撒拉族、藏族等 11 个民族，约有 1 万人。境内可以打猎，有大小苏干湖，有候鸟，也有野骆驼。阿克塞城镇看上去不大，但很整洁，建筑大都是清真式样，一看便知这里信仰的是伊斯兰教。稍作停留后，我们继续南爬。

车往山上爬时，车没劲；人没爬，但也明显感到气短、缺氧，耳膜也有不适感，头开始疼痛。

东边山最高处是疏勒南山的团结峰，最高处 5826 米。西边山是阿尔金山，最高处 5798 米。

（十六）当金山口

终于来到当金山垭口，感觉不用再爬坡了，路几乎是平了，说明我们爬到顶了，甚至感觉有点朝下走了。经测量，路面海拔已高到 4000 多米了。路边全是白雪，现在是夏天，这里依然覆盖着厚厚的积雪，让人有天寒地冻之感。

如果把测控站站址选在这里，即使遮蔽角好，将来的工作和生活条件也会很艰苦。想到这里，我打消了建议在这里设站的念头。

既然人们每次翻越当金山都如此艰难，如果在地下挖一条隧道，直接从敦煌到达当金山的南边，那该多好啊！

朝南看，已能隐约看到山下的苏干湖，从当金山口下去就进入柴达木盆地了。柴达木盆地属青海省境内，地势比较平坦，属于高原，一般海拔在 3200～2800 米，那是荒无人烟的地方。再朝南，就是恐怖的可可西里无人区了，我不由自主地打了一个寒战。不知是因为冷，还是因为想到了无人区，抑或是因为感到天色已暗，如再朝下走，进入无人区，万一遇到……

一联想到可能会遇到的不测，车也瞬间开始提意见，一个轮胎突然爆了。可能是外部大气压降低，胎内外压差增大，个别轮胎经不住考验。我们马上换好备胎。

领队金振昭宣布：勘察任务完成，打道回府，大家一下子轻松了许多。

已会开车的我，代替已疲惫的司机驾驶，在当金山上开车感觉的确良好。开车追求的目标是：放在车上的杯子里装满的水晃不出来，结果还是晃出了几滴，但仅有几滴而已。

6 月 6 日晚上，我们赶到敦煌市，住在丝路宾馆。

（十七）鸣沙山

6月7日上午，勘察队从敦煌市出发朝南，查看敦煌南部地区。出城没走多远，发现路左前方渐渐出现一片沙漠，连绵起伏。车直接开到山脚下，地图上标着"鸣沙山"，鸣沙山位于敦煌城南5公里处，延绵40公里，南北宽20公里，高度100米左右，最高峰1715米，是丝绸之路上的一块神奇瑰丽宝地，在巴丹吉林沙漠和塔克拉玛干沙漠的过渡地带，面积约200平方公里，形成距今已有3000多年。

据说玄奘带着徒儿爬过此山，所以我在爬时也试图寻找古人的脚印。寻了半天，才想到，沙子经风一吹，早把他们的脚印给掩盖了，不太好找。想到这里，我才将精力放在地势地貌上。爬上鸣沙山后，有人惊呼："这么大！"他说的大，是指山的高低和沙漠的规模，显然来这的人都很惊奇。我在旁边没有说话，因为我见的沙漠没有比这个小的，故以我的眼光来看，鸣沙山是座小小的沙山。有时经历多了，视野广了，反而会减少见到一些景致时的兴奋感。但不管怎样，这里的景色还是很奇特的。此域积沙为山，高岩为谷，峰峦危峭，顶危似削，背如刀刃，孤烟如画，夕疑无地。

鸣沙山奇特之处有三个：人若从山顶下滑，脚下的沙子会"呜呜"作响；白天人们爬沙山留下的脚印，第二天竟会痕迹全无；沙粒有5种颜色，即红、黄、蓝、白、黑。古人说，登之即鸣，随足颓落，经宿吹风，辄复如旧。我登之，未鸣。近代人竺可桢说，人从鸣沙山滚下来，沙子会"发出轰隆的巨响，像打雷一样"。我滚之，未打雷。故鸣与不鸣，不在于登与不登，也不在于滚与不滚，而在于有没有风，特别是在特定环境下有没有风。当然，可能我们"登"和"滚"的地方不对。仔细辨认，感觉沙粒几乎都是黄色的。可能从光谱的角度讲，能散射出其他颜色。今天风不大，整个沙山倒是像绸缎一样柔软，像少女一样娴静。

传说我们脚下是一座玉皇大帝的宝库，为防止被人偷盗，玉皇大帝特命太白金星用黄沙淹埋，在某特定位置留一通气孔，风经过时就会产生响声。另一种传说是，这里原是一块水草丰美的绿洲，汉代一位将军率军西征，夜间遭匈奴敌军偷袭，正当两军厮杀之际，大风突起，漫天黄沙将两军人马全部埋入沙中，于是这里就有了鸣沙山，两军的呐喊声和战马的嘶鸣声至今仍震荡不绝。

传说不能当真，但也有严谨之士留下了许多认真的描述。古书有记载："盛夏自鸣，人马践之，声振数十里，风俗端午，城中子女皆跻高峰，一齐蹙下，其沙吼声如雷。"我站在沙山最高处，长吼 53 秒，仔细分辨近处地表沙缝中反射的回波，有，但不明显；远处沙山的回波，倒是响亮，而且有多重回波，音频幅度大小不一，到达时间错落有致，倒让人联想起蝙蝠用声呐探测地形地貌的原理。看来，我的声波不及古代众人齐吼的威力，因为沙吼声没有声大如雷。假如诸葛亮在此，羽扇一挥，借来东风，估计就能听到沙鸣了。可惜诸葛亮早已逝去了。

鸣沙又叫响沙、哨沙或音乐沙，是一种奇特但又普遍存在的自然现象。但古人当时的知识有限，不能很好地解释为何鸣响，故会将此现象神化，或制造一些恐惧感，例如写"生怖惧，莫敢前"。当然，这些恐吓没有吓倒古人，常有名人来此领略。唐代有位诗人写道：

> 传道神沙异，暄寒也自鸣。
>
> 势疑天鼓动，殷似地雷惊。
>
> 风削棱还峻，人脐刃不平。

这首咏景诗生动地描述了敦煌鸣沙山的奇观。经过古人的传说、恐吓、赞美，沙鸣山的名气越来越多。这难道是"恐吓"的效果？其实好奇之心人皆有之。

中国有四大鸣沙，分别是敦煌鸣沙山、内蒙古达拉特旗响沙湾、宁夏中卫沙坡头和新疆巴里坤鸣沙山。第一个在脚下，第二个 1993 年 6 月 22 日乘直升机看过，第三个 1993 年 6 月 24 日说过，至此，我已领略中国鸣沙的 75%。

鸣沙这种自然现象在世界上的分布十分广泛，而且沙子发出来的声音也是多种多样。比如，美国夏威夷群岛高阿夷岛上的沙子会发出狗叫声，所以称它是"犬吠沙"。苏格兰爱格岛上的沙子能发出一种尖锐响亮的声音。美国长岛、马萨诸塞湾、威尔斯两岸，英国诺森伯兰海岸，丹麦波恩贺尔姆岛，波兰科尔堡，智利阿塔卡玛沙漠，沙特阿拉伯的沙滩和沙漠都会发出奇特的声响。

（十八）月牙泉

鸣沙山尽管面积不大，却藏着一个世界著名的小湖，叫月牙泉。月牙泉被鸣沙山环抱，四面环沙，长约 150 米，宽约 50 米，因湖的形状的确像月牙而得名。几公里外还是戈壁，怎么到了这里突然出现了沙漠？而且还有不绝之水？这一带年降水量不足 50 毫米，蒸发量却超过 2500 毫米，是中国最干旱的地带之一。月牙泉四周无任何河流注入，身处沙漠，却千年不涸，令人称奇，这是为什么呢？原来，人们看见的都是表面的东西，孰知看不见的地下更加丰富多彩。月牙泉下面通着地下水，水全是渗透过来的，它的源头是党河，依靠河水的不断充盈而水源不断，泉水清澈明丽。月牙泉边建有亭台楼榭，湖边植被茂密，水草丰沛，再加上周围起伏的沙山，灿烂的阳光，景致相当漂亮。

敦煌鸣沙山和月牙泉是大漠戈壁中的一对孪生姐妹，"山以灵而故鸣，水以神而益秀""山有鸣沙之异，水有悬泉之神"。来这考察后，确有"鸣沙山怡性，月牙泉洗心"之感。

能否在此设立测控站呢？从观测条件来看，没有问题，但在沙漠中生存是个大问题，在沙漠上固定测控设备也是个问题，故没有考虑此想法。

（十九）莫高窟

6 月 7 日下午，我们赴敦煌莫高窟。莫高窟有飞天图案，王永志总师曾提及："飞天的概念在敦煌莫高窟早已存在，很想去看看。"我们要切身感受一下，中国古人是怎样理解飞天的。

在敦煌城东南 25 公里、鸣沙山东麓有一条古河道，估计是党河发大水时会流经此处，河道东侧是祁连山支脉三危山，河道西侧是高 15～30 米的悬崖，崖壁上开凿有众多洞窟，这就是著名的莫高窟。

莫高窟，俗称千佛洞（有别于东千佛洞），始建于前秦时期，历经十六国、北朝、隋、唐、五代、西夏、元等历代兴建，规模越来越大，南北全长 1680 米，上下分布 1～4 层不等，现存洞窟 735 个（即不到千窟），壁画 4.5 万平方米，泥质彩塑 2415 尊。洞窟最大者 200 多平方米，最小者不足 1 平方米。洞窟主要有禅窟、中心塔柱窟、佛龛窟、佛坛窟、涅槃窟、七佛窟、大像窟等。彩塑有佛、菩萨、弟子、天王、力士像等。佛像居中，两侧侍立弟子、菩萨、天王、力士，少则 3 身，多则 11 身。莫高窟集洞窟建筑、彩塑、绘画三位于一体，是世界上现存规模最大、内容最丰富的佛教艺术圣地，1987 年莫高窟被列为世界文化遗产。

北宋以后，莫高窟停止开窟，渐冷荒废。元代后已鲜为人知，几百年里基本保存了原貌。直到 1897 年，有一湖北麻城人，叫王圆箓，入肃州巡防营当兵勇，退役，受戒为道士，远游边疆，至莫高窟，清理沙石，供奉香火，收受布施，于莫高窟第 16 窟东侧建太清宫道观，即"下寺"。王道士雇敦煌贫士杨某为文案，抄写道经。1900 年初夏，杨某坐此窟甬道内，返身于北壁磕烟锅头，觉有空洞回音，疑有密室，便告王圆箓。两人于 5 月 25 日半夜，破壁探察，果见密室，积满写卷、印本、画幡、铜佛等，即后来蜚声中外之莫高窟藏经洞。之后，王道士尽力保护藏品，并多次奉告清朝官员，但均未获得重视。

1907 年，英国斯坦因在进行第二次中亚考古旅行时，沿古丝绸之路来到敦煌。听说莫高窟发现了藏经洞，他找到王圆箓，助修道观，取之信任，允许进入藏经洞拣选文书，最终只用 200 两银两便换取了 24 箱写本和 5 箱艺术品。此后，法国人伯希和、日本人橘瑞超和吉川小一郎、俄罗斯人鄂登堡、美国人华尔纳等接踵而至，从王道士处陆续掠走大量藏经洞文物珍宝，后大多存于英国大英博物馆、法国博物馆等地。当敦煌文物在全世界被宣传之后，清朝命官这才懂得其重要价值，但他们不是考虑如何保护，而是千方百计窃为己有。此后，偷窃成风，流失严重，造成了更大劫难。1910 年清政府把剩余的敦煌卷子全部运往北京保存。

敦煌文物的流失有很多令人思考的地方：一是发现、保护和拥有这个佛教宝藏的不是佛徒却是道士，是互助还是巧遇？二是如果没发现此洞，到底是好事还是坏事？三是该不该将责任全归因于王道士个人？他在卖文物给外国人之前，对清政府说了很多遍需要保护，但没起作用，文物流失是不是该追究清政府的无能？四是清政府官员偷走后的珍贵物件现在还存在吗？五是当时的中国人重视这些珍宝吗？这些思考不是替外国人掠抢中国文物进行辩护，我对此极其愤慨，但这不能代替我们应该有的思考。

我早就听说过："敦煌的艺术在中国，但艺术的研究在日本。"这些话语，每个字都让人感到沉重。

一进院，惊呆了！

莫高窟大殿东侧、法隆寺前大广场上正在举办一个重大活动：日本的一个祭奠活动。广场上人山人海，地面铺的全是红地毯，面积有 4 个足球场大，从大殿朝东望去，大殿前摆放着一个巨大的祭台，从祭台下来几个台阶，到达场地中央，这是举办活动的核心，周围有三个方阵，北侧方阵由中日政府官方要员、日本达官贵人和财团组成，东侧方阵是日本佛教和道教人员，南侧是贵宾方阵，都是要人。每个方阵大约 200 人，可见规模之大。我能看见方阵中的每个人，日本人没有认识的，但中国人中认识几个，一个是中日友好协会会长孙平化，一个是敦煌研究院院长、79 岁高龄的段文杰。

印象最深的有几个：第一是日本的重视程度，据说来了四五百人，日本每五年来敦煌祭奠一次，每十年一次大祭奠，这次是大祭奠，他们为何如此重视敦煌艺术，不得而知。第二是通过第一方阵的日本人的穿戴，尤其是女性的穿戴，感受到了日本文化。第三是看到了日本茶道祖师爷亲自做茶，老者七十有余，身高 1.85 米，服装淡蓝，似唐装，气质庄重，做茶道时，仪式威严，动作练达，许久才将茶制备完毕，令人记忆至今，据说，即使日本人也很少能在电视上看到他亲自做茶。第四是服务生全是身着礼仪和服的日本女孩，个个俊秀大方，神态缥缈，肤若水织，将茶一一送至贵宾手里，尊敬地请贵宾饮下，茶不像中国的茶水，稠度像粥，颜色淡绿，手捧玉碗，喝完，女孩才走，大概扫描了一下，穿和服的姑娘有五六十个。第五是虔诚，不管是达官贵人还是佛道信徒，都在大殿前向大佛行礼、磕头（图 12-8）。

通过这次体验，我初步理解了日本人说的"敦煌的艺术在中国，但艺术的研究在日本"的含义了。后来，段文杰老艺术家开始担任敦煌研究院第二任院长，倾其毕生精力，带领众多艺术家研究敦煌艺术，并且说："从现在起，敦煌的艺术在中国，艺术的研究也在中国。"我听后，甚感欣慰。

图 12-8　日本友人在莫高窟祭奠

看罢莫高窟壁画，印象最深的还是飞天壁画。飞天，是佛教中称为香音之神的能奏乐、善飞舞、满身异香而美丽的菩萨。隋代是莫高窟绘画飞天最多的一个时代，也是莫高窟飞天种类多、姿态丰富的一个时代，飞天壁画主要画在窟顶藻井四周、窟内上层四周和佛龛内外两侧。唐代飞天更加丰富多彩，气韵生动，既不像希腊插翅膀的天使，也不像古代印度腾云驾雾的天女，中国古代艺术家用绵长的飘带使她们优美轻捷的女性身躯漫天飞舞。莫高窟 735 个洞窟中，几乎窟窟画有飞天，总计 4500 余身，数量之多，使莫高窟成为全世界和中国佛教石窟寺庙中保存飞天最多的石窟。飞天已是中华民族艺术的一个绚丽形象。

现在的中国载人航天，源于古人千年的梦想，始于当下几代航天人的追求，我们正在努力着，愿中国的载人航天能让国人自豪，能让中国屹立于世界航天强国之林。

莫高窟与山西大同云冈石窟、河南洛阳龙门石窟、甘肃天水麦积山石窟并称为中国四大石窟。尽管莫高窟地处最为偏远，但其艺术价值可能也是最高的，对我们载人航天的影响可能也是最大的。

经过几个地点的勘察，我们认为前置雷达站放在安西最佳。

六、勘察结论

通过 6 个架次空勘和 3 条路线地勘的结果，针对东风场区可得出如下结论：

第一，在 A 区第 108 圈和第 110 圈轨迹交点附近，可以选到一个以梭梭头为瞄准点的副场。东西 ±15 公里、南北 ±9 公里内地势平坦，航天员的着陆安全性和搜救回收条件均好。东西 ±30 公里、南北 ±18 公里内东部有一条低矮梭梭林地，沙疙瘩地密集，车辆通行较慢，返回舱着陆无危险；南部为巴丹吉林沙漠边缘，沙垅连绵，沙漠越野车可绕行通过，返回舱着陆无危险（着陆若伴沙丘滑坡可能被沙掩盖）。

第二，第 108 圈弹道式着陆区域航向−220～−100 公里共 120 公里两侧 ±30 公里返回舱着陆安全性好；−100～+10 公里共 110 公里，左侧着陆安全性较好，右侧为沙漠边缘；+10～+70 公里共 60 公里右侧 10 公里、左侧 30 公里着陆安全性较好；+70～+150 公里已深入巴丹吉林沙漠。−220 公里以西为祁连山的照壁山和大雪山区，返回舱着陆危险性大，搜救回收困难。

第三，第 110 圈弹道式返回着陆区，沿航向−150～−80 公里范围内，乱石山与戈壁滩相间，部分地形不满足场区选择条件；−80～+70 公里地势平坦，返回舱着陆安全性较好；+70 公里以远已深入巴丹吉林沙漠，着陆和搜救回收条件不佳。

第四，A 区北部和 B 区，东西 70 公里×南北 110 公里，可作为运行段应急返回着陆区，其中选多个着陆点的条件较好。

第五，上升段陆上搜救 1 号责任区，航向小于 120 公里、横向 ±30 公里范围内，返回舱着陆安全性较好，其中 80 秒前的特征点应急救生着陆范围更佳；航向 120～170 公里，地处巴丹吉林沙漠高大沙垅连绵地带，返回舱着陆危险，搜救回收困难；170～300 公里也在巴丹吉林沙漠境内，但航迹及其两侧有若干局部区域比较平坦，120 秒抛逃逸塔前特征点应急救生落点的 10 公里半径圆范围和 120 秒抛逃逸塔后特征点应急救生落点的 20 公里半径圆范围，返回舱均可着陆。

根据勘察结果，提出如下建议：一是鉴于所选范围以北和以西尚有大片平坦戈壁，副场可向北和向西各移 10～15 公里，对应的弹道式着陆区域地形地貌亦会改善；二是飞船系统应对落入沙漠的安全性予以重视，建议在沙漠安排空投试验，重点试验返回舱在较高沙丘背风陡峭面的着陆情况。

经过两次勘察，最终将副场的可使用范围划定为内蒙古额济纳旗境内，东风首区的东南部、弱水河以东、巴丹吉林沙漠以西的地带，南北长约 190 公里，东西宽约 120 公里，场区范围约 23 000 平方公里，为硬戈壁，地势较为平坦，视野开阔，人烟稀少，是载人飞船返回着陆较为理想的场所。

第十三章　四子王旗主场
详勘

一、勘察准备

（一）勘察起因

经过 1993 年 6 月地勘和 1995 年 7 月空地综合勘察，已初步划定主场范围是东西 370 公里，南北 230 公里，统称四子王旗地区。

1996 年 7 月，着陆场设计师队伍根据勘察情况修改完善了《921 工程着陆场系统总体技术方案》，并于 8 月 7 日上报国防科工委主管部门。

但此时，主场可使用的范围到底有多大、着陆区和瞄准区具体选在哪里、轨道倾角具体设计值为多少、对应的前置雷达站设置在哪里等工程问题仍没定，故 1996 年 8 月 921 工程办公室打电话提出主场需要详勘，即决定进行第七次勘察。详勘要求是：范围仅限于主场场区，即集二铁路线以西、43°20′以南地区，四子王旗县城以北，南北长约 200 公里。详勘方式拟进行"拉网"式地勘。国防科工委主管部门据此打电话通知相关单位，决定组成联合勘察队。

勘察队由国防科工委主管部门组织，参加单位有 921 工程办公室工程总体室、五院、西安中心和洛阳跟踪与通信技术研究所。勘察队共由 12 人组成，领队是测控部华仲春处长，技术组有夏南银、邱乃庸、刘志逵、王宝兴、我、胡振海（西安中心）、邱岳（西安中心），保障组有华仲春、马瑞军、王思昭、徐光强，司机有李键、窦振涛、姜金龙、安立祥。

1996 年 10 月 7 日，勘察队在北京集合，准备的物品有大衣、毛衣、毛裤、直尺、计算器、地图等。8～9 日，技术组在图上作业，规划出了 6 天的勘察路线，重点覆盖了返回舱不可着陆的危险地区，范围 210 公里 × 200 公里，共 42 000 平方公里，地面行程 6000 余公里。10 月 10～25 日，勘察队赴内蒙古对主场进行详细勘察，任务是划出主场可用边界，找出边界内不可着陆的危险点，标出周围危险区域，确保着陆安全，同时对测量雷达站站址白云鄂博进行勘察。

（二）交警查车

10 月 10 日上午 8:40 从北京出发。为本次勘察，机关新买了两辆越野车，当天现上牌照，9:40 才从修理厂出来。一看，让人眼前一亮：车崭新且漂亮。从延庆走时堵车，我们决定从八达岭绕过，但也堵车。车上的警灯起了一些作用，否则时间全浪费在路上了。中午 12:40 到达宣化，宣化站领导接待，15:00 出发。18:00 到达内蒙古化德，走了 398 公里。

晚上刚住进化德宾馆没多久，便听见外面有吵闹声，原来是当地交警要查车，不仅要查证件，还要查汽车发动机号，最后将我们司机的驾驶证也拿走了，明显将我们的新车当成走私车了。华仲春打电话请当地人民武装部、公安局来谈，人民武装部政委、公安局副局长的态度都很好，解释说全国要求查走私车。21:30，人民武装部政委送回交警扣留的驾驶证。

10 月 11 日上午，我们驱车沿集二铁路线到达内蒙古苏尼特右旗，勘察驻地就设在右旗宾馆。整个苏尼特右旗十分繁荣，高楼大厦林立，人也穿得很时尚，道路很宽阔，街容很明净，给人的印象是这里很现代。这与一年多以前我们来这里时的变化非常大。

二、红岩断壁妙苏吉

（一）东西沙带

10 月 12 日，从苏尼特右旗出发，对右旗西偏北方向、着陆场北部地区进行勘察。

早上 7:20 出发，走了 16 公里，来到海勒散，沿线有通信线路、电杆，这些东西的存在说明这里距离旗县所在地不远。经塔班敖包、吉呼郎图音敖包，行进 34 公里，来到乌兰陶勒盖，一路平坦。路上发现一个小湖，水少，边上还有一座小山，山体是红色的。

待走到乔尔吉苏木，苏木北面及东面，一直到集二铁路线，有一条东西长约

64 公里、南北宽约 10 公里的沙带。据老乡讲，沙带上长草，车可行进，地势缓平，有个别沙山和沙窝地，但不可怕。

（二）红岩断壁

由此奔西，到一处，发现西南方向有红岩断壁（图 13-1）。从远处看像齐刷刷的一堵墙，呈酱红色，高约 20 米，延绵几公里，近看是红岩石，而周围的地形平坦如镜，草原如海。

图 13-1　红岩断壁

这就是很有名的脑木浑高地。高地为东西宽 8 公里、南北长 11 公里的"耳朵"形地带，从上空看也像个"月牙"。高地海拔从 1100 米向 1000 米过渡，靠近高地的边沿有几米的台阶，附近还分布着一些高程差 10～30 米的碎石块陡丘和几米深的沟壑。除了这个过渡段，西南部的高地都是平坦的，下了台阶的东北部也很平坦。

（三）黄羊

由此向西，至艾勒格庙，也称江岸河牧场一队，距边境线仅 35 公里，这里的地形开始有起伏。

在车队行进中，我们常能看见黄羊在前面奔跑（图13-2），像小鹿，屁股上有一块是白色的，十分好看。我们追了一会，就不追了，怕累坏了它们。这些地方人迹罕至，地貌又略显复杂，故有野生动物，也不奇怪。

图 13-2　奔跑的黄羊

沿国境线向西南方向，走不远，在路东看见一个小湖，叫少尔保格音诺尔。

行进至嘎顺呼尔拉，距边境线仅 32 公里，其南面是呼和诺尔湖、查干诺尔湖，其东偏南是哈沙图查干诺尔湖，均是盐水湖，三湖中间有阿尔乌苏、包尔好来等灌木。

所谓灌木就是湖泊消失后残留的地方，由于地势低，水分多，草长得好。看到此处风景优美，又到了中午时分，我们便停下吃饭，午饭是用热水泡方便面，配有香肠、榨菜。

饭后向东行进 18 公里左右，来到哈沙图查干诺尔湖北岸，湖水不多。

继续朝东，10 公里，路的北边，朝东北望去，是一片美丽的大草原，草原中散落着一些小湖，这一片就是乌兰诺尔，历史上，这里曾是一个大的湖泊，现在已几乎全变成灌木了。再朝东北，就是上午我们曾看到的红岩断壁，此时只是从红岩断壁的西南方向看而已。

（四）野骆驼

绕过灌木，朝东南方向，一路平坦开阔，好一块着陆区域。朝东北方向行进，相当于我们围着乌兰诺尔绕了半圈。从这朝北望去，又见红岩断壁，这是从红岩断壁的正南方向看。我们离红岩有 17 公里。

途中常见野骆驼，有时一只，有时几只，有时一群。它们望着车队，很是好奇，你不走近，它不会走开；你走近，它朝远处跑几步，然后停下，回头望着你，目光看上去十分深情。它深知，你对它没有敌意，它把你当朋友。在它把你看成朋友时，你不会不被感动的。有时我们离骆驼已很近，它仍没有离开的意思，这时你会发现，骆驼的睫毛特别长，眼睛眨一下，你能感受到空气中的风波。骆驼这样长的睫毛，如果让女孩看见，肯定会十分羡慕。但骆驼之所以有这么长的睫毛，不是为了美，而是为了避风沙。

（五）差点儿翻车

从骆驼这里朝东南方向行进 9 公里，我们来到绍林花。绍林花是我们选的北部区域的中心点，从这里环顾四周，一片平坦开阔的草原，感觉甚好，这一带太适合作着陆场了。

这里地势平坦，故开车的确很爽。在茫茫草原上开车，与在城市里开车截然不同。草原上几乎无路，车开到哪，哪就是路。从这向东返回，归途平坦，故车开得很快，一直开到陶高图，时速近 100 公里。每辆车各行其道，每辆车均可放速驰骋，车与车之间的间距就此拉开。

就在感觉甚爽之时，突然发现前面是个突出的小土包，司机本能地向左猛打方向盘，但打得有点急，右侧两轮迅即腾空，随即出事了。

坐在副驾驶位置的我，腾地一下被弹了起来，我虽然没系安全带，但手一直抓着车窗把手，故没有飞起来。我用余光看了一下司机，感觉司机似乎在我的斜下方，因为车已高度倾斜。不知为什么，我没有任何慌乱，头脑反而出奇地冷静，只是慢慢地告诉司机："保持住方向盘，别再动。"

就这样，我们的车就像耍杂技一样，压着左侧两个轮子，呈半弧状向左侧滑了出去或者说是飘了出去。但不管怎么说，车的状态始终是倾斜着的。

等稳定后，我才说："慢慢朝回打一下方向盘！"我说话的速度是缓慢的、柔和的、稳定的。司机这才敢稍稍朝右打了一点方向盘，此时，车身开始慢慢朝右侧缓落。最后，"咣当"一声，右侧轮子落地。

车停稳后，但见司机脸色煞白，眼睛朝前，眼神涣散，仿佛整个空气早已凝固。我坐着没有说话，似乎在等着他、盼望着他的魂魄再次回到他的躯体之中。

细思极恐。当然，我很佩服司机，他是操作者，出现险情时没有慌张，没有误动作，不可思议地将车的状态控制了回来，极属不易。我说的话，他听了还是没听，我不知道。两个人坐了许久，没有说话。他已不敢再开，换我来开。

刚才发生的一幕，除我俩以外，没有其他人。事后我一直在思考一个问题，出现这种紧急事件时，我为何能够如此镇定？天生的。司机为何能够如此镇定？也是天生的。

车慢慢开着，经吉呼郎图公社或称苏吉敖包，16:50 返回右旗。

全天历时 9.5 个小时，行程 350 公里。

（六）裸露碎石

10 月 13 日，从苏尼特右旗出发，对右旗西偏南方向进行勘察。

早上 7:15 出发，沿公路向西南跑了 32 公里，下公路朝西行进。不久，看见一片树林，树林旁有一微波转发塔，将它标记为危险物。再走，来到乌尔塔高勒庙。

8:30，发现有一条小溪，叫乌尔塔高勒，有水，在这里能看见小河，实属罕见。向西，能看见地面有裸石。向西南行 3 公里，见到一湖，叫布尔德音哈儿诺尔，湖水不多，湖边有裸石，最高有 1 米，散落范围有几百平方米。一直行走，沿途地面岩石星点散布，高度大都在 0.7 米以下。

从乌尔塔高勒庙向西至呼勒斯台地区，大部分都是地势平缓的草原，偶有碎石,裸露碎石有的沿一定的方位走向呈带状,有的石块较大,形成孤峰,石块孤峰高低不一,大部分低于 2 米,个别高出地面 3 米左右。碎石一般较尖锐,大都零星分散,数量很多,但每块都比较小,占地面积也不大。在乌尔塔高勒庙西部附近有沟壑和碎石丘地。

突然,就听"嘭"的一声——我们的车胎爆了。

停车,换胎。勘察技术人员赶紧利用这段时间,用其他车辆的发动机盖当支撑面,开始研究地图、讨论问题(图 13-3)。

图 13-3 边换轮胎边图上作业

(右一刘志逖、右二邱岳、右三夏南银)

王宝兴看了看岩石情况,说:"问题不大。"尽管这样,我们感觉这一片还是相对复杂些,便用红笔标出,上写"裸露碎石",以示危险。

(七)乌兰希热沟群

向西偏北,地势开始平坦,随后又变得有起伏,行进中,突然见到一条深沟。这就是著名的乌兰希热沟群,我们站的地方是沟群的最东端。

向远处看,什么也看不见,茫茫一片,接近了,才能看清,有沟。原来草原平平坦坦,猛然间有条断缝齐刷刷地降落下去,如果司机不注意,掉进去还不知怎么回事。地沟是雨水常年冲刷出来的,最深的地方有 5~10 米,土质较软,飞船落在沟边造成的翻滚会对航天员有一定的危险，但如果直接落在沟底，则危险较小。

沿着沟向，向西走了 3 公里，见一断壁，高有 10 米，坡度近 45°，土质较软，对返回舱降落无太大危险。再向西走，刚才见到的那种沟不断出现，看来说是一条沟不准确，其实是一个沟群。继续西行，又看见一条大沟，深有 10～15 米，土质较软，雨水冲刷痕迹明显。

沟群到这后，拐了一个弯，朝南，再朝东，出来一个弧形。我们车队也跟着转了一个弧形又看见一条沟，这条沟也很大，最深有 15 米，其他地方很平。

乌兰希热沟是从萨如勒庙至额尔登敖包、东西长约 26 公里的高台和沟群（图13-4）。从上面看去，像是一个月牙形刀把。

图 13-4　乌兰希热沟群

总体看，南版图是一片平坦草原，地势高，海拔在 1200 米左右；北版图又是一片平坦草原，地势低，海拔在 1100 米左右；两块版图在这里突然错位，形成一条分界线，齐刷刷地降落下去，高程差在 20～40 米不等。下雨时，这个落差会使雨水从南版图朝北版图流，在这个沟台处，常年冲刷出条条深浅不一、长短不等的沟壑，一般深度不大于 20 米，长度不大于 2 公里。台沟区的地质绝大部分为红色、黄色软土。红色侵蚀的地貌形态各异。红色地层为北方古近系标准剖面，所含哺乳动物化石丰富，主要有多瘤齿兽、蒙古兽、貘类、棱齿貘、全脊貘、蒙古小雷兽、原雷兽、雷兽、两栖犀、中柱兽等。我们仔细观察，只见土，不见他物。

再往西还有几条孤立的几米深的沟，如浩莞尔沟沟和哈尔沟沟，当地人起名时把"沟"字叠着用，都叫"沟沟"。

此沟群在苏尼特右旗西边100公里、四子王旗北面120公里处，主场的阿木古郎地区和绍林花地区就是因为这条沟的存在才被分成南北两块的。在沟群南北两侧，地势均十分平坦，时速可达90公里。

（八）腾格尔诺尔湖

从沟群走过，来到土格木，即昨天见到的呼和诺尔湖的南边，距国境线约42公里。沿国境线奔西南，来到腾格淖尔牧场，其东侧便是腾格尔诺尔湖，这是此片区域最大的湖了，原来东西6公里，南北10公里，可惜现在干枯了。

此处是今天勘察路线的最西边，距国境线约40公里。从此折返，向东偏南，经乌兰呼都格，来到巴润绍。

从土格木，到腾格淖尔牧场，再到巴润绍，这一带总体平坦。

从此朝东，到扎木敖包北侧一点，此处稍有起伏，有冲沟，有3米左右深。

（九）神舟三号降落的地方

由此转弯向南去了苏吉。

但当时谁也不知道，后来神舟三号飞船就落在了苏吉。现在这里竖着一块碑，向人们讲述着这里曾经发生过的故事。当时我也应该在这里也插块牌子，上写"此处已勘"，以便航天员从飞船返回舱出来时，知道以前有人来这勘察过，也不至于感到孤独。现在后悔也来不及了。当时为何"转弯"去苏吉，不知道，因为事先规划的勘察路线应向东，而到苏吉的路是朝南，而且没路，但我们却鬼使神差去了苏吉！

从苏吉向东，走了9公里，便到了一片极其平坦的辽阔草原，测了点位。这就是后来确定的主场理论瞄准点。

站在这个位置，东北方向14公里处，神舟一号飞船就降落在那里；站在这个位置，东 7 公里处，神舟六号飞船就降落在那里；站在这个位置，东南 17 公里处，神舟五号飞船就降落在那里，杨利伟就是在那里自行出舱的；站在这个位置，东南 18 公里处，神舟四号飞船就降落在那里；站在这个位置，南偏西 7 公里处，神舟九号飞船就降落在那里；站在这个位置，西偏北 9 公里处，神舟三号飞船就降落在那里。

……

当时，谁也没有特别的感觉，只是觉得这块地方平坦，而且平整程度令人难以想象，是块好草原，没有想更多，测完位置后，便飞驰而过。

在这里开车，可以高速飞奔，速度可达 110 公里/小时，在草原上叱咤风云，别有一番滋味。一直向东，来到阿木古郎牧场。

"阿木古郎"是我们最喜欢说的字眼，也是说得最多的字眼，更是贡献最大的字眼。因为我们说主场，都说是"阿木古郎"。

从阿木古郎牧场奔北，到达准好来，路的西侧有两个小湖，叫巴润好来音查干诺尔，原来是一个大湖，现在水少了，变成两个小湖了。湖边有小型风车。

从准好来朝东返回，经扎尔嘎郎图，奔至敖包音阿木乌苏，又一次穿过上午曾经过的裸露碎石区。

就在这附近，尾号 4880 的车陷在坑中。勘察队员下车从后面推，司机加油，只听轰鸣声，不见车移位。其他车的人也下来了，年轻人全上，挂倒挡，再试，未果。眼看此招不奏效，只好将尾号 0052 的车调过来，将绳索从后背车厢拿出，将两头固定在两辆车上，将其拖出。大家非常高兴。

（十）夜飞悬崖险

此时日薄西山，天气渐晚，已是 19:00。走了一会儿，整个天全黑了，大家开始急着赶路。突然，远处出现灯光，判断是苏尼特右旗，我们像是看到了希望，车速不由自主地快了起来，原来的纵队现已变成了"放羊式"。

但见茫茫草原上空，光柱此起彼伏，在夜幕中忽隐忽现，灯光透着亮丽、安宁，煞是好看。

一会儿，其他车都不见了，车与车之间的距离已拉开，现在是我们一辆车在独跑。19:15 左右就在我们匆匆赶路时，突然发现车头前方右侧空荡荡、黑乎乎一片，半壁疆土不见了，面积很大，就像悬崖峭壁般齐刷刷地沉了下去。

我们的汽车想要刹车已来不及，司机只好下意识地猛向左侧打方向盘，硬着头皮冲了过去。只见左侧轮子着地，但右侧轮子仍悬在空中，车以 90 公里/小时的速度飞了出去。

飞跃的距离有多远，不知道；悬崖陷下去有多深，不知道；车转弯半径有多大，不知道。

只知道我们的车在空中飞了一段时间，就与"让子弹飞一会儿"那种感觉一模一样，然后似乎过了很久，就听见"咔嚓"一声，后轮猛地撞到了一个东西，然后整个车"咣"的一声，车体被弹了起来，再落下时，车已在地面上了。

车内没有一个人敢停下车去查看一下与我们擦肩而过的"悬崖峭壁"。司机仍在开车，眼已呆滞，颈已凝固，手已僵硬，嘴不说话。夜色掩盖着许多未知的恐惧，我们都在后怕。只道是：

> 乌兰希热沟，断壁南北川。
>
> 夜飞悬崖险，踏出仙落原。

19:26 返回右旗，历时 12 小时 11 分钟，行程 478 公里，一天跑这么多草原路，堪称奇迹。

回到驻地，我们车上的人没有一人敢提刚才的历险。

10 月 14 日，我于早上 8:18 从苏尼特右旗出发，到呼和浩特机场接邸乃庸副主任，全程 271 公里，时速 120 公里。其他勘察队员休整。

三、活佛追马边墙移

（一）成吉思汗边墙遗迹

10 月 15 日，重点勘察主场南部地区和西部。

早上 7:16 从右旗出发，沿南偏西方向一直走了 60 多公里，见路边有些残墙断壁，经考证才知，这是成吉思汗边墙遗迹。

成吉思汗边墙可分为南、北两线边墙，北线为古边墙，南线为新边墙。1126～1138 年完成了前期北线古边墙工程，东从呼伦贝尔的根河南岸起，出满洲里，经俄罗斯境内伸向蒙古国。我们现在看到的是南线新边墙。成吉思汗边墙有些地段高两米，有些地段已不见踪影，断断续续，渐渐消失殆尽。现在的边墙可以防风寒，可以固沙带，已无防御功效，如果把它当成风景来欣赏倒是可以。

如果北线古边墙没丢，还是我国的，那么，现在选着陆场的视野完全可以打开。可惜啊，那些地方暂时不能用了。

跨过边墙，走了 5 公里，来到白彦花。这个名字很好听，但其实这里就是一个不起眼地方，只能找到几个蒙古包。

再朝西南方向行进 8 公里，再次看见成吉思汗边墙遗迹。

原来是两个边墙，分别是从东北和东南方向延伸过来的，在白彦花西 12 公里处汇集成一个城墙，然后向西延伸，经过布勒太南边，从大庙北面绕过，向西南方继续拓展，与国境线平行，这些边墙的东头、西头在哪，不知道。

我们沿着边墙遗迹奔西，边墙的北面平坦开阔，边墙的南边却有些起伏的山区。

这个地方处于布勒太东南部 28 公里处，在不到 2 公里的距离上，高程差变化有 100 米，部分山丘的坡度可能大于 15°。我们马上把南边这些区域用红色标出。

朝西北，不一会儿我们来到布勒太。这是 1993 年 6 月 20 日我们吃手抓肉的地方，再次来到这里，有种亲切感。

（二）大庙

从布勒太向西偏南行进约 34 公里，便到了大庙。

大庙南部和北部各 3 公里地区内地形稍复杂，但属缓坡土丘，车辆可爬上丘顶。东部有一条深沟，沟最深处有 10 米左右，延绵 4 公里左右。西部主要是石山，穿山有一条河，说是河，倒更像条深沟，从大庙的西侧纵向划过，其上游是南边的塔布河，下游沿地势向西北方向流淌而去，叫沙尔木伦高勒。沙尔木伦高勒延绵五十几公里，水量越来越小，直至完全渗入沙地，汽车可以横穿沙尔木伦高勒河床。神舟飞船返回舱的落点几乎全在沙尔木伦高勒河的东边。

山中间稍平些的地方有个喇嘛庙，叫"大庙"（也叫红格尔公社），历史上原来有七座庙宇，是此地区最大的喇嘛庙区，聚集了很多喇嘛，是内蒙古著名的佛教圣地，是方圆几百公里牧民顶拜的地方，当时很火。但到了"文化大革命"时期，大庙被当成"四旧"给拆了，现仅完整保存了一座。庙宇的墙高高的、厚厚的，主体是白色的，上方涂着酱红色染料，方形，像城堡，让人联想起了布达拉宫。东墙迎着太阳，反射着白光和赤红光，很漂亮（图 13-5）。

图 13-5　大庙

我们下车缓步来到庙宇前。在墙边，我见到了一只小鸟，只见它扇动着没长毛的翅膀，不知是它自己从屋顶上掉下来的，还是鸟妈妈故意把它留在这里经历世面的，反正看上去有些孤独。我把它捧在手上，只见它的小嘴黄黄的、嫩嫩的。怕它冷，我双手合十，形成八面透风的"指笼"，让它可充分施展和呼吸。进入大殿时，我的眼睛朝四周扫描着，生怕漏掉一个细节，状态倒像个虔诚的人；而想到手中的小生命时，又感到自己是个守护神。两种情感交织在一起，化作一种神圣感。踏出庙门，"洗礼"后的小鸟自由了。现在我好像才明白，小鸟的母亲为什么把它留在这里了。

（三）活佛

庙区东侧有一独栋院落，大庙第六世活佛嘎拉僧图布登就住在这里，平时很难见到他。一个半月前，即 1996 年 8 月 31 日，农历七月十八，是活佛的六十寿诞，庙里有隆重的法事和骑马摔跤射箭等活动。一大早，人们从四面八方纷纷赶来，期待为活佛庆寿和活佛的摸顶赐福。摸顶加持使有"证量"而且具有菩提心的人，了生死、出三界、脱离六道轮回。

何为证量？量在佛法中有非量、比量、现量三种，证量是指现量，现量就是当下观察体验到的，而不是纯粹臆测、想象。举个例子，譬如羽毛球中的杀球，先把拍放至背后，然后引拍向上，以腰力、后背肌带动手臂、手肘顺势压下，最后握拍外旋，食指下压，无名指和小指内抠，施力点拿捏准确的话，是不会感到手臂和背部酸痛的，反而会感到相当舒畅。如果你有现量的话，也就是说你真能抓到要领，且亲自体验过，你就知道我说的要点在哪里。如果你没打过羽毛球或没深入练过，听到也只是听到，只能大概想象其中的意涵，那就是比量，也就是用你曾有的观念和经验去对比没有经历过的事情。但通常比量很难对应到实际的情况，就会造成非量，即与现量的误差。所以，在佛法中，证量就是实践证明之后，或者说现量观察体验过之后，能够跟佛经的真谛无差，就是证量。简单讲，就是开悟。

一听说当地有如此神人，而且法力如此广大，我们十分兴奋，很想前往一见。当地人民武装部部长领着我们，敲开门，进入活佛居住的正厅，左转进入其住屋。

第六世活佛嘎拉僧图布登正坐在佛座上，面善，眉净，目慈，脸属长方形，下收，轮廓俊朗，身高估计有 1.78 米。活佛见到我们时很高兴，他双手护住一个印有金色佛像、背面有虎的护身符，持续很久，嘴里念着什么，我们也听不懂，这叫"开光"。之后他亲自将其挂在我的胸前，并让我跟他一起坐在佛座上，与他一起照相。我属虎，他送我虎之护身符，神了！他怎么知道我是属虎的？不知。

开过光的护身符至今仍保留在我家中。

放生过小鸟的人，也算是具有菩提心的人。这样想，我心里很舒服。

（四）追马

出大庙，脱离复杂的石头阵后，向西，走了46公里，来到察其庙，或称白音花公社。这一路基本平坦。从察其庙出来，奔西偏北，一路更是平坦、开阔。今天的路线与昨天的返程路线基本是东西向平行。中午时分，我们跨过一条河，叫乌兰苏不河，从南朝北流，再流22公里，就会注入前天地勘见过的腾格尔诺尔湖。刚过河不到2公里，就来到查干哈达，查干哈达周围也十分平坦。从查干哈达出来，沿着乌兰苏不河走向，朝正南行进16公里，地势逐渐有些起伏，我们便决定停下来吃午饭。

刚泡上方便面，突然发现西北方远处过来了一群马，定神一看，是野马，有几十匹，着实令人振奋。

司机翟文雪快速放下方便面盆，跳进尾号0051的车里，另一个司机也跳进车里，紧追其后，两车悄悄地绕一大圈开到了马群右侧，然后猛然加油，直冲马群而去。马群受到惊吓，立刻集体朝汽车来的相反方向奔跑。只见越野车后面翻起滚滚烟土，而马群上方也泛着浓浓的灰白色尘埃，整个大地因马蹄而颤动，整个上空因烟尘而动容，整个画面波澜壮阔，万马奔腾之势跃然眼前，不被震撼是不可能的。

一会儿，马群腾起的烟雾渐渐将车吞没，司机已看不清方向，而我们却感受了一次"万马奔腾"的壮观场面。摄影师拍下了全部过程（图13-6）。

图 13-6　汽车追野马

追完马，车返回，这时我们才意识到，饭还没吃。再看方便面，已凉。

（五）玛次盖乌拉地区

吃完"凉面"，继续南插 7 公里，发现此处地形复杂。从此朝西行进 10 公里，来到一片山区，此山区由温次乌拉和玛次盖乌拉两个山群组成，两个山的制高点分别为 1400 米、1484.7 米，比周围海拔高出 200 多米，绝大部分地形是碎尖石缓坡，基本不长草，中间有小块坡度平缓的草地，车辆可以爬上丘顶。山区中有岩石，也有冲沟，深 1～2 米。从山里退出来，继续朝南，走了 6 公里，几乎全是山丘。此区域被我用红笔勾出，作为危险区。

（六）矿石

奔西南，经白音敖包，跑了 50 公里，15:40 来到白云鄂博。白云鄂博是我国著名的稀有金属矿区，还没进镇区，便早已看到山石，山石有的呈黑色，有的呈彩色，即使没有地质知识的人也会感到这里与其他地方迥然不同。

全天共跑了 8.5 个小时，行程共 540 公里。

四、七层白云羡奇沙

（一）神舟二号降落的地方

10 月 16 日，重点勘察主场西部地区，也就是白云鄂博北部、边境线南部夹持的这一带。

早上 7:36 出发，奔北偏东，沿昨天下午过来的路线，到达白音敖包，从此处奔北，至格少庙，路经地貌多有起伏，山丘居多。再朝北，基本是平坦开阔地，一路顺畅，来到赛打不苏。

赛打不苏东侧有个小湖，叫赛打不苏湖，东西 800 米，南北 2800 米，为盐碱湖，海拔 1200 米，周围地势平坦，既然有湖，说明此处比较低洼。眼光掠过湖面，朝东望去，地势开阔，是片好草原。距我们所站位置东偏北 11 公里处，当时没有人会留意这个再也普通不过的一个所在，孰知，这里竟是后来神舟二号降落的地方。

（二）满都拉

从赛打不苏朝北偏东，行进不到 16 公里，便见地势起伏起来，山丘渐现。行至本巴太，地形更加复杂，慢慢见到丘陵地带，制高点已达 1230 米。为多了解情况，就开车朝东南方向绕了一个以 5 公里为长轴的椭圆形圈，地貌算是丘陵。如果沿这条路继续朝东走 26 公里，便会到达前 3 天我们到过的腾格淖尔牧场和腾格尔诺尔湖。看来这一片，我们已基本覆盖。

从此折回到本巴太，然后向西偏南行进 16 公里，来到满都拉。路的南边地势略好，但路的北边全是山区，大都是丘陵，有低矮的岩石山，而且严峻程度比刚才更甚。

从这至边境的地区绝大部分为缓丘，越靠近边境的丘地坡度越大，部分大于 15°。缓丘的顶部多为碎尖石。42°30′N 以南则进入较平坦的沙质草地或戈壁地带（图 13-7）。

图 13-7　本书作者在丘陵地带勘察

满都拉离国境线仅 12 公里。那里有一个口岸，中国与蒙古国的海关、商检都在那，是 1992 年经内蒙古自治区政府批准开通的季节性对外开放二类口岸。满都拉口岸是呼和浩特、包头二市到乌兰巴托最近的口岸，对应的蒙古国东戈壁省、南戈壁省矿产资源非常丰富。口岸每年 3 月、5 月、8 月、11 月的 16~30 日开放。

满都拉口岸位于中蒙边境某界碑处。停车出来察看时，见远处山头有哨卡，此时有种敬重感，因哨兵常年在此站岗放哨，实属不易。

感慨时低了下头，只见脚下全是岩石、裸露碎石，几乎没有草本植物，缺乏生机。刚产生单调的印象，突然发现，岩石缝里有些异常，颜色与周围略有变化，定神一看，是一窝小鸟，小嘴黄黄的，见人便张嘴要吃的。我们只是摸了下它的羽毛，亲热已传递过去。我们吃的只有方便面、榨菜，可能不对它们的胃口，而香肠，那天恰好没带，也怕它们吃了闹肚子。

从本巴太到满都拉，这一片均用红笔画为危险区，就连刚才的小鸟也从此被保护了起来，尽管它自己浑然不知。

（三）白彦花牧场

告别小鸟，离开满都拉，沿边境线方向向西南，不一会儿就离开了山区，行进 38 公里，来到白彦花。一路上比较平坦，特别是挨近白彦花时，更是开阔无垠。

白彦花公社位于上午去过的赛打不苏以西 13 公里处。这个"白彦花"，可不是昨天我们去过的那个"白彦花"。看来，内蒙古这个地方，很愿意用"白彦花"来作为地名。

西北方向不到 8 公里处有一湖，叫哈尔淖尔，从上空看上去像个飞翔的鹰的形状，湖的面积有赛打不苏湖三个大。这是我们今天勘察路线的最西端。

从此朝南偏东，一路全是平坦的草原，行进 38 公里，来到白彦花牧场。一般说的牧场，基本是草长得旺盛的地方，如阿木古郎牧场，到这一看，的确名副其实。可惜这片好的草原，总的面积不是太大，而且南面是白云鄂博山区，北面是满都拉山区，不如阿木古郎牧场那边好。

朝正南走了 10 公里左右，便发现地势开始起伏起来，再南行 26 公里，当地海拔已升至 1600 米左右，山最高处 1692 米。16:30 返回至白云鄂博。

（四）草原英雄小姐妹

从白云鄂博，我们驱车奔西，勘察矿区西部的地势、地貌，路上大都平坦。

行驶大约 20 公里，来到一个叫那仁格日勒的村子，村子不大，但很有名，原因就是小时候看的电影《草原英雄小姐妹》中的小姐妹就住在这个村子，这让人回忆起了许多年前的历史。

蒙古族少女龙梅和玉荣是一对小姐妹，生活在达尔罕茂明安联合旗新宝力格公社那仁格日勒生产大队。1964 年 2 月 9 日，小姐妹利用节假日自告奋勇为生产队放 384 只羊，那时龙梅 11 岁，玉荣还不满 9 岁。中午时分，突然下起鹅毛大雪，大风吞没了茫茫草原，暴风雪来了！姐妹俩急忙拢住羊群，准备赶羊回家。但是狂风暴雪阻挡着羊群的归路，羊群顺风乱窜。姐姐左手拿着羊鞭，右手甩着脱下来的皮袄左右拦挡，妹妹手里也挥动着小皮帽，帮助追赶羊群。就这样拦挡一阵，羊群跑一阵，再继续拦挡，羊群再跑一阵，不知拦了多少，也不知道跑了多长时间。从中午到第二天天亮，姐妹俩整整忙碌了 20 多个小时，寒冷、恐惧、饥饿、疲劳、责任感考验着两个小姑娘。最后玉荣昏倒在雪地上，龙梅也快撑不住了。幸好牧民哈斯朝禄父子俩发现了她俩，找人救助，姐妹俩和羊群才脱险，后来她们被誉为"草原英雄小姐妹"。由于冻伤过于严重，龙梅失去了左脚拇趾，玉荣右腿膝关节以下和左腿踝关节以下做了截肢手术。

我们走进她们俩原来居住过的房子，姐妹俩的照片依然挂在故居的南墙上，冒着特大暴风雪、用自己的体温保护小羊羔的场面历历在目，真是令人感动。如果上小学时能来到这里，我还不知道会激动成什么样子。

当然，这一带"风吹草低见牛羊"的景象早已不存在，草变稀了，变少了。

（五）成吉思汗胞弟之墓

从草原英雄小姐妹曾经居住的村庄再向西走几公里，地势开始略微复杂起来。路南出现一座山，十分奇特，其他地方均平坦，唯有这里是山区。这里的岩石有多种多样的形状，有石英状的，片片闪着亮光；有铜锈状的，块块标志着铜、镁等金属的存在。顺着山沟朝里走，尽头处，左转弯，藏着一个古迹——一个规模宏大的墓，这就是成吉思汗胞弟的坟墓。

在蒙古高原，但凡有草原的地方，就有成吉思汗的故事流传。在今天的内蒙古草原上，人们还有在每年大年三十晚上烧香祭奠成吉思汗胞弟哈萨尔的习俗。成吉思汗的母亲诃额仑生了四儿一女，即铁木真（成吉思汗）、哈萨尔、合赤温、铁木格和女儿帖木仑。哈萨尔是蒙古军队的二号人物，其射技高超，威震草原，天下无敌。成吉思汗曾这样评价哈萨尔："哈萨尔之射，别里古台之勇，皆我所藉以取天下也。"

然而，哈萨尔却因生性刚直、桀骜不驯的脾气，常引起成吉思汗的猜忌。尽管母亲缓解了兄弟俩的矛盾，但在母亲去世之后，成吉思汗仍凭借哈萨尔误射鹊雀之由，把二弟囚禁了今乌拉山西山嘴的一处地窖里。后来胞弟怎么死的，死后为何埋在这里，我全然不知。

带着震撼和疑问，朝回返，18:30 到达白云鄂博。

全天勘察花费近 11 个小时，行程 350 公里。

（六）百灵庙推喇嘛庙

10 月 17 日，上午 9:16，离开白云鄂博，奔东，勘察整个着陆场的南部外边缘地区，或者说勘察白云鄂博到四子王旗的地带。

从白云鄂博向西南 9 公里，路北主要是山丘，路南较平坦。奔东 14 公里范围内，路南路北几乎全是山丘。接下来的 14 公里路两侧反而平坦了许多，路的南部 6 公里处甚至还有一片林场。

接近达尔罕茂明安联合旗时，路两侧开始又呈现山丘地形。到达旗所在地，整个旗简直是被山包围了起来。该旗也叫百灵庙，旗很大，四面环山，东西 20 公里、南北 18 公里的区域内基本是起伏山丘，有一些山坡坡度大于 15°，局部山丘是裸露的岩石山，陡峭，险峻，地形比大庙更为复杂。此区域被我们用红笔勾出，标记为危险区。

出旗东行，跨过一条河。该河叫"艾不盖河"，其上游是两条河，在此汇集成一条河，然后一直朝北流淌，河水流淌 65 公里后，到达前两天我们经过的查干哈达，则改名叫"乌兰苏不河"，其实就是一条河，叫两个名字，河水最终流入 13 日我们经过的腾格尔诺尔湖。过河后，我们朝东北方向行进 10 公里，两侧全是山丘。

朝北行进 9 公里，来到察汗合少公社，地势稍微平坦了一些。继续北行 14 公里，地貌基本平坦。右转，朝东行进 14 公里，来到推喇嘛庙，也叫查干敖包公社。

推喇嘛庙周围地势有起伏，大都属于较平缓的丘地，西部丘地内分布着尖石块，东部为草地、尖石块相间。整个地区的尖石块分布与乌尔塔高勒庙西部的裸露碎石区相比，要稀疏一些。我们照样用红笔圈出。

尽管此地叫"推喇嘛庙"，但我们既没见到喇嘛，也没见到庙（图 13-8）。

图 13-8　刘志逖（左）、本书作者（中）、王宝兴（右）在勘察途中

从此再向东偏南方向蜿蜒行进 45 公里，途中路南有座小山，叫翁公山，海拔 1686.8 米，用红笔标出，来到白林地牧场，周围较平，只是个别地方有山，牧场南边紧挨着有个山叫龙头山，用红笔标出。

继续向东南方向行进 20 公里，路北 14 公里处也有一片山区，叫长黑山，制高点海拔 1533.9 米，比差不大于 40 米，其中有一些裸露石头的山顶，用红笔标出。

继续向东南方向行进 20 公里，遇到一条河，这条河比白云鄂博那条河大多了，叫塔布河，朝正北流淌，一直流至大庙，然后就改叫沙尔本伦高勒了。

跨过河流 12 公里，一直到四子王旗，基本没有危险区域，总体是平坦的。

14:40 到达四子王旗，晚上住四子王旗宾馆。

全天用时 5 小时 24 分钟，行程 197 公里。

（七）七层山

10 月 18 日，早上 7:50 我们从四子王旗出发，奔北偏东方向，勘察着陆场东部以外的地区。

沿公路跑了 15 公里，来到巨巾号公社，过了一条河，河水不多。这条河没有名字，朝西北方向流，最后汇入昨天见到的塔布河，最后一起流向大庙。过河后又跑了 5 公里，来到四子王府，再次让人想起在布勒太吃的"王爷肉"。因这些地方以前曾来过，故没停留，直接赶路。

沿东北方向又跑了近 36 公里，来到塔尔布盖。从这里朝东 23 公里处有个地方叫哈达诺托克，此点方圆 10 公里范围内几乎全是山区。再朝东 24 公里，便是乌令塞日背，这就是七层山中的第一层山，朝南依次排着第二层山、第三层山……第六层山，但不管怎么数，就是数不出第七层来，即不知道七层山的"七"到哪里去了。我在想，可能古代人数错了。当然，我数错了的可能性最大。七层山有许多陡峭的山峰，其中有一些地区在不到 2 公里的距离内从海拔 1700 米降至 1500 米（图 13-9）。

图 13-9 车队在岩石山（七层山边）

继续沿路朝东北方向行进 23 公里，来到内蒙古善达，在这里见到了岩石山，此处西面是丘地，东南方向地面散落着岩石。看来从 112°E 开始朝东，危险地带不少，我们索性把着陆场最东边界就定成 112°E 算了。后来我们将这一带划为危险区，用红笔勾出，不准返回舱朝这里落。

从内蒙古善达再朝东北方向走，地势马上好了起来。行进 13 公里，遇到成吉思汗边墙遗迹，就是 10 月 15 日我们曾经到过的地方。

从这里到苏尼特右旗的路，我们都走过多次，故车队的速度加快了起来。

到苏尼特右旗没停车，我们今天的主要任务是勘察苏尼特右旗西北方向，即集二铁路以西的地区。从苏尼特右旗出来，沿集二铁路线走，走了一路未见火车。原本还在考虑，在飞船返回舱返回祖国怀抱时，如何禁空、禁运？现在看来就是不禁，这里的火车也很少，估计问题不大。

（八）奇特白沙

跑了约 40 公里，来到一个地方，叫沙尔推绕木，就在集二铁路线的西侧，我们发现一沙山甚为奇特，周围都是平坦的草原，地表的沙土是黄色的，土中的沙子也是黄色的，唯独此山的沙子是白色的，特别白，白得有些让人不好想象。这是孤零零的一座白沙山，高有 30～40 米，长有 100 米左右，沙山的坡度很陡，胡振海和我猜是 60°，刘志逸猜是 50°，但不管怎样，看上去很吓人。

我真的惊叹，这白花花的沙子是从哪里来的？是谁把它移过来的？这至今是个谜。大自然真是无奇不有。

从正面爬太陡，爬不上去，我就从西北方向迎风面爬到山顶，背风面就是那个陡坡，站在上面看，有些胆怯，但最终还是咬紧牙关，两腿跳起，朝前伸出，臀部朝下，背朝后仰，准备就势滑下。想象得过于美好，跃起的身躯落下时，臀部直接在沙山上砸了一个坑，凹凸的身体曲线，显然形不成滑板效果，摩擦力太大，滑不下去，未果。最后，只好连滚带爬，狼狈而下。

（九）沙带

继续沿铁路线行进大约 3 公里，来到一个叫好来芒和的地方，从这里开始，东西方向全是沙漠，准确点说，这是条东西向沙带，东西延绵 65 公里，最宽处约 11 公里。集二铁路从中间纵穿沙带，将沙带分成两节，但主体在铁路西侧，东侧只是一小节，而且慢慢变窄，直到变没。再朝东，经过一段平坦的草原后，渐渐就进入著名的巨大的浑善达克沙漠。

　　近在咫尺的这条沙带，沙子回归正常颜色，呈黄色。沙带绝大部分的沙窝杂草丛生，高程差较小，坡度均在 15° 以下，个别地区有孤立的沙丘，沙丘迎风面平缓，背面坡度可达 50° 左右，沙丘高度一般都不超过 25 米，沙丘底部宽度不大于 200 米。返回舱着陆场不存在危险，越野车在此地区行驶没有困难（图 13-10）。

图 13-10　在沙带草原

　　12 日去过的是该沙带的西头，今天看到的地方快接近东头了。不知道刚才见到的白色沙山和这条沙带有什么神秘的关联。

　　至此，全天勘察任务全部结束，由此打道回府。16:36 返回四子王旗。

　　全天耗时 8 小时 46 分钟，行驶约 478 公里。

五、夜灯惊叹长廊谜

（一）起了个大早

勘察的确是危险的，甚至是与生命挂钩的。

1996 年 10 月 19 日凌晨 4:40，司机开一辆越野车从四子王旗奔武川，我准备送邸乃庸副主任到呼和浩特机场，邸乃庸副主任有急事需要回北京。

（二）突然亮起大灯

路上漆黑一片，我们刚过武川，即将准备进入大青山，5:10，前面来了一辆大型卡车，会车前双方都按规矩变成近光灯，快要会车时对方突然开了大灯。

瞬间，我们眼前一片雪白，只见灯光，其他什么也看不见了，我们的车根本不敢再动方向盘，只好惯性直行。就在两个车头刚刚挨近时，就听到"喱"的一声巨响，大卡车车头左侧撞上我们车的左前保险杠，然后听到两辆车"哗啦啦"摩擦而过，我方车笔直滑了出去，滑出 40 米后开始刹车。刹车后发现卡车还在走，故马上掉头准备追赶。

此时，我们发现对方司机打着手电走来。这时我才注意，我们的车前轮已爆，刚才是用轮毂掉头的，车的左侧已全部撞瘪。

问对方司机原因时才知道，对方为四子王旗农业局个体户，有两个司机，开车出事的司机是刚睡醒换下开了一夜车的另一位司机，他本身仍处在睡意蒙胧状态之中。

出事时，我坐在后排座位中间。

（三）捡了一条命

出事后，地方公安局和交警都来了，事故缘由都搞清楚了，责任全在对方。这已经过去 1 个小时了，此时我才发现，自己的头发里全是玻璃碴。回到车内，再向车顶看，只见车顶上方有一个大洞，是越野车左后视镜被打掉后撞碎车窗飞进车里打在车顶造成的。

坐在副驾驶位置的邸乃庸副主任曾言："王朋捡了一条命。"是的，出事时，我就坐在后排的中间，撞出的洞就在我的头顶正上方。如果后视镜飞行轨迹再低些，后果不堪设想。

（四）感悟轨道设计巧妙

10 月 25 日，地勘完成，从选定的草原返回。接近大青山时，我们专门查看了大青山北麓的地势。大青山是东西走向，其北较平缓，与中国北部边防线（中国与蒙古国）形成一条狭窄的长廊，恰是返回舱返回轨迹的下方。

在返回舱再入返回过程中，由于从正常升力控制返回转变为弹道式返回的时刻有先后，所以返回舱的着陆点也不同，转变的时刻越早，航程就越近，离理论瞄准点就越远；转变的时刻越晚，航程就远些，离理论瞄准点就越近。着陆点在地面形成一个地带，而这个地带恰好处于阴山山脉的北翼和边境线的南边夹着的一条狭长的、较平坦的区域。

轨道设计得如何巧妙，真是敢与天工媲美。

这种轨道设计与着陆场的选择真是神合。

六、勘察结论

从 10 月 10 日到 25 日历时 16 天，我们顺利完成了预定的主场详勘任务。

本次详勘进一步验证了所划定的理想着陆场场区是基本符合选场条件的。阿木古郎牧场理想着陆区及其北部的理想着陆区均可向东西两侧适当扩展。南部地区在东侧应做一定范围上的缩小。

结　　语

一、七勘终定王额旗

二、飞天仙落草原夷

三、聚首遥悟齐慰赞

四、初期二场终归一

一、七勘终定王额旗

着陆场的选择和勘察贯穿了着陆场系统方案可行性论证和方案论证设计工作的始终，从 1992 年 4 月到 1996 年 10 月，先后经历了 7 次大型空中和地面实地勘察，总计野外作业时间 113 天，空勘直升机飞行 23 架次，地勘驱车行程 26 290 公里，勘察面积 229 631 平方公里。

1996 年 12 月 24 日，国防科工委终于对 8 月 7 日提交的设计报告进行了批复，原则上同意着陆场系统总体技术方案。方案最终将主场选在了内蒙古自治区的四子王旗地区，副场选在东风地区，达到了 43°左右倾角轨道条件下的理想选场结果，从而确定了着陆场系统的总体方案。

着陆场选择的结果如下。

（1）将主场定位于内蒙古大青山北麓的乌兰察布境内四子王旗地区，集二铁路线以西，四子王旗北部，二连浩特以南，即南北长 230 公里，东西长 370 公里。主场分为南北两个区域，南边为阿木古郎地区，北边为绍林花地区，南北两地区被乌兰希热沟隔开。在这 85 100 平方公里范围内，地势平坦，沙质草原视野开阔，人烟稀少，是载人飞船返回着陆的理想场地。

（2）将副场定位于东风地区。副场分为南北两个区域，A 区南北长 113 公里，东西长 130 公里；B 区南北长 130 公里，东西长 130 公里。

至此，着陆场系统方案阶段工作正式结束。

二、飞天仙落草原夷

长征二号 F 运载火箭首飞试验载荷最后定成试验飞船，既不打当作配重的"铁疙瘩"，也不打其他工程型号的航天器，而是直接打工程中自己的飞船，直接打加班加点抢时间将一艘电性船改装出来的试验飞船。1999 年 11 月 20 日，长征二号 F 运载火箭发射成功，试验飞船成功返回，首次降落在我们选定的内蒙古四子王旗主场。

到 2016 年 11 月 18 日，又有 10 艘神舟飞船返回舱降落在内蒙古主场，中国共有 11 名航天员、14 人次踏上了这片美丽的大草原，重新回到了祖国母亲的怀抱。

这是中华民族祖先留下的土地，这是多少航天界专家历时近 5 年、经过 7 次勘察、历经千辛万苦设计并选择的土地，这是创造辉煌历史的土地，中国几千年的飞天梦想在这片土地上实现了。

三、聚首遥悟齐慰赞

为了纪念载人航天工程着陆场的勘察工作，国防科工委主管部门原领导赵起增提议，2017 年 11 月 17 日组织召开着陆场勘察座谈会。载人航天工程首任总设计师王永志、载人航天工程办公室原主任王文宝、工程总体室原副主任邸乃庸、工程总体室研究员王朋、着陆场系统原总设计师夏南银、航天科技集团公司五院高工王汉泉、通信局原局长王建坤、工程局原局长王爱新、测控局沈平山、北京指挥控制中心工程师魏珂垒、怀柔指挥学院工程师霍文军等人参加了会议。

在座谈会上，王永志总师说得十分感人："从 1992 年 4 月开始勘察到今天，已过去整整 25 年多了，现再聚首，大家都老多了，回首往事，倍感亲切！当时选择着陆场，压力很大，那真是千辛万苦，绞尽脑汁，挖空心思，呕心沥血。当时将着陆场从河南中原地区改到内蒙古北部地区，是个重大决策，感悟最深的就是：重大决策要深入实际！1997 年飞船系统进行空投试验时，就发生了返回舱落地后被风吹着跑的情况，当时汽车在后面追都追不上，可见风有多大，如果我们当初不改着陆场场址，返回舱在河南被风吹着跑，那肯定会被电线挡住，被树挂住，被房屋撞到，那会多可怕。当时定的着陆场场址和倾角是载人航天工程试验阶段的，当初能选到四子王旗这么好的着陆场是很兴奋的，但是压力也很大，最后没有死伤，让人欣慰。现载人航天工程前两步都已结束，已圆满地完成了任务，值得庆祝，值得回顾和总结。"

四、初期二场终归一

进入中国空间站时代，人们会问："空间站着陆场选在哪？"

我们在工程初期选择了两个着陆场，一是考虑飞行时间短，说哪天回，一般是确定的，因为难以保证着陆场气象条件，故需同一圈的气象备份；二是经验不足，需留有余地。

到空间站阶段，情况发生了变化，即空间站一般是比较可靠和安全的，即使一个舱体出现问题，航天员也可以把出问题的舱关掉，在其他舱内继续工作、生活。假设三个舱体都不行了，我们还有飞船一直停靠在空间站上作为救生艇。再退一步，发现救生艇也出问题了，我们还可以再打一艘飞船上去救生。所以说，航天员返回的时间更加灵活，可以在几天甚至更长时间内进行调整，这样，原来副着陆场气象备份的用途就没有了，可以等到好天气时返回，换句话说，就不需要两个着陆场了，只需要一个即可。万一航天员突然生病或发生需要紧急返回的情况，怎么办呢？我们在全球陆上设置了十几个应急救生区，能够保证航天员在任何一圈都有返回陆地的机会，但这属于应急返回。着陆场的任务是保证正常返回，即为了正常返回，设置一个着陆场就够了。

如果只选一个着陆场，最好的办法是在原来的两个着陆场中选。两个着陆场在不同方面各有千秋：四子王旗的优点是已经经历了 11 次飞行任务的考验，实践证明是可行的，效果是好的，前后弹道式返回扩大区内危险地形较少；缺点是得有一支搜救力量长期待在那里时刻准备着，按空间站载人飞船任务次数来看，地面和空中搜救力量几乎必须常年待在野外。东风的优点是可以长期依托酒泉中心，便于长期搜救值守，没有搜救任务时，搜救人员不太受影响，可以正常工作生活；缺点是任务经验少，另外如选这里，轨道倾角还得适当调低些。

从技术上讲，原来东风存在的返回测量问题因中继卫星系统的完善已能解决，经场区扩大并针对东风场区进行了倾角微调，任一着陆场都能保证飞船每天都有返回机会，总之，两个着陆场均可作为空间站阶段载人飞船着陆场。

　　从管理上讲，一是长期依托问题，东风占优；二是无论选哪个，东风都要保留一支搜救力量完成待发段、上升段的应急搜救任务，如果选东风，一支搜救力量就可兼顾着陆场正常回收和应急搜救，可合二为一；三是从场区管控考虑，东风经济发展慢，管控易，四子王旗经济发展快，管控难。

　　经过权衡，最后空间站任务的着陆场选在了东风地区。

附录 载人航天着陆场勘察汇总表

勘察序号	野外时间	勘察名称	勘察目的	勘察范围	直升机架次航程	地面行程	结论
第1次	1992年4月26日至4月29日，共9人，4天	921工程主场河南空勘	对河南中原地形地貌河流水库工初等空勘，为选主场选择提供依据	46 200 平方公里	6架次，18小时，3710公里	—	地势平坦，经济欠发达，选出翼伞降落区域不困难，初选察沟区域。同时认为，完全没有村、树、沟、电力线不可能
第2次	1993年2月27日至3月12日，共17人，14天	河南中原地带主场可行性地勘	综合考察符合正常返回着陆要求和条件的程度	6个各为30公里×20公里的区域，总3 600 平方公里	—	4 000 公里	区内人口、房屋、树木相对较多，对着陆可能存在一定程度的不安全因素
第3次	1993年6月14日至7月1日，共17人，17天	内蒙古四子王旗地区和鄂尔多斯高原地区空地勘综合勘察	结合轨道倾角调整、勘选该两地区作为着陆场的可行性	阿木古郎地区227公里×148公里，鄂尔多斯地区171公里×185公里，共65 231 平方公里	8架次，23小时，4684公里	1 990 公里	可在王旗北区和多斯西部选择着陆场
第4次	1994年10月6日至10月15日，共19人，10天	东风地区勘察	东风雅干应急着陆区、副场可行性和1号责任区勘察	雅干南部地区80公里×130公里，半径50公里的90扇区，共10 400 平方公里	—	1 300 余公里	雅干南部地区作为运行段应急返回着陆区基本可行，发射场东部向作为着陆场，1号责任区100公里内降落无危险
第5次	1995年6月14日至7月12日，共29人，29天	通辽地区副场可行性综合勘察，集二铁路线以及主场可行性地勘	副场可行性和主场东扩可行性考察	通辽地区200公里×110公里，集二铁路线东160公里×110公里，共39 600 平方公里	3架次，10小时，2 118公里	8 000 余公里	通辽地区丘山沟繁流沙多，局部较好地区范围小，不宜作为副场。苏尼特右旗东部可以选出部分区域作为着陆场，但不太理想
第6次	1996年5月18日至6月8日，共22人，21天	东风东部副场勘察	在同一圈选出副场，给出着陆安全较好区域，副场前置雷达站址初步勘察	120公里×190公里，共22 800 平方公里	6架次	5 000 余公里	选出了以梭梭头为村步中心点的副场区和70公里×110公里的运行段应急返回着陆区
第7次	1996年10月8日至10月25日，共12人，18天	主场复勘	划出危险区、划出理想区边界	210公里×200公里，共42 000 平方公里	—	6 000 余公里	找出了危险区，划出了理想安全区
总计7次勘察	共109人次，共113天	—		229 631 平方公里	23架次	26 290 公里	主场：四子王旗 副场：东风地区

后　　记

感谢王永志总师在知道我有写作本书初意时就鼓励我先据实记录原来那段历史。在我写作期间，他提供了许多基层科技人员无法知晓的历史事件细节，讲述了许多感人的航天故事。本书初稿初成后，88岁高龄的他拿着放大镜逐字阅读，指出："很多人以为载人航天工程最难的是火箭和飞船，不会想到，着陆场勘察选择竟有这么多艰辛。此书应该好好让航天员看看，让他们知道，有多少航天科技人员为了他们的安全在绞尽脑汁，在冥思苦想，他们看后会更放心一些；此书应该让航天一线老专家看看，能让他们回忆起那段难忘的时光；此书应该让航天一线年轻人看看，能让他们学习一下老一辈航天专家是怎样干活的。"为了慎重起见，他建议让其他相关人员都看看和改改。

感谢赵起增首长，他极力倡导召开着陆场座谈会，并召集相关领导和专家回顾那段难忘的着陆场勘察历史。阅读本书初稿时，他每天花4个小时，持续8天，将全稿通读了一遍，重点地方阅读两遍，并通过亲自翻阅资料和地图对历史事件与考察地名进行逐一查询核实，并提出了肯定看法："第一，这是一部翔实的史料，你有幸从始至终都参加了，除刘志逵外，无人可比；第二，你能做到实时记录，而且广泛收集资料，材料中还有地理、历史、自然、人文以及习俗特色等知识，加之尽可能地现实化，增加了可读性，这既是着陆场的科普知识，也是工程实践的科学成果，不是日记，更不是游记，而是科技史料；第三，此书要公开出版，要面对各种读者，因此要充分强调内容、叙述和政治的正确性。"同时，他提出了针对国际关系、动物保护、勘察细节、标点符号等长达12页的宝贵修改意见，并对书名、序，以及本书的出版、宣传等给出了详尽的意见。

感谢沈荣骏副主任,他看完本书初稿后表示:"我看不用改了,这样就可以了。"感谢沈荣骏副主任在本书序方面提供的帮助。

感谢郏乃庸副主任,他通读了本书全稿,提出了许多宝贵的修改意见,并在出版方面提供了帮助。

感谢夏南银总师,他提供了许多勘察文献,对本书初稿进行了充分的肯定,并提出了一些修改意见。

感谢张建启首长亲自为本书写序,感谢给予我的信任和鼓励。

感谢载人航天工程办公室郝淳主任、戴鹏、董能力、陈杰、郭东文等领导对本书出版给予的关爱和提出的修改建议。

感谢中国科学院国家空间科学中心原主任、中国空间科学学会理事长吴季先生推荐了出版社,并在图书出版方面提供了多方面的帮助。

感谢科学出版社侯俊琳、张莉、刘巧巧在出版方面提供的帮助及所做的大量工作,他们精细中肯、认真细致的审稿为本书增色颇多。

此外,全书在编写过程中引用了部分网络资料,无法一一列举,在此一并表示感谢。

王 朋

2021 年 3 月 7 日